基于空间光调制器的
光场调控技术

翟中生 著

科 学 出 版 社

北 京

内 容 简 介

本书主要利用空间光调制器的可编程特性，分析其模拟光栅、透镜、轴锥镜等光学器件的原理，并利用这些器件实现灵活的光场调控。本书介绍的光场调控技术主要有：将单光束变为能量、数量、位置可控的二维和三维空间多光束；将光束聚焦成轴向光强可控的线光束；将圆形高斯光束整形为高均匀性、高能量利用率的多形状光束和自加速光束；将线偏振光变换为多偏振态光和涡旋光等。这些技术的应用主要有：半导体晶圆切割、多截面成像、二维码的高效加工、不同偏振态在材料中的加工等。

本书旨在为光场调控技术研究者，特别是对利用空间光调制器进行光场调控的人员提供一部较为系统、方便自学的参考书，也可作为激光加工和光学工程相关专业研究生的参考资料。

图书在版编目（CIP）数据

基于空间光调制器的光场调控技术 / 翟中生著. —— 北京：科学出版社，2024.11. —— ISBN 978-7-03-079238-9

Ⅰ. O43

中国国家版本馆CIP数据核字第2024AU4600号

责任编辑：张海娜 纪四稳 / 责任校对：任苗苗
责任印制：肖 兴 / 封面设计：蓝正设计

科 学 出 版 社 出版
北京东黄城根北街 16 号
邮政编码：100717
http://www.sciencep.com
保定市中画美凯印刷有限公司印刷
科学出版社发行 各地新华书店经销
*
2024 年 11 月第 一 版 开本：720×1000 1/16
2024 年 11 月第一次印刷 印张：16 1/2
字数：333 000
定价：138.00 元
（如有印装质量问题，我社负责调换）

前　言

随着激光和光学技术的不断发展，简单激光光场的局限性也逐渐体现，对复杂结构光场的研究成为发展趋势，特别是在超快激光加工领域急需新的光场调控技术。光场调控能够极大地增加光在传播中携带的信息或与物质作用的功能，已被广泛应用于激光加工、光学成像、光通信等领域。

本书根据作者多年从事光场调控研究的经历，结合目前超快激光加工对光场调控的具体需求和未来发展趋势，从光场调控理论到实际应用，系统介绍空间光调制器的结构特征和可编程特性，利用其对相位的调控可以灵活地模拟出光栅、柱面镜、轴锥镜等多种光学器件，并将这些器件用于不同需求的光场调控中。

本书主要内容来自作者多项国家自然科学基金项目"基于数字复用透镜的高时空分辨三维显微成像方法研究"（32071457）、"基于光学相移与多波长干涉的跨尺度微形貌测量方法研究"（51575164）、"基于无衍射光的大景深视觉检测方法研究"（51005702）和湖北省自然科学基金创新群体项目"航空构件功能涂层激光高效剥离装备及控制方法"（2022CFA006）等的研究成果。

全书共 10 章。第 1 章对光场调控的意义和重要性进行概述；第 2 章介绍空间光调制器的结构特征和光场调控原理；第 3 章论述利用空间光调制器模拟出透镜、光栅、轴锥镜等多种光学器件；第 4 章详细论述基于不同方法的轴向光强调控技术，不但能够实现轴向光强大范围高均匀性的调控，还可以得到轴向光强阵列；第 5 章介绍空间多焦点调控技术，基于图像反馈优化迭代算法，消除实际光路的波前像差，得到三维多焦点能量和位置的准确控制；第 6 章分析基于几何稳相法和光栅掩膜法的高均匀性、高能量利用率的光束整形方法；第 7 章利用波片和空间光调制器组合得到四种不同的偏振态，并分析四种偏振态在不同材料中的激光加工特性；第 8 章介绍利用空间光调制器实现自加速光束，通过改变全息图的几何位置和偏转角，实现自加速光束能量的灵活调控；第 9 章和第 10 章介绍光场调控在多截面成像和二维码并行加工中的应用。这些调控技术能有效提高激光加工的效率和质量。希望本书的出版能为激光加工领域科研人员和工程应用人员提供借鉴，同时为光学技术的新应用提供新思路和新方法。

研究生李沁洋、余鑫、何玄、张艺、李梦雨和刘春利参与了本书部分内容的研究和文字编排工作。另外，本书的出版还得到了湖北工业大学机械工程学院及湖北省现代制造质量工程重点实验室的大力支持，在此一并表示感谢。

由于作者水平有限，难免存在不妥之处，恳请广大读者批评指正。

作　者

2024 年 6 月

目　　录

第1章 概　　述

1.1　光场调控的意义

　　光作为电磁波的一部分，拥有多个维度的信息，如振幅、相位、波长、偏振态等，振幅用于衡量光波能量的大小，相位表示光振动的状态，偏振态是光的横波性的体现。这些信息与物体的相互作用可以反演出物体的形状、距离、姿态和结构等诸多重要目标特征，人类可利用这些信息感知并归纳自然界的现象、变化及规律。

　　随着激光和光学技术的不断发展，常规的光场已经无法满足科技日益增长的需求，光场调控技术应运而生。光场调控是通过特殊光学器件改变输出光束的时间特性和空间特性，调控的参数包含光束的频率、振幅、相位和偏振态等。通过调控光束的振幅、相位和偏振态等信息实现光场的空域调控，得到非均匀分布的新颖空间结构光场，能够极大地增加光在传播中携带的信息或与物质作用的功能。这些优异的特点使得光场调控技术广泛应用于光学显微、光学微操纵、激光加工、光信息存储、光通信、全息显示等领域。

　　光场调控器件和编码方法是空间光场调控技术的关键。常用的空间光场调控器件主要有衍射光学元件(diffractive optical element，DOE)、数字微镜器件(digital micro-mirror device，DMD)、空间光调制器(spatial light modulator，SLM)、变形镜(deformable mirror，DM)和超构表面(superstructure surface，SS)等。

1.2　光场调控对激光加工的影响

　　激光技术是 20 世纪与原子能、半导体及计算机齐名的四项重大发明之一。激光具有能量密度高、方向性好、相干性高、热影响区小等优点，在工业加工领域中备受青睐。激光独一无二的特性使之成为微加工的理想工具，广泛应用于微电子、微机械和微光学加工三大领域。

　　激光精密加工的加工质量实际上是加工过程中激光工艺参数(如功率、频率、速度等)与材料固有属性(如吸收率、比热容、晶格方向、折射率等)的集中体现。由于传统机械加工设备需要接触加工，在许多材料加工中存在一些不足，如在超硬材料和脆性材料上主要表现为砂轮或者钻头磨损严重，材料成品率低。激光加工有着传统加工方式无法比拟的优势：①激光加工属于非接触加工，因此无磨损、形变，无原材料浪费；②激光能量集中，功率密度和峰值功率极高，因此其热影响区小，对非加工部位影响很小；③激光能量密度高，加工速度快，生产效率高；④激光加工方法灵活，配合振镜或者切割头可以完成复杂图形的加工。

　　由于激光加工是一种非接触式的加工方式，具有功率大、加工精度高、加工速度快、无机械损伤等特点，适用于多种材料的加工。超快激光加工过程中，激光束能量密度高，加工速度快，并且是局部加工，对非激光照射部位没有或影响极小，因此其热影响区小，工件热变形小，后续加工量小。

　　近年来在许多精密加工领域，激光加工逐渐取代了机械加工。采用激光切割更有利于提高芯片切割的成品率和进行大规模生产，而机械切割效率低下，边缘崩边大，刀轮、切割液等耗材费用极高，机器保养成本高昂。激光切割为非接触式加工，具有很多机械加工无法比拟的优势，激光加工具有环保、效率高、崩边小等优势，如图 1.1 所示(图片来源于滨松光子网站)。

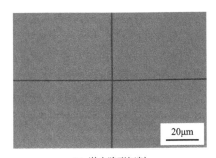 

(a) 激光隐形切割　　　　　　　　　　　　　(b) 机械切割晶圆

图 1.1　激光隐形切割与机械切割晶圆加工效果图

　　超快激光加工技术因超快激光具有极短的脉冲宽度、极高的峰值功率，在其与物质相互作用时足以使材料发生电离形成改性区等特性，可以实现对半导体行业薄硅片、碳化硅、蓝宝石等基片、晶圆和显示面板行业超薄玻璃的高质量、高效率精密加工。在全球半导体集成电路产业、智能手机、物联网传感器产业等市场驱动下，工业发达国家极力推出超快激光加工系列产品。超快激光微纳加工技术成为诸多行业不可或缺的利器[1,2]。

　　超快激光在金属、半导体、电介质、生物组织等各种材料都有应用，在加工区域周围有非常小的热影响区，同时激光加工具有高适应性的特点，可以有效地解决现有技术的加工缺陷。国内外对二代半导体脆性材料(如 Si 晶圆等)的超快激光微纳加工研究已经超过十年，对三代半导体材料(如 SiC 晶圆等)的超快激光微纳加工研究刚刚起步，但是技术路线主要集中在单高斯聚焦光束。半导体行业精密化的发展，对加工精度、效率质量要求愈发提高，传统单高斯聚焦光束由于其能量分布特性，加工质量与加工效率无法满足要求，因此半导体硬脆材料激光加工对光束整形、多光束并行等光场调控手段需求迫切[3,4]。

然而，对于一些特殊材料的加工(如玻璃切割、晶圆切割、柔性电路板打孔等)，尤其以 3C 产业为代表的加工领域，目前商用的超快激光在加工时的能量利用率非常低，从而加工效率低下，加工时间过长，成本过高。超快激光是加工半导体硬脆材料的理想手段，而弄清楚半导体硬脆材料激光精密加工机理是构建激光性能参数与加工质量约束关系的前提，是实现高质量高精密加工的关键，采用合适的激光参数在半导体硬脆材料内部产生可控的改制区和裂纹是提高激光加工质量的理想方式。

光场调控技术能提升材料对激光能量的耦合效率和均匀性，提升激光加工的质量和效率。激光先进制造中光场调控技术又分为时间光场调控和空间光场调控两种主要方式。时间光场调控技术主要通过调制(调节)激光频率、脉宽、脉冲轮廓、脉冲宽度调制斩波等，实现材料对激光能量耦合方式的改变。空间光场调控技术主要通过光学元件或光学系统对激光光场的振幅、相位、偏振态等特性进行调制，实现对目标光场大小和强度分布的改变。

1.3　超快激光加工中需要的光场调控技术

光场调控是通过改变激光输出的时间特性、空间特性来实现的。在超快激光精密加工中，需要的光场调控技术主要如下。

1. 光束整形

超快激光在材料加工中有着广泛的应用。激光加工中大多使用高斯光束，而整形光束作为一种非常规光束，在高精度激光加工中有时比高斯光束更有优势。空间光调制器作为一种可编程的衍射光学器件，可以灵活地调控光束的强度、相位和振幅等参数[5-8]，因此许多研究人员将其应用于光束整形和精密控制技术中[9-11]。

根据对高斯光束的研究分析可以发现，在高斯光束任意截面上点的能量密度是不均匀的，均呈现出中间能量密度高、边缘能量密度低的状态。在激光应用行业，包括激光加工、激光医疗等领域，为了提高激光的精密程度，需要将高斯光束转化为平顶光束，使得光束束腰范围内的任意截面点的能量密度基本一致。

2. 空间多焦点

在激光加工领域，空间多焦点的实质是空间并行多光束。传统激光加工主要利用单束激光聚焦后进行材料加工，由于激光器出射的光束能量过大，常需利用衰减器件对激光功率进行衰减，因此加工过程中能量利用率并不高。为了提高飞秒微加工过程中的加工效率，研究者普遍采用多光束并行加工方法。并行加工技术可以大大提高加工效率，因此被广泛应用在飞秒激光微加工领域[12]。目前，产生多光束的方法主要有多激光器法、干涉法、衍射光学元件法等。利用并行加工技术可以有效提高加工速度和使用效率，显著缩短加工时间，大大节省加工成本。

3. 轴向光强调控

衍射在光束传播过程中是不可避免的，衍射效应的存在会降低光束质量，造成光束光斑扩展、能量扩散，这对利用激光进行长距离、高质量的加工是不利的。贝塞尔光束作为典型的无衍射光束，因其具有中心光斑轮廓不随传播距离而发生改变的性质，被广泛应用于激光加工领域。然而，现有方法所产生的贝塞尔光束存在轴向光强不均匀、可控性及可变性较低等不足。

贝塞尔光束虽然具有横向截面轮廓在传播过程中保持不变的特性，但光束所携带的能量随传播距离的远近产生变化而非均匀不变的，这一现象直接导致贝塞尔光束在多领域内的应用受到了限制[13]，因此需要研究轴向光强调控方法。

4. 自加速光束调控

自加速和自动聚焦光束的特性已被证明在与激光束材料加工相关的各种应用中非常有用。高功率激光用于材料烧蚀在材料加工中得到广泛应用。实现加工表面和样品内部具有纵向变化特征的结构是一个比较有挑战性的研究领域，因为这需要同时控制光束转向、样品旋转和平移。而该问题的解决方案主要依赖于加速光束的使用。

如何最大限度地减弱甚至消除光束在传播过程中的衍射效应成为研究人员关心的热点问题。随着研究人员的不断探索，他们寻找到了某些具有特殊性质的光束，这些光束在自由空间中便可以进行无衍射传播。早在 1979 年 Berry 和 Balazs 在量子力学理论上证明了一维薛定谔方程存在一个特殊解[14]，即艾里波包解，它不但具有无衍射的性质，还可以实现光束的自横向加速，这引起了科研工作者的广泛兴趣。自加速光束的概念被推广到沿任意轨迹传输的弯曲光束，不再限于在傍轴近似下的艾里光束的范畴。

5. 偏振态调控

偏振态是光束的重要特征参数之一。近年来，偏振态在激光加工领域中备受关注，研究者发现加工效果和效率除了受激光束能量分布状态、脉冲频率影响外，还受激光束偏振态的影响。除了传统的线偏振、圆偏振、椭圆偏振三种类型，研究者提出了另外两种偏振态：径向偏振（radial polarization）与角向偏振（azimuthal polarization），其中径向偏振方向沿径向呈放射状排列，而角向偏振方向沿角向排列。传统的三种偏振态的光束在与其传播方向垂直的横截面空间上是均匀分布的，是标量光场，而后两种偏振态的光束空间分布在其光波横截面上并不均匀，是具有柱对称偏振分布的矢量光场。

因径向偏振光和角向偏振光的光场偏振方向具有中心对称的特性，这两种矢量光场经过聚焦后将得到与传统偏振态的光束不同的电场分布，其中径向偏振光束可以得到纵向电场分布，而角向偏振光束可以得到一个横向环状焦斑，这两种电场分布与物质相互作用时将产生许多不同于标量光场的新特性[15]。

由以上分析可知，研究灵活的光场调控技术具有重要的应用需求。

参 考 文 献

[1] von der Linde D, Sokolowski-Tinten K. The physical mechanisms of short-pulse laser ablation. Applied Surface Science, 2000, 154: 1-10.

[2] Sundaram S K, Mazur E. Inducing and probing non-thermal transitions in semiconductors using femtosecond laser pulses. Nature Materials, 2002, 1(4): 217-224.

[3] Bailly-Grandvaux M, Santos J J, Bellei C, et al. Guiding of relativistic electron beams in dense matter by laser-driven magnetostatic fields. Nature Communications, 2018, 9(1): 102.

[4] Sakata S, Lee S, Morita H, et al. Magnetized fast isochoric laser heating for efficient creation of ultra-high energy-density states. Nature Communications, 2018, 9: 3937.

[5] Mauclair C, Pietroy D, di Maïo Y, et al. Ultrafast laser micro-cutting of stainless steel and PZT using a modulated line of multiple foci formed by spatial beam shaping. Optics and Lasers in Engineering, 2015, 67: 212-217.

[6] Qian D S, Zhong X L, Yan Y Z, et al. Microstructures induced by excimer laser surface melting of the SiC_p/Al metal matrix composite. Applied Surface Science, 2017, 412: 436-446.

[7] Xue Z W, Guo Y D, Chen Z Z, et al. Actively compensation of low order aberrations by refractive shaping system for high power slab lasers. Optics & Laser Technology, 2015, 75: 71-75.

[8] Duocastella M, Arnold C B. Bessel and annular beams for materials processing. Laser & Photonics Reviews, 2012, 6(5): 607-621.

[9] Yang L, El-Tamer A, Hinze U, et al. Parallel direct laser writing of micro-optical and photonic structures using spatial light modulator. Optics and Lasers in Engineering, 2015, 70: 26-32.

[10] Dev K, Asundi A. Polarization modulation study of transmissive liquid crystal spatial light modulator using digital holographic polariscope. Optics & Laser Technology, 2013, 47: 323-328.

[11] Shibukawa A, Okamoto A, Takabayashi M, et al. Spatial cross modulation method using a random diffuser and phase-only spatial light modulator for constructing arbitrary complex fields. Optics Express, 2014, 22(4): 3968-3982.

[12] Liu D, Kuang Z, Perrie W, et al. High-speed uniform parallel 3D refractive index micro-

structuring of poly（methyl methacrylate）for volume phase gratings. Applied Physics B, 2010, 101（4）: 817-823.

[13] Zhai Z S, Cheng Z, Lv Q H, et al. Tunable axicons generated by spatial light modulator with high-level phase computer-generated holograms. Applied Sciences, 2020, 10（15）: 5127.

[14] Berry M V, Balazs N L. Nonspreading wave packets. American Journal of Physics, 1979, 47（3）: 264-267.

[15] Jin Y, Allegre O J, Perrie W, et al. Dynamic modulation of spatially structured polarization fields for real-time control of ultrafast laser-material interactions. Optics Express, 2013, 21（21）: 25333-25343.

第 2 章   空间光调制器特性分析

2.1   空间光调制器的结构

空间光调制器可通过驱动信号，对空间光场进行调制，既可以改变光场的相位、振幅或偏振态等特性，也可以改变光束的相干性。纯相位液晶空间光调制器（liquid crystal spatial light modulator，LCSLM）是利用硅载液晶技术制成，集成度高，具有反应速度快、体积小、重量轻、功耗低等优点，可以将信息加载到二维光学数据场中来调控空间光场的相位、振幅、偏振态等性质，具有灵活调制波前的能力，目前已经广泛应用于全息成像、光束整形、显微操纵、光镊技术等领域[1-4]。

目前应用最为广泛的液晶调制器是电寻址 LCSLM，反射式电寻址 LCSLM 的结构如图 2.1 所示，它包括玻璃基板、电极和液晶层等部件。当偏振光入射到该器件时，光线将被反射，当改变电极电压时，液晶层中的液晶分子将发生偏转或者旋转，从而改变液晶层的有效折射率，光被调制后反射出去。

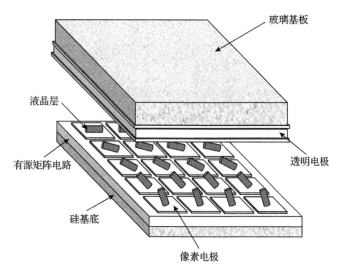

图 2.1   反射式电寻址 LCSLM 结构图

电寻址 LCSLM 根据液晶分子的取向可分为两类，一类是液晶分子扭曲取向的调制器，另一类是液晶分子平行取向的调制器。扭曲取向液晶调制器的液晶分子，在没有外电场作用时，呈螺旋状对齐排列，当加入外电场时，液晶分子会沿电场方向发生偏转，液晶层的有效折射率和反射率发生改变，进而改变光束的偏振态和相位。这类 LCSLM 线性调制相位的范围太小，且出射光偏振特性具有不确定性，先天的劣势使其应用不太广泛。

　　LCSLM 的液晶层由许多 2D（二维）像素组成。每个像素都可以通过光信号或电信号独立控制。液晶嵌入在透明电极之间，但像素（电极）是非连续的，并且连续像素之间存在间隙，无法施加电压，因此在这些区域无法调制光信号。当 LCSLM 用于光场衍射调制时，其衍射效率会受到其固有特性的影响，如填充因子、前电极不完善的增透膜、电子限制等[5-8]，其中填充率是主要因素。近年来，由于现代硅上液晶(liquid crystal on silicon，LCoS)显示器的改进，填充率急剧提高[9]。例如，滨松 X10468-02，其填充率可以达到 98%。事实上，非液晶区域产生的零级光能量占比非常小。因此，填充因子对衍射效率的影响在以下理论推导中将不再考虑。此外，LCSLM 的衍射效率还取决于输入光的偏振态和灰度值对相位调制的非线性曲线[10]。

　　液晶分子平行取向调制器的液晶分子沿面平行分布，是通过在液晶盒上、下极板内侧分别制作相互平行的取向层来实现的。因为液晶层的液晶分子几乎不会发生扭曲，所以当加入外电场时，分子只会发生沿电场方向的倾斜偏转，不会改变入射光的偏振态。由于可以通过对相位面的连续调制，由平行取向液晶制成的纯相位 LCSLM 更加适合对连续光束的控制。图 2.2 显示了空间光调制器液晶填充区域示意图。

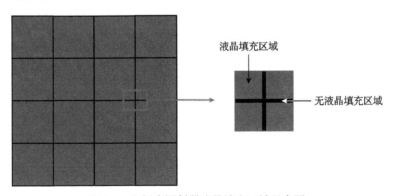

图 2.2　空间光调制器液晶填充区域示意图

2.2　相位调制原理

　　常见的液晶分子在某一方向上分子的长度会比其余两个方向大，且由近乎刚性的分子构成，因此常被看成刚性长棒或者刚性椭圆。平滑矢量场在液晶连续体弹性形变理论中，用于描述液晶分子在空间中的排列方向。当液晶分子排列比较松散时，指向矢常指液晶分子长轴的方向，可以通过外加电场来实现对它的控制。图 2.3 为液晶分子指向矢在外电场作用下变化的示意图。

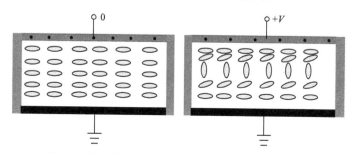

图 2.3　液晶分子指向矢在外电场作用下变化示意图

LCSLM 对光束的调制主要是通过电光效应控制液晶的偏转实现的。液晶的电光效应包括电流效应和电场效应。产生电光效应的同时产生了电流，则发生动态散射效应；若不存在伴随电流的产生则为电场效应，包括电控双折射效应和相变效应等。

2.2.1　动态散射效应

当作用在 LCSLM 上的电场强度过大，超过阈值，且交变电场的频率过低，低于临界值时，就会产生动态散射效应。这是由于在此情况下液晶层中的液晶分子发生无规则不断变化的运动，液晶层的有效折射率不断地改变，致使入射光发生散射。研究发现动态散射效应并不会随着外部控制信号的停止输入而立刻消失不见，在低温情况下甚至可以保持数月，仿佛液晶具有记忆。当加上一个超过临界频率的电场时，可以快速抹去液晶的记忆。

2.2.2　电控双折射效应

液晶分子双折射特性会使入射到液晶上的光束被分解为平行偏振的寻常光 (o 光) 和水平偏振的非常光 (e 光)。在未施加电压时，液晶层中的液晶分子平行排列，双折射系数为一常量，当外加电场时，液晶分子沿电场方向发生偏转，这会导致 e 光的折射率发生变化，LCSLM 对入射的 e 光会产生相位延迟，而不会对 o 光产生相位延迟，这种现象为电控双折射效应，此时双折射系数发生改变：

$$\frac{1}{n_e^2(\theta)} = \frac{\cos^2\theta}{n_e^2} + \frac{\sin^2\theta}{n_o^2} \tag{2.1}$$

式中，θ 为液晶分子指向矢与电场方向的夹角；有效双折射率 $n_e(\theta)$ 是 θ 的函数；n_o 为寻常折射率；n_e 为非常折射率。n_o 和 n_e 由液晶本身的特性得到。

2.2.3 相变效应

液晶分子在外加电场作用下改变排列方式，这种变化引起液晶盒透过率或反射率的改变，这种有效透过率或反射率随电压改变的现象，为 LCSLM 对空间光进行相位调制的基本原理。

没有加载驱动电压时，经过空间光调制器后的 e 光和 o 光之间的相位差为

$$\beta = \frac{2\pi d}{\lambda}(n_e - n_o) \tag{2.2}$$

式中，d 为液晶层的厚度。

当施加不同的电压时，液晶的分子长轴和电场之间会有不同的夹角。通过液晶有效双折射率的变化改变光通过液晶时的光程，来实现相位调制，相位的调制量为

$$\beta(\theta) = \frac{2\pi d}{\lambda}(n_e(\theta) - n_o) \tag{2.3}$$

随着电压的增大，e 光的折射率减小，相位差 $\beta(\theta)$ 也会随之减小。

在通电状态下，液晶分子随电场方向发生旋转，由于 o 光的折射率 n_o 在此过程中不随动，通电状态并不会对 o 光的折射率起到相位调制作用。而 e 光相反，在通电状态下，e 光的折射率 n_e 也随之变化，产生特定的相位延迟，如图 2.4 所示。反射式空间光调制器从光束入射到经过反射作用后出射会经过两次液晶层，相当于调制的相位延迟量为透射式空间光调制器的 2 倍，延迟函数为

$$\text{phase}(\theta) = 2 \times \frac{2\pi d}{\lambda}(n_e(\theta) - n_o) \tag{2.4}$$

经过空间光调制器出射光的光程差 δ 和相位调制量 $\Delta\varphi$ 的关系为

$$\Delta\varphi = k\delta \approx \frac{2\pi}{\lambda}2\Delta n d = \frac{4\pi}{\lambda}\Delta n d \tag{2.5}$$

式中，k 和 λ 分别为入射光波的波数和波长；$\Delta n = n_e(\theta) - n_o$。

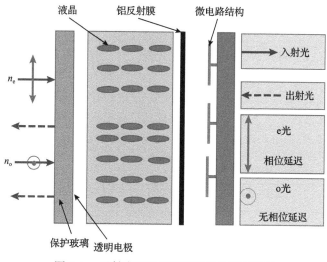

图 2.4　反射式空间光调制器相位调制原理

2.3　液晶空间光调制器相位误差

采用空间光调制器进行光场调控，会不可避免地引入由空间光调制器硬件带来的误差。相位全息图放大看也是离散的矩阵点，其加载到 LCSLM 后与 LCSLM 的每个像素一一对应，相位全息图矩阵点的函数值代表每个像素对入射光的调制程度，所有像素点的综合作用，宏观看便是相位全息图对入射光进行了相位调制。

具有 $M \times N$ 个像素的 LCSLM 的像素结构简图如图 2.5 所示，由规则排列的像素单元组成。可以看到每个像素有效区域的边长为 d，它与像素间周期 Δd 并不相等，这种由制作工艺带来的不相等便产生了死区，即像素有效区域之外的区域，它对光束的相位调制也会起作用。LCSLM 的有效折射率或透过率由像素有效区域

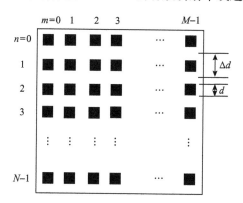

图 2.5　具有 $M \times N$ 个像素的 LCSLM 的像素结构简图

和死区共同决定，可表示为

$$t(x,y) = a(x,y)\left[\text{rect}\left(\frac{x}{d}, \frac{y}{d} \right) \otimes q(x,y) + \left(\text{rect}\left(\frac{x}{\Delta d}, \frac{y}{\Delta d} \right) - \text{rect}\left(\frac{x}{d}, \frac{y}{d} \right) \right) \otimes p(x,y) \right]$$

(2.6)

其中

$$q(x,y) = \sum_{m,n} \delta(x - m\Delta d, y - n\Delta d) \exp(\mathrm{i}\phi_{mn})$$

(2.7)

$$p(x,y) = \sum_{m,n} \delta(x - m\Delta d, y - n\Delta d) \exp(\mathrm{i}\phi_c)$$

(2.8)

式中，ϕ_{mn} 为加载到 LCSLM 的相位全息图对应像素坐标 (m,n) 处的函数值；ϕ_c 为死区部分产生的相位延迟量；$\otimes$ 代表卷积运算；$a(x,y)$ 为孔径值函数。

LCSLM 将相位调制量在 $0\sim2\pi$ 范围内进行离散化，相邻相位量的间隔在相位被量化为 M 级时用式(2.9)表示：

$$\Delta\phi = \frac{2\pi}{M}$$

(2.9)

图 2.6 为 LCSLM 对光波波前的调制示意图，从图中可以看出，相位调制结果

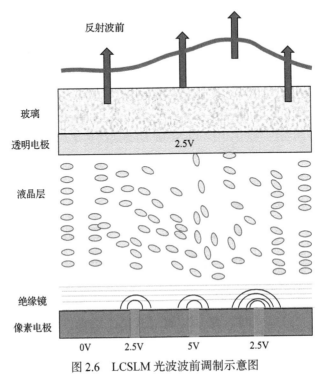

图 2.6　LCSLM 光波波前调制示意图

不如预期，原因是在液晶连续体形变理论中，LCSLM 实际产生的相位调制量与建立的模型之间存在一定的误差，而这一误差将降低它对光束的控制性能，具体误差包括像素间串扰误差、空间非均匀相位误差及像素单元的时域波动误差[10]。

2.3.1　像素间串扰误差

有两种机制导致像素间串扰(也称为边缘场效应)：①液晶层内驱动 LCSLM 的电场响应电压比电极上的电压平滑。当空间光调制器可以精确控制液晶层厚度时，可以大大降低该原因引起的像素间串扰。②液晶层分子之间的弹性相互作用阻碍了方向的突然变化，也导致平滑效应，因为相邻像素之间没有分离。周期的大小影响像素间串扰的强弱，周期越大，像素间串扰越小，相邻衍射级次距离越近，这会导致实际实验中光斑距离过近，难以进行观察和测量。所以，在能清晰观察和测量到不同衍射级次光斑的情况下，尽可能采用大周期来减少像素间串扰。同时，为了最小化像素间串扰的影响，通常需要一个大于 2π 的相位调制范围，在设计全息图时应提高相位行程来减小像素间串扰的影响。另外，在生成全息图时，应对全息图的边缘进行优化，避免相位突然下降造成的像素间串扰。

2.3.2　空间非均匀相位误差

由于液晶层、玻璃和背板具有一定的不均匀性，在 LCSLM 制造过程中不可避免地会引入制造误差，从而导致空间非均匀性的相位误差。

这种相位误差会严重影响 LCSLM 的相位调制功能，具体地引起如光斑变模糊、衍射图样失真等问题。这类误差可通过在计算全息图中叠加校正相位全息图进行补偿校正。

2.3.3　时域波动误差

LCSLM 在工作时，每个像素对应的驱动电压是通过扫描加载的，这种扫描驱动方式使每个像素的驱动电压不稳定，会使相位调制产生周期性时域波动。通过提高 LCSLM 的刷新频率，可有效抑制驱动电压的时域波动所带来的相位误差。

2.4　基于泽尼克多项式的波像差校正

泽尼克(Zernike)多项式基底项包含了径向和方位变量，并且在单位圆上具有正交特性，这一优点对光学系统特别有用。搭建的实际光路系统不论多么精准，都会存在波像差(波前误差)。因为光学系统或者光学元件的波前是连续的，系统的波像差便可以用连续函数来表达。

通常，波像差通过多组正交的泽尼克多项式线性组合来表示。利用泽尼克多

项式对系统波像差进行补偿，可以提高光学系统的波前控制精度，其可用 n 项泽尼克多项式表示为

$$\Delta Z = (r, \theta) = A_{00} + \sum_{n=2}^{\infty} A_{n0} R_n^0 + \sum_{n=1}^{\infty} \sum_{m=1}^{n} R_n^m \left(A_{nm} \cos(m\theta) + B_{nm} \sin(m\theta) \right) \quad (2.10)$$

式中，A_{nm}、B_{nm} 为泽尼克系数；r 和 θ 为圆域内极坐标，r 取值范围为 0~1，θ 取值范围为 0~2π。泽尼克多项式径向关系为

$$R_n^m(r) = \sum_{s=0}^{\frac{n-m}{2}} (-1)^s \frac{(n-1)!}{s! \left(\frac{n+m}{2} - s \right)! \left(\frac{n-m}{2} - s \right)!} r^{n-2s} \quad (2.11)$$

式 (2.10) 和式 (2.11) 中的 n 和 m 是整数值，分别表示径向和环向的波数。在由上述列出的泽尼克方程推导出单独的泽尼克多项式时，$n-m$ 必须是偶数，并且 $n \geqslant m$。

泽尼克多项式的低阶项能够用于描述各种初级波像差，利用泽尼克多项式计算出各类像差全息图，与目标全息图叠加使用，可以有效补偿光学系统中的初级波像差。常用的十三项泽尼克多项式的极坐标表达式、直角坐标表达式以及波像差类型如表 2.1 所示。

表 2.1　十三项泽尼克多项式表达式

序号	极坐标表达式	直角坐标表达式	波像差类型
1	1	1	平移
2	$r\cos\theta$	x	x 方向倾斜
3	$r\sin\theta$	y	y 方向倾斜
4	$r^2\sin(2\theta)$	$2xy$	±45°方向一阶像散
5	$2r^2-1$	$2(x^2+y^2)-1$	离焦
6	$r^2\cos(2\theta)$	x^2-y^2	0°或90°方向一阶像散
7	$r^3\cos(3\theta)$	$x(x^2-3y^2)$	三叶型像散
8	$(3r^3-2r)\cos\theta$	$3xy^2+3x^3-2x$	x 方向彗差
9	$(3r^3-2r)\sin\theta$	$3y^3+3x^2y-2y$	y 方向彗差
10	$r^3\sin(3\theta)$	$y(3x^2-y^2)$	三叶型像散
11	$r^4\sin(4\theta)$	$-4x^3y+4xy^3$	四叶型像散
12	$(4r^4-3r^2)\sin(2\theta)$	$8x^3y+8xy^3-6xy$	±45°方向二阶像散
13	$6r^4-6r^2+1$	$6x^4+12x^2y^2+6y^4-6x^2-6y^2+1$	初级球差

参 考 文 献

[1] 樊叔维, 周庆华, 李红. 槽型衍射光栅结构参数优化设计研究. 光学学报, 2010, 30(11): 3133-3139.

[2] Yu M, Gao J S, Zhang J, et al. Suppression of the stray light of 2-dimensional gratings combined with an array of periodic slit. Acta Physica Sinica, 2013, 62(20): 204208.

[3] Zhou C G, Wang Y N, Chen Y H, et al. Alignment measurement of two-dimensional zero-reference marks. Precision Engineering, 2006, 30(2): 238-241.

[4] 张周强, 周玲, 郭忠超, 等. 基于电驱动纳米光栅的结构设计及仿真分析. 光学学报, 2021, 41(21): 58-64.

[5] 何泽浩, 隋晓萌, 曹良才, 等. 基于参数空间遍历的空间光调制器量化取值优化. 中国激光, 2021, 48(12): 1209002.

[6] Ronzitti E, Guillon M, de Sars V, et al. LCoS nematic SLM characterization and modeling for diffraction efficiency optimization, zero and ghost orders suppression. Optics Express, 2012, 20(16): 17843-17855.

[7] Arrizón V, Carreón E, Testorf M. Implementation of Fourier array illuminators using pixelated SLM: Efficiency limitations. Optics Communications, 1999, 160(4-6): 207-213.

[8] Khonina S N, Porfirev A P, Ustinov A V. Diffraction patterns with mth order symmetry generated by sectional spiral phase plates. Journal of Optics, 2015, 17(12): 125607.

[9] Zhang Z C, You Z, Chu D P. Fundamentals of phase-only liquid crystal on silicon(LCOS) devices. Light: Science & Applications, 2014, 3(10): e213.

[10] Moser S, Ritsch-Marte M, Thalhammer G. Model-based compensation of pixel crosstalk in liquid crystal spatial light modulators. Optics Express, 2019, 27(18): 25046-25063.

第 3 章　利用空间光调制器模拟光学器件

3.1　透　　镜

利用液晶空间光调制器实现透镜的功能，其核心就是将透镜对光的相位调制作用在液晶空间光调制器上展现出来。考虑一个无像差的正薄透镜，用其对点光源的成像过程来研究透镜对光的相位调制作用。在不考虑由透镜有限孔径所引起衍射的情况下，透镜将把物点 S 成像于 S' 点。在傍轴近似条件下，由物点 S 发出的发散球面波在紧靠透镜前平面的复振幅分布为

$$E(x,y) = A\exp\left(\mathrm{i}kd_0\right)\exp\left(\mathrm{i}\frac{k}{2d_0}\left(x^2 + y^2\right)\right) \tag{3.1}$$

式中，A 为光波振幅；k 为波数；d_0 为 S 点到透镜的距离；(x,y) 表示以透镜中心为原点的坐标。

同样在傍轴近似下，光波经过透镜后向 S' 点汇聚的球面波在紧靠透镜后平面上产生的复振幅分布（忽略透镜的吸收）为

$$E'(x,y) = A\exp\left(-\mathrm{i}kd\right)\exp\left(-\mathrm{i}\frac{k}{2d}\left(x^2 + y^2\right)\right) \tag{3.2}$$

式中，d 为透镜到 S' 点的距离。

忽略式（3.1）和式（3.2）中的常量 $\exp\left(\mathrm{i}kd_0\right)$ 和 $\exp\left(-\mathrm{i}kd\right)$，则得到表示透镜相位变换作用的复振幅透射系数为

$$t(x,y) = \frac{E'(x,y)}{E(x,y)} = \exp\left(-\mathrm{i}k\frac{x^2 + y^2}{2}\left(\frac{1}{d} + \frac{1}{d_0}\right)\right) \tag{3.3}$$

由透镜成像的高斯公式可知

$$\frac{1}{d} + \frac{1}{d_0} = \frac{1}{f} \tag{3.4}$$

式中，f 为透镜的像方焦距。于是透镜的相位变换作用就可以简单地表示为

$$t(x,y) = \exp\left(-\mathrm{i}\frac{\pi}{\lambda f}\left(x^2 + y^2\right)\right) \tag{3.5}$$

在此基础上，一个焦距为 f 的透镜的相位变换作用可以表示为

$$\phi(x,y) = \mathrm{mod}_{2\pi}\left(-\frac{\pi}{\lambda f}\left(x^2 + y^2\right)\right) \tag{3.6}$$

式中，$\mathrm{mod}_{2\pi}$ 表示对相位量进行 2π 取余操作。如果一个光学器件对通过其中的光束能够产生与式 (3.6) 相同的相位调制作用，则其作用等价于一个光学透镜。液晶空间光调制器正好具备这样的功能，因此利用其相位调制作用，对式 (3.6) 中的 (x,y) 进行离散化后，在液晶空间光调制器对应的像素上加载对应的相位值，即可实现等价于焦距为 f 的透镜。在一个分辨率为 $M{\times}N$、像素中心间距为 d、具有二维离散像素结构的液晶空间光调制器上，以液晶空间光调制器的中心为坐标原点，将式 (3.6) 离散化后透镜的相位模型可表示为

$$\phi(p,q) = \mathrm{mod}_{2\pi}\left(-\frac{\pi}{\lambda f}\left[(pd)^2 + (qd)^2\right]\right) \tag{3.7}$$

通过式 (3.7) 便可实现在液晶空间光调制器中加载透镜。

3.2　一　维　光　栅

利用空间光调制器模拟光栅，是利用灰度等级来控制相位的调制深度，从而实现光栅的功能[1-5]。受灰度等级量化的限制，常见空间光调制器的灰度图为 8 位（256 个等级）。模拟实际光栅，其实际上是利用阶梯状的小单元进行近似[6]。本节主要分析三种常见的光栅：二元光栅、闪耀光栅和正弦光栅。

3.2.1　二元光栅

二元光栅有三个参数：光栅周期、相位差和填充因子[7]。普通二元光栅相位差是不变的，根据高斯光束的强度曲线以及二元光栅相位差与衍射效率的关系设计了灰度高斯渐变的二元光栅，下面讲述详细的设计过程。

图 3.1 为不同相位差的二元光栅，根据 LCSLM 的相位调制原理，不同相位可由不同灰度来表征。填充因子表示二元光栅相位为零的部分与整体的比值，当填充因子为 0.5 时，二元光栅的相位分布为

$$\phi(x) = \begin{cases} h, & 0 < x \leqslant \dfrac{T_{\mathrm{binary}}}{2} \\ 0, & \dfrac{T_{\mathrm{binary}}}{2} < x < T_{\mathrm{binary}} \end{cases} \tag{3.8}$$

式中，T_{binary} 为二元光栅的周期；h 为相位差。

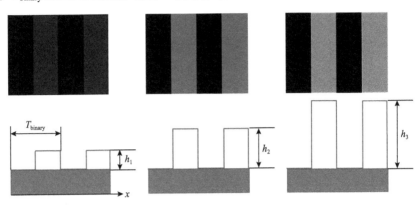

图 3.1　不同相位差的二元光栅

根据傅里叶展开式可知，二元光栅可以看成若干不同振幅、相位和周期正弦光栅的和，衍射光束的强度可由傅里叶系数绝对值的平方得到，所以 0 级光和 m 级光的强度分别为

$$I_0 = \cos^2\left(\frac{h}{2}\right) \tag{3.9}$$

$$I_{\pm m} = \left(\frac{2}{m\pi}\sin\left(\frac{h}{2}\right)\right)^2 \tag{3.10}$$

根据式(3.8)可拟合出灰度变化对 0 级、±1 级、±3 级衍射强度的影响，结果如图 3.2 所示。可以发现，非零级衍射强度随灰度的变化符合高斯函数的变化。

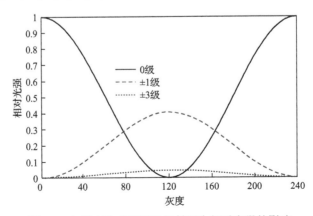

图 3.2　灰度变化对不同级衍射级次相对光强的影响

零级光和非零级光在不同灰度下的相对能量比可分别计算为

$$E_0 = \frac{\cos^2\left(\dfrac{2}{h}\right)}{\cos^2\left(\dfrac{h}{2}\right) + \sum\limits_m \left(\dfrac{2}{m\pi}\sin\left(\dfrac{h}{2}\right)\right)^2} \qquad (3.11)$$

$$E_T = \frac{\sum\limits_m \left(\dfrac{2}{m\pi}\sin\left(\dfrac{h}{2}\right)\right)^2}{\cos^2\left(\dfrac{h}{2}\right) + \sum\limits_m \left(\dfrac{2}{m\pi}\sin\left(\dfrac{h}{2}\right)\right)^2} \qquad (3.12)$$

根据式 (3.11) 和式 (3.12)，拟合灰度变化对零级和非零级衍射 ($m=\pm1, \pm3, \pm5$) 占总能量比例的影响，结果如图 3.3 所示。可以看出非零级光的能量占比随着灰度的增加而增加，当灰度为 127 时达到峰值，其曲线与拟合的高斯函数比较吻合。因此，以非零级能量占总能量的比例 (也称为衍射效率) 作为设计高斯灰度渐变光栅的主要基础。

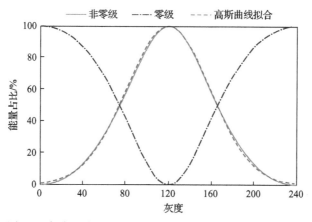

图 3.3　灰度变化对零级和非零级衍射占总能量比例的影响

3.2.2　闪耀光栅

闪耀光栅的相位可用以下公式表达：

$$\varphi_{\text{blazed}}(x,y) = \frac{2\pi}{T_{\text{blazed}}}\,\text{mod}\left(bx + cy, T_{\text{blazed}}\right) \qquad (3.13)$$

式中，$\text{mod}(\cdot)$ 表示取余运算；T_{blazed} 为闪耀光栅周期；b、c 为闪耀光栅的 x、y 方

向的系数。当 x 方向的系数 b 为 0 时，闪耀光栅只有 y 向的分量。闪耀光栅的周期会影响闪耀光栅的衍射角及衍射效率，因此需要分析闪耀光栅周期与衍射角衍射效率之间的关系。

1. 衍射角与周期的关系

衍射角会影响零级光和非零级光的距离，为了便于分离零级光和非零级光，需要选择合适的衍射角。衍射角与闪耀光栅周期的数学关系为

$$T_{\text{blazed}}(\sin\alpha + \sin\theta) = m\lambda \tag{3.14}$$

式中，α 为入射角；m 为衍射级次；λ 为入射光束的波长。图 3.4 为有 N 级台阶的闪耀光栅的相位轮廓，d 表示台阶的宽度。一个光栅周期内的相位深度为 2π，即 $T_{\text{blazed}}=Nd$。

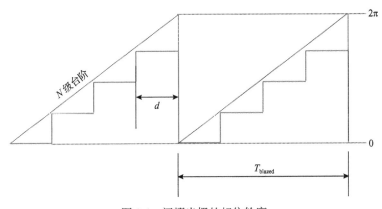

图 3.4　闪耀光栅的相位轮廓

在实际应用中，利用空间光调制器模拟闪耀光栅，入射角 α 为固定值且小于 10°，因此可以忽略不计，则+1 级衍射角 θ 可以表示为

$$\theta \approx \frac{\lambda}{Nd} \tag{3.15}$$

当 $d=20\mu m$、$\lambda=800nm$ 时，由式(3.15)可得闪耀光栅不同台阶数与衍射角的曲线关系，结果如图 3.5 所示。可以发现，随着光栅台阶数 N 的增加，衍射角会减小。

2. 衍射效率

衍射效率会影响输出光束的边缘陡度，因此在选择闪耀光栅周期时还要考虑衍射效率。第 m 级衍射光束的衍射效率为

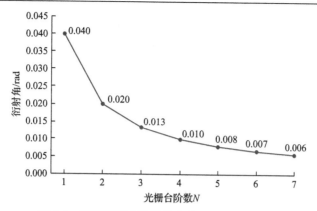

图 3.5　闪耀光栅台阶数的变化对衍射角的影响

$$\eta_m \approx \mathrm{sinc}^2\left(\frac{m}{N}\right)\frac{\mathrm{sinc}^2(m-1)}{\mathrm{sinc}^2\left(\dfrac{m-1}{N}\right)} \tag{3.16}$$

可得+1 级衍射光束的衍射效率为

$$\eta_1 \approx \mathrm{sinc}^2\left(\frac{1}{N}\right) \tag{3.17}$$

根据式 (3.15) 和式 (3.17)，可得当 $d=20\mu m$、$\lambda=800nm$ 时，闪耀光栅不同台阶数对应衍射效率的变化曲线如图 3.6 所示。

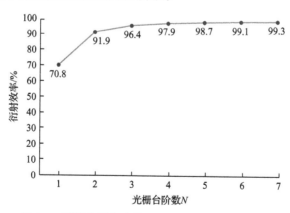

图 3.6　闪耀光栅台阶数的变化对衍射效率的影响

综上可知，闪耀光栅台阶数增加，衍射角会减小，衍射效率会增加。因此，在实验中，闪耀光栅的初始台阶数可以选择较高，然后逐渐减小台阶数，找到零级光和非零级光分离的临界值，此时的衍射效率是所能达到的最大衍射效率。

当台阶数 $N>1$ 时，闪耀光栅呈锯齿状，衍射效率同样可以根据其傅里叶级数展开的振幅获得，第 m 级衍射光束的衍射效率为

$$\eta_m = \mathrm{sinc}^2\left(\frac{m}{2^N}\right) \frac{\mathrm{sinc}^2\left(m - \dfrac{\phi_0}{2\pi}\right)}{\mathrm{sinc}^2\left(\dfrac{m - \dfrac{\phi_0}{2\pi}}{2^N}\right)} \tag{3.18}$$

式中，ϕ_0 为连续闪耀光栅的峰值相位差。当闪耀光栅的峰值相位差 ϕ_0 近似为 2π 时，式 (3.18) 可简化为

$$\eta_m = \mathrm{sinc}^2\left(\frac{m}{2^N}\right) \frac{\mathrm{sinc}^2(m-1)}{\mathrm{sinc}^2\left(\dfrac{m-1}{2^N}\right)} \tag{3.19}$$

台阶化闪耀光栅，则衍射效率可以变换为

$$\eta_{p2^N+1} = \mathrm{sinc}^2\left(p + \frac{1}{2^N}\right) \tag{3.20}$$

式中，p 为任意非零的整数。由式 (3.20) 可以看出，台阶数 N 会影响衍射效率，对于如图 3.4 所示的光栅相位全息图，光栅周期的变化将会影响 N 的大小，周期越大，N 越大。

3.2.3　正弦光栅

正弦光栅具有对入射光波的振幅按三角函数 (正弦) 变化规律进行调制的特性。用空间光调制器模拟的正弦光栅，同样由不同台阶所组成，其衍射效率为

$$\eta = \left(\frac{\sin\varepsilon}{\varepsilon} + \frac{B}{2}\frac{\sin(\varepsilon+\pi)}{\varepsilon+\pi} + \frac{B}{2}\frac{\sin(\varepsilon-\pi)}{\varepsilon-\pi}\right)^2 \left(\frac{\sin\left(\dfrac{N}{2}\delta_1\right)}{\sin\left(\dfrac{\delta_1}{2}\right)}\right)^2 \tag{3.21}$$

式中，$\varepsilon = (\sin\alpha)\pi d/\lambda$，$d$ 为光栅周期，α 为入射角；B 为光栅对光波的振幅调制幅度；δ_1 为台阶的高度。正弦光栅相位分布如图 3.7 所示。

图 3.7　正弦光栅相位分布图

3.3　二维光栅

目前，已有研究者对二维光栅进行了相关研究，包括产生方法[8]、衍射场分布[9]，以及在精密测量方面的应用[10,11]。

3.3.1　等占空比的正交光栅

正交光栅也称为二维二元光栅，它由两个一维方向的二元光栅经灰度正交归一化组合而成，如图 3.8 所示。利用空间光调制器模拟相位型正交光栅，通常用灰度等级来表示相位，且灰度等级的范围一般为 0～255，因此用空间光调制器模拟的光栅又称为数字光栅。图 3.8 中，黑色区域的灰度等级为 0，白色区域的灰度等级为 255。

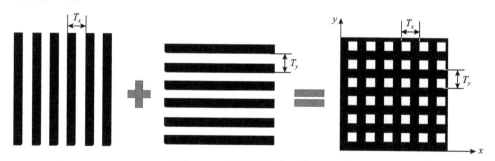

图 3.8　正交光栅组成示意图

数字相位正交光栅一维方向上的剖面分布如图 3.9 所示，α 为入射角，θ 为衍射角，T 为光栅周期，$\phi(h)$ 为相位调制深度。

由光栅衍射公式可知

$$T(\sin\alpha + \sin\theta) = m\lambda \tag{3.22}$$

式中，m 为衍射级数；λ 为激光波长。对于反射式空间光调制器，光束入射角度

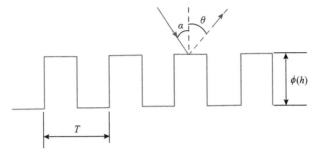

图 3.9   数字相位正交光栅一维方向上的剖面分布

一般较小(小于 10°),所以入射角 α 可以忽略不计,可以得到

$$T \sin \theta = m\lambda \tag{3.23}$$

可知在相同衍射级次且激光波长一定的情况下,当衍射角 θ 较小时,其值与光栅周期 T 成反比。对于一维方向的二元光栅,其光栅相位可以描述为

$$\phi_{\text{1D}}(x) = \begin{cases} \phi, & 0 \leqslant x \leqslant \dfrac{T}{2} \\ 0, & \dfrac{T}{2} < x \leqslant T \end{cases} \tag{3.24}$$

式中,T 为光栅周期;x 为一维方向上的任意点。

对于如图 3.8 所示的正交光栅,其属于二维二元光栅,可以看成由如图 3.10 所示单元的周期性结构所构成,在 x、y 方向上都有相位变化。若 x、y 方向上的光栅周期分别为 T_x、T_y,x、y 方向宽度分别为 bx、by,占空比为 0.5,则一个周期内的光栅相位为

$$\phi_{\text{2D}}(x,y) = \begin{cases} \phi, & 0 \leqslant x \leqslant \dfrac{T_x}{2}, 0 \leqslant y \leqslant \dfrac{T_y}{2} \\ 0, & \text{其他} \end{cases} \tag{3.25}$$

图 3.10(b)光栅的透过函数可表示为

$$\begin{aligned} g(x,y) = \exp(\mathrm{i}\phi) \times &\left(\operatorname{rect}\left(\frac{x + \frac{b_x}{2}}{T_x} \right) \times \operatorname{rect}\left(\frac{y + \frac{b_y}{2}}{T_y} \right) \right) + \left(\operatorname{rect}\left(\frac{x + \frac{b_x}{2}}{T_x} \right) \times \operatorname{rect}\left(\frac{y - \frac{b_y}{2}}{T_y} \right) \right) \\ + &\left(\operatorname{rect}\left(\frac{x - \frac{b_x}{2}}{T_x} \right) \times \operatorname{rect}\left(\frac{y + \frac{b_y}{2}}{T_y} \right) \right) + \left(\operatorname{rect}\left(\frac{x - \frac{b_x}{2}}{T_x} \right) \times \operatorname{rect}\left(\frac{y - \frac{b_y}{2}}{T_y} \right) \right) \end{aligned}$$

$$\tag{3.26}$$

整个正弦相位光栅的透过函数为

$$f(x,y) = g(x,y) \otimes \sum_{i=1}^{M} \sum_{j=1}^{N} \delta(x - x_i) \delta(y - y_i) \tag{3.27}$$

式中，$\otimes$ 为卷积运算；(x_i, y_j) 为第 (i, j) 个单元的中心坐标；δ 为狄拉克函数。

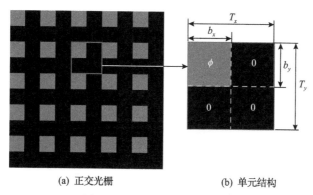

(a) 正交光栅   (b) 单元结构

图 3.10 正交光栅结构示意图

1. 正交光栅衍射光场分析

正交光栅的远场衍射可利用傅里叶变换求得：

$$
\begin{aligned}
F\left(U_x, U_y\right) &= \mathcal{F}[f(x,y)] \\
&= \frac{1}{4}\mathrm{sinc}\left(\frac{m_x\pi}{2}\right)\mathrm{sinc}\left(\frac{m_y\pi}{2}\right)\exp\left(-\mathrm{i}\frac{m_x\pi}{2} + \mathrm{i}\frac{m_y\pi}{2}\right)\exp(\mathrm{i}\phi) \\
&+ \frac{1}{4}\mathrm{sinc}\left(\frac{m_x\pi}{2}\right)\mathrm{sinc}\left(\frac{m_y\pi}{2}\right)\exp\left(\mathrm{i}\frac{m_x\pi}{2} + \mathrm{i}\frac{m_y\pi}{2}\right) \\
&+ \frac{1}{4}\mathrm{sinc}\left(\frac{m_x\pi}{2}\right)\mathrm{sinc}\left(\frac{m_y\pi}{2}\right)\exp\left(-\mathrm{i}\frac{m_x\pi}{2} - \mathrm{i}\frac{m_y\pi}{2}\right) \\
&+ \frac{1}{4}\mathrm{sinc}\left(\frac{m_x\pi}{2}\right)\mathrm{sinc}\left(\frac{m_y\pi}{2}\right)\exp\left(\mathrm{i}\frac{m_x\pi}{2} - \mathrm{i}\frac{m_y\pi}{2}\right)
\end{aligned}
\tag{3.28}
$$

式中，m_x、m_y 为二维平面的衍射级次；$\mathrm{sinc}(x) = \sin(x)/x$。由式 (3.28) 知，当 m_x、m_y 为偶数时，$F(U_x, U_y)=0$，因此衍射光场只存在零级和奇数级衍射光。图 3.11 (b) 给出了正交光栅傅里叶变换后的衍射场光强分布，傅里叶平面上的频率 U_x、U_y 与光栅的周期 T_x、T_y 有如下关系：

$$\begin{cases} U_x = \dfrac{1}{T_x} \\[2mm] U_y = \dfrac{1}{T_y} \end{cases} \tag{3.29}$$

由图 3.11(b)正交光栅衍射图样可以看出，主要有 0 级(m_x=0, m_y=0)，轴上衍射级(m_x= ±1, m_y=0)、(m_x=0, m_y=±1)，以及(m_x=±1, m_y=±1)共 9 个级次组成，其他高级衍射级由于能量比较弱，图中没有给出。9 个级次的光强值都可以利用式(3.28)求出。

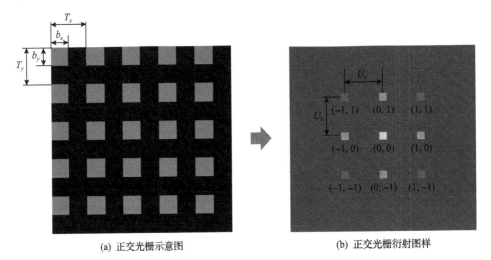

(a) 正交光栅示意图　　　　　　　　　　　(b) 正交光栅衍射图样

图 3.11　正交光栅及其衍射图样示意图

对于零级衍射光，将(m_x=0, m_y=0)代入式(3.28)后，求得其相对光强为

$$I(0,0) = \left| F\left(U_x, U_y \right) \right|^2 = \frac{1}{8}(5 + 3\cos\phi) \tag{3.30}$$

由式(3.30)可求出衍射平面的轴上相对衍射光强为

$$I(0, \pm m_y) = I(\pm m_x, 0) = \frac{1}{4}\left(\frac{2}{m\pi}\sin\left(\frac{\phi}{2} \right) \right)^2 \tag{3.31}$$

式中，m=m_x 或 m_y，当 m=1 时，可求出(m_x=0, m_y=±1)、(m_x=±1, m_y=0)时的光强，且这四个级次的光强相等，为了后续分析方便，以其中一个作为代表，称为(0,1)级。

同理，可求出图 3.11(b)中(-1,1)、(1,1)、(-1,-1)、(1,-1)四个衍射光斑的相对光强为

$$I(\pm1,\pm1) = \left(\frac{2}{\pi^2}\sin\left(\frac{\phi}{2}\right)\right)^2 \tag{3.32}$$

同样为了后续分析方便，统称为 (1,1) 级光斑，由式 (3.32) 可看出，(1,1) 级衍射光强也受相位的影响。

　　除了上面分析的 0 级和 8 个 1 级衍射光，还有 $m_x=\pm3$ 级或 $m_y=\pm3$ 级及以上的衍射光，但由于它们的光强占比非常小，可以忽略不计。

　　由式 (3.29)～式 (3.31) 可以看出，不同级次的光强大小和正交光栅的相位 ϕ 有关。对于空间光调制器，因为不同的灰度代表不同的相位深度，所以对于同一周期下的不同灰度等级，其正交光栅的调制深度是可以不同的。图 3.12 给出了三种不同灰度等级的正交光栅，由式 (3.29)～式 (3.31) 可知，改变正交光栅的灰度等级，可以改变输出的零级光强与衍射光强的占比。

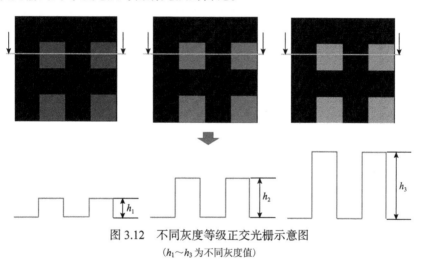

图 3.12　不同灰度等级正交光栅示意图

(h_1～h_3 为不同灰度值)

2. 正交光栅衍射效率分析

　　衍射效率是衡量光栅性能的重要指标之一，空间光调制器的衍射效率会受衍射图案、填充因子、前电极不完善的防反射涂层、电子等因素的影响，故其衍射效率可能会存在限制。首先，为了减少因超出衍射图案限制而使能量转移到更高衍射级次，衍射图案被限制在包络以下；其次，包含填充因子的衍射效率计算公式为

$$\eta_s = r^2 N \left[\sum_{(q,l)\in\Omega_s} \text{sinc}^{-2}\left(q\sqrt{r}/M\right) \times \text{sinc}^{-2}\left(l\sqrt{r}/M\right)\right]^{-1} \tag{3.33}$$

为了表达方便，衍射效率可写作 $\eta_s = r^2 N/\text{sum}$，sum 为式 (3.33) 中中括号内部

分，在实验中将信号窗口限制为只有零级及其周围的一小部分区域，由于对 sinc 函数包络线的调制可以忽略不计，此时 sum≈N，由式(3.33)可以看出，衍射效率与填充因子 r 的平方有关，如 Hamamatsu 的 X10468-02，填充率可达到 98%，在实际实验中，填充因子的影响很小，可忽略不计。最后，空间光调制器前电极的不完全防反射涂层和空间光调制器的像素结构留下了一部分冲击光束未调制，可以在初始相位上添加一个线性相位掩膜，以便在空间中分离由空间光调制器形成的涡旋光束和以零衍射顺序产生的未调制激光光束，经过实验后添加线性相位掩膜对该实验产生的影响可忽略不计，故不予添加线性相位掩膜。衍射效率是衡量光栅性能的重要指标之一，对于正交光栅，由于其衍射级次较多，由式(3.33)可计算出 $(m_x=0,m_y=\pm1)$、$(m_x=\pm1,m_y=0)$ 四个衍射级的衍射效率为

$$\eta(0,\pm1) = \eta(\pm1,0) = \frac{1}{4}\left(\frac{2}{\pi}\sin\left(\frac{\phi(h)}{2}\right)\right)^2 \tag{3.34}$$

对于 $(m_x=\pm1,m_y=\pm1)$ 四个对角的衍射光斑，其衍射效率为

$$\eta(\pm1,\pm1) = \left(\frac{2}{\pi^2}\sin\left(\frac{\phi(h)}{2}\right)\right)^2 \tag{3.35}$$

由式(3.34)和式(3.35)可以看出，零级四周的 8 个衍射光斑的衍射效率都受相位调制深度 $\phi(h)$ 的影响。因式(3.34)和式(3.35)都与 1 级光相关，可将 8 个衍射光都统计为 1 级衍射，则 1 级衍射光总衍射效率为

$$\eta_1 = \left(\frac{2}{\pi}\sin\left(\frac{\phi(h)}{2}\right)\right)^2 + 4\left(\frac{2}{\pi^2}\sin\left(\frac{\phi(h)}{2}\right)\right)^2 \tag{3.36}$$

其他高级光的光强占比非常小，可以忽略不计。

3. 正交光栅仿真分析

1)光栅周期的影响仿真分析

图 3.13(a)为周期 T 为 50 像素、100 像素、200 像素的正交光栅结构示意图，图 3.13(b)为对应的衍射图样。由图 3.13(b)可以发现光栅周期的增大，导致衍射角逐渐减小，中心的 0 级光与周边 1 级光的距离逐渐减小，因此可以通过改变正交光栅的周期来调节 1 级光与 0 级光之间的距离。各衍射级的光强不受光栅周期的影响。

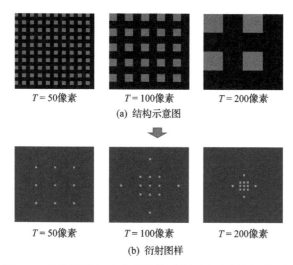

(a) 结构示意图

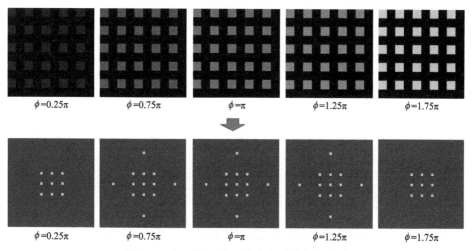

T = 50像素　　　T = 100像素　　　T = 200像素

(b) 衍射图样

图 3.13　不同周期正交光栅结构示意图和对应的衍射图样

2) 相位的影响仿真分析

为了验证上述理论推导的正确性，进行仿真分析。设计正交光栅，占空比保持 0.5 不变，相位 ϕ 取不同的值，图 3.14 给出了不同相位的正交光栅及其傅里叶变换结果，从图中可以看出，随着 ϕ 值的增大，能量逐渐从零级分散到 4 个 $(0,1)$ 和 4 个 $(1,1)$ 级上，当相位 $\phi = \pi$ 时，零级光变得最弱，此时其他衍射级的能量最强，随后随着 ϕ 的继续增大，零级光的光强增强，具体数值见表 3.1。

图 3.14　不同相位的正交光栅及其衍射图样

表 3.1 给出了根据前面的理论推导公式和傅里叶变换的计算结果，总能量设

定为 1,考虑了公式中 π 的取值、有效数位取舍的误差来源。由表 3.1 可以看出,两种方法的计算结果基本一致,证明了前面理论推导的正确性。

表 3.1　通过公式和傅里叶变换计算的不同级数光的相对光强

ϕ	公式计算			傅里叶变换计算		
	0	(0,1)	(1,1)	0	(0,1)	(1,1)
0	1	0	0	1	0	0
0.25π	0.8902	0.0148	0.006	0.8908	0.0147	0.0060
0.5π	0.6250	0.0507	0.0205	0.6270	0.0502	0.0205
0.75π	0.3598	0.0865	0.0351	0.3633	0.0858	0.0351
π	0.2500	0.1013	0.0411	0.2540	0.1005	0.0411
1.25π	0.3598	0.0865	0.0351	0.3633	0.0858	0.0351
1.5π	0.6250	0.0507	0.0205	0.6270	0.0502	0.0205
1.75π	0.8902	0.0148	0.0060	0.8908	0.0147	0.0060
2π	1	0	0	1	0	0

图 3.15 给出了灰度等级从 0 变化到 255 时(对应 ϕ 为 0~2π),0 级光、(0,1) 级光和(1,1)级光的变化曲线,从曲线的变化趋势可以看出,在灰度等级为 127($\phi=\pi$)时,0 级光强最强,相反(0,1)级光和(1,1)级光强较小,因此通过改变灰度等级(相位)能够改变衍射场的光强分布。图 3.16 给出了 1 级光的衍射效率图,变化规律与 0 级光的光强相反,当 $\phi=\pi$ 时,衍射效率达到最高,为 56.96%。

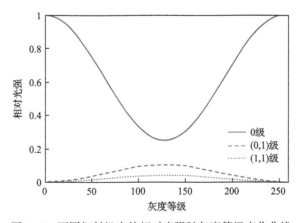

图 3.15　不同衍射级光的相对光强随灰度等级变化曲线

3)实验结果

在仿真中,正交光栅的衍射图样仅表示各衍射级的能量分布情况,为使图像呈现效果更清晰，各衍射级的光斑采用一个像素，即一个矩形来表示，利用 CCD（电荷耦合器件）相机采集透镜后的衍射光强，故观测到的光斑形状呈现为圆形。

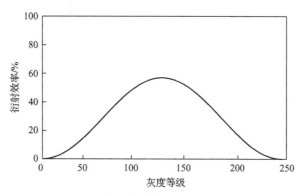

图 3.16　1 级光衍射效率随灰度等级变化曲线

将图 3.14 中所示的相位光栅图输入空间光调制器中，对应的 ϕ 为 0.25π、0.75π、π、1.25π 和 1.75π，相机采集的结果如图 3.17 所示，变化结果与图 3.15 的仿真结果一致，测得 0 级光和 (0,1) 级光的相对光强随灰度等级变化曲线如图 3.18 所示。从图 3.18 中可以看出，该型号空间光调制器相位 $\phi = \pi$ 时，对应的灰度等级为 110 左右，随灰度等级从 0 增加至 110，0 级光能量占比逐渐降低，灰度等级为 110 时 0 级光相对光强达到最小值，为 0.255，此时 (0,1) 级光斑相对光强达到

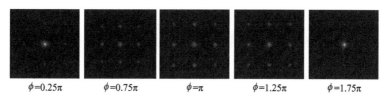

$\phi = 0.25\pi$　　　$\phi = 0.75\pi$　　　$\phi = \pi$　　　$\phi = 1.25\pi$　　　$\phi = 1.75\pi$

图 3.17　不同相位正交光栅的衍射实验结果

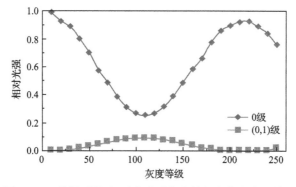

图 3.18　不同衍射级相对光强随灰度等级变化的实验结果

最大值 0.09(略小于理论值 0.1013，见表 3.1)。当灰度等级从 110 增加至 220 时，0 级光的相对光强逐渐升高，(0,1) 级光的相对光强逐渐降低。

因此，根据本节的分析，可以总结出利用空间光调制器产生的正交光栅具有以下特性：

(1) 利用空间光调制器可以很容易产生相位不同的正交光栅，对于占空比为 0.5 的正交光栅，当相位为 π 时，其 0 级光的相对光强达到最小值 0.25，但是对于占空比为 0.5 的一维二元光栅，当相位为 π 时其 0 级光的相对光强则为 0，其原因可从图 3.10(b) 光栅单元进行分析，一个正交单元可看成由 4 块区域组成，其中 3 块由 0 相位部分组成，而实际起相位调制的只有 1 块区域，其实际占空比为 0.25，因此很难将 0 级光的相对光强降至零。但可通过设计不同占空比的正交光栅进一步改善 0 级光的相对光强分布。

(2) 相位可变的正交光栅可用于光束整形中。通过设计合适的周期和灰度等级，正交光栅能够将 0 级光能量向四周衍射开，用于光束整形，能改善区域内的能量均匀性。

(3) 从 0 级光的相对光强计算公式 (3.30) 可以看出，该公式可用于测量相位型空间光调制器的相位调制曲线，通过测量出设定灰度等级的正交光栅对应的 0 级光的相对光强，推算出对应的相位，从而建立灰度等级与相位调制的对应关系。

3.3.2 占空比变化的正交光栅

根据光栅衍射公式 (3.22)，可以计算出衍射角 θ。

对于一维二元光栅，光栅的相位可以描述为

$$\phi_{1D}(x) = \begin{cases} \phi, & 0 \leqslant x < \dfrac{T}{2} \\ 0, & \dfrac{T}{2} \leqslant x < T \end{cases} \tag{3.37}$$

式中，T 为光栅周期。

图 3.19 所示的正交光栅属于二维二元光栅，可看成由图 3.19(b) 所示单元的周期结构组成，该单元的相位可表示为

$$\phi_{2D}(x,y) = \begin{cases} \phi, & (n-1)T_x \leqslant x \leqslant (a_x + n - 1)T_x, \ (n-1)T_y \leqslant y \leqslant (a_y + n - 1)T_y, \ n = 1, 2, \cdots, N \\ 0, & \text{其他} \end{cases}$$

$$\tag{3.38}$$

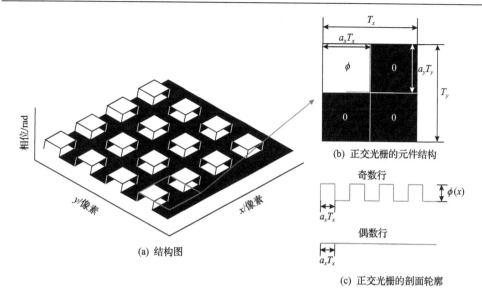

(b) 正交光栅的元件结构

(c) 正交光栅的剖面轮廓

(a) 结构图

图 3.19　占空比变化的正交光栅示意图

1. 正交光栅衍射光场分析

以相位调制部分为原点，图 3.19(b) 所示光栅的单元传输函数可表示为

$$u(x,y) = \exp(i\phi) \times \mathrm{rect}\left(\frac{x}{a_x T_x}, \frac{y}{a_y T_y}\right) + \mathrm{rect}\left(\frac{x - \dfrac{T_x}{2}}{(1-a_x)T_x}, \frac{y}{a_y T_y}\right)$$

$$+ \mathrm{rect}\left(\frac{x}{a_x T_x}, \frac{y + \dfrac{T_y}{2}}{(1-a_y)T_y}\right) + \mathrm{rect}\left(\frac{x - \dfrac{T_x}{2}}{(1-a_x)T_x}, \frac{y + \dfrac{T_y}{2}}{(1-a_y)T_y}\right) \quad (3.39)$$

正交光栅的传输函数为

$$u_t(x,y) = u(x,y) \otimes \mathrm{comb}\left(\frac{x}{T_x}, \frac{y}{T_y}\right)$$

$$= u(x,y) \otimes \sum_{i=1}^{m}\sum_{j=1}^{n} \delta(x - x_i)\delta(y - y_j), \quad m,n = 1,2,\cdots,N \quad (3.40)$$

式中，$\otimes$ 为卷积运算；(x_i, y_j) 为 (i, j) 单元的中心点坐标；δ 为狄拉克函数。利用 $u_t(x,y)$ 的傅里叶变换，可以计算出整个正交光栅在远场中的衍射图样为

$$
\begin{aligned}
U\left(q_x, q_y\right) &= \mathcal{F}\left[u_t\left(x, y\right)\right] \\
&= \frac{\sin\left(\pi q_x a_x T_x\right)}{\pi q_x} \frac{\sin\left(\pi q_y a_y T_y\right)}{\pi q_y} \exp(\mathrm{i}\phi) \\
&\quad + \frac{\sin\left(\pi q_x\left(1-a_x\right)T_x\right)}{\pi q_x} \frac{\sin\left(\pi q_y a_y T_y\right)}{\pi q_y} \exp\left(\mathrm{i}2\pi q_x \frac{T_x}{2}\right) \\
&\quad + \frac{\sin\left(\pi q_x a_x T_x\right)}{\pi q_x} \frac{\sin\left(\pi q_y\left(1-a_y\right)T_y\right)}{\pi q_y} \exp\left(\mathrm{i}2\pi q_y \frac{T_y}{2}\right) \\
&\quad + \frac{\sin\left(\pi q_x\left(1-a_x\right)T_x\right)}{\pi q_x} \frac{\sin\left(\pi q_y\left(1-a_y\right)T_y\right)}{\pi q_y} \exp\left(\mathrm{i}2\pi\left(q_x \frac{T_x}{2} + q_y \frac{T_y}{2}\right)\right)
\end{aligned}
\tag{3.41}
$$

根据正交光栅的周期性和相位调制部分的迁移率，可以忽略相位偏移部分。当 $q_x = m_x/T_x$，$q_y = m_y/T_y$（m_x 和 m_y 是二维平面的衍射级数）时，式(3.41)可以重写为

$$
\begin{aligned}
U\left(q_x, q_y\right) &= T_x T_y \frac{\sin\left(\pi m_x a_x\right)}{\pi m_x} \frac{\sin\left(\pi m_y a_y\right)}{\pi m_y} \exp(\mathrm{i}\phi) + T_x T_y \frac{\sin\left(\pi m_x\left(1-a_x\right)\right)}{\pi m_x} \frac{\sin\left(\pi m_y a_y\right)}{\pi m_y} \\
&\quad + T_x T_y \frac{\sin\left(\pi m_x a_x\right)}{\pi m_x} \frac{\sin\left(\pi m_y\left(1-a_y\right)\right)}{\pi m_y} + T_x T_y \frac{\sin\left(\pi m_x\left(1-a_x\right)\right)}{\pi m_x} \frac{\sin\left(\pi m_y\left(1-a_y\right)\right)}{\pi m_y}
\end{aligned}
\tag{3.42}
$$

将方程(3.42)归一化，可以得到

$$
\begin{aligned}
U_n\left(q_x, q_y\right) &= \frac{1}{T_y T_y} U\left(q_x, q_y\right) \\
&= \frac{\sin\left(\pi m_x a_x\right)}{\pi m_x} \frac{\sin\left(\pi m_y a_y\right)}{\pi m_y} \exp(\mathrm{i}\phi) + \frac{\sin\left(\pi m_x\left(1-a_x\right)\right)}{\pi m_x} \frac{\sin\left(\pi m_y a_y\right)}{\pi m_y} \\
&\quad + \frac{\sin\left(\pi m_x a_x\right)}{\pi m_x} \frac{\sin\left(\pi m_y\left(1-a_y\right)\right)}{\pi m_y} + \frac{\sin\left(\pi m_x\left(1-a_x\right)\right)}{\pi m_x} \frac{\sin\left(\pi m_y\left(1-a_y\right)\right)}{\pi m_y}
\end{aligned}
\tag{3.43}
$$

由于式(3.43)中有很多项，所以直接计算较为复杂。根据矩形函数的性质及其傅里叶变换，原方程可以简化为

$$U_{\mathrm{ns}}\left(q_x,q_y\right)=\frac{\sin\left(\pi m_x a_x\right)}{\pi m_x}\frac{\sin\left(\pi m_y a_y\right)}{\pi m_y}\exp(\mathrm{i}\phi)+\frac{\sin\left(\pi m_x\right)}{\pi m_x}\frac{\sin\left(\pi m_y\right)}{\pi m_y}$$

$$-\frac{\sin\left(\pi m_x a_x\right)}{\pi m_x}\frac{\sin\left(\pi m_y a_y\right)}{\pi m_y}$$

$$=\frac{\sin\left(\pi m_x a_x\right)}{\pi m_x}\frac{\sin\left(\pi m_y a_y\right)}{\pi m_y}\left(\exp(\mathrm{i}\phi)-1\right)+\frac{\sin\left(\pi m_x\right)}{\pi m_x}\frac{\sin\left(\pi m_y\right)}{\pi m_y}\quad(3.44)$$

2. 正交光栅衍射效率分析

根据式 (3.44)，正交光栅的衍射效率为

$$\eta\left(m_x,m_y\right)=\left|U_{\mathrm{ns}}\left(q_x,q_y\right)\right|^2$$

$$=\left(\frac{\sin\left(\pi m_x a_x\right)}{\pi m_x}\frac{\sin\left(\pi m_y a_y\right)}{\pi m_y}\right)^2\left(\exp(\mathrm{i}\phi)-1\right)^2+\left(\frac{\sin\left(\pi m_x\right)}{\pi m_x}\frac{\sin\left(\pi m_y\right)}{\pi m_y}\right)^2$$

$$+\left(\frac{\sin\left(\pi m_x a_x\right)}{\pi m_x}\frac{\sin\left(\pi m_y a_y\right)}{\pi m_y}\right)\left(\frac{\sin\left(\pi m_x\right)}{\pi m_x}\frac{\sin\left(\pi m_y\right)}{\pi m_y}\right)\left(\exp(\mathrm{i}\phi)-1\right)$$

$$=4\sin^2\left(\frac{\phi}{2}\right)\left(\frac{\sin\left(\pi m_x a_x\right)}{\pi m_x}\frac{\sin\left(\pi m_y a_y\right)}{\pi m_y}\right)^2+\left(\frac{\sin\left(\pi m_x\right)}{\pi m_x}\frac{\sin\left(\pi m_y\right)}{\pi m_y}\right)^2$$

$$-4\sin^2\left(\frac{\phi}{2}\right)\left(\frac{\sin\left(\pi m_x a_x\right)}{\pi m_x}\frac{\sin\left(\pi m_y a_y\right)}{\pi m_y}\right)\left(\frac{\sin\left(\pi m_x\right)}{\pi m_x}\frac{\sin\left(\pi m_y\right)}{\pi m_y}\right)\quad(3.45)$$

图 3.20 为占空比 $a_x=0.5$ 的单元的衍射图。由图 3.20(b) 可以看出，衍射强度图主要由零级 ($m_x=0,m_y=0$) 和轴上衍射级 ($m_x=0,m_y=\pm1$)、($m_x=\pm1,m_y=0$)、($m_x=0,m_y=\pm2$)、($m_x=\pm2,m_y=0$) 组成。光强根据 0 级光的相对光强进行归一化处理，其他高级衍射光由于强度较弱，在图中没有给出。

对于 (0,0) 级光，$m_x=m_y=0$，衍射效率可以简化为

$$\eta(0,0)=4\left(a_x a_y\right)^2\sin^2\left(\frac{\phi}{2}\right)-4\left(a_x a_y\right)\sin^2\left(\frac{\phi}{2}\right)+1\quad(3.46)$$

对于 (±1,0) 级光和 (0,±1) 级光，$m_x=\pm1$、$m_y=0$ 或 $m_x=0$、$m_y=\pm1$，衍射效率可以表示为

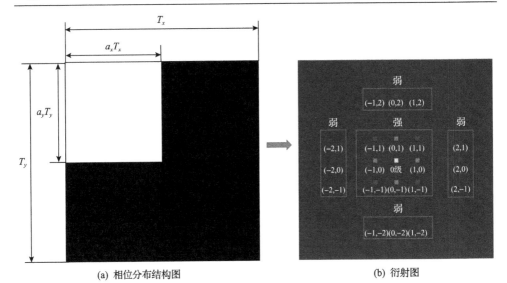

(a) 相位分布结构图　　　　　　　　　(b) 衍射图

图 3.20　占空比为 0.5 的正交光栅

$$\eta(\pm1,0) = \frac{4a_y^2}{\pi^2}\sin^2\left(\frac{\phi}{2}\right)\sin^2\left(\pi a_x\right) \qquad (3.47)$$

$$\eta(0,\pm1) = \frac{4a_x^2}{\pi^2}\sin^2\left(\frac{\phi}{2}\right)\sin^2\left(\pi a_y\right) \qquad (3.48)$$

对于$(\pm1,\pm1)$级光，$m_x=m_y=\pm1$，所以衍射效率可以表示为

$$\eta(\pm1,\pm1) = \frac{4}{\pi^4}\sin^2\left(\frac{\phi}{2}\right)\sin^2\left(\pi a_x\right)\sin^2\left(\pi a_y\right) \qquad (3.49)$$

3. 仿真分析

本节讨论正交光栅的周期、相位和占空比对衍射图案及衍射效率的影响。在模拟中，全息图的大小为 1000 像素×1000 像素，像素的大小为 12.5μm，衍射图案的强度在 0～1 的归一化尺度上。为了分析受光栅周期影响的衍射模式，将周期 $T_x = T_y = T$ 设置为 20 像素、100 像素、200 像素、500 像素和 1000 像素，占空比 a_x 为 0.5 和相位 $\phi=\pi$。图 3.21 为仿真结果，由图可以看出，光栅周期 T 会影响非零级衍射光束的位置。

从理论推导中，可以得出占空比会影响正交光栅各衍射级的相对光强。如图 3.22 所示，周期 $T=200$ 像素，相位 $\phi=\pi$，占空比 a_x 从 0.3 变为 0.7。由图 3.22 可以得出结论，随着占空比的不断增加，0 级光的相对光强从强到弱，其能量分散到其衍射级上，当 $a_x= a_y= 0.7$ 时，$(\pm1,0)$级光、$(0,\pm1)$级光的相对光强随着占空比的增大而增加。

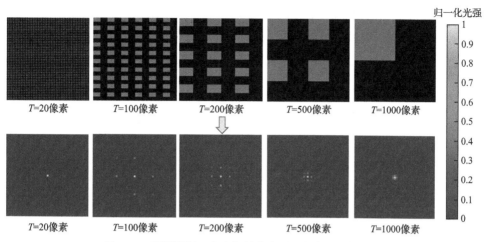

图 3.21　不同周期正交光栅的全息图和相应的衍射图样

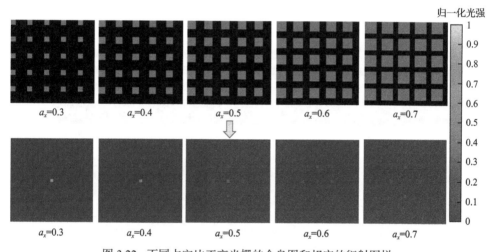

图 3.22　不同占空比正交光栅的全息图和相应的衍射图样

图 3.23 显示了当占空比从 0 变到 1 时，0 级光、(0,1) 级光和 (1,1) 级光的相对光强曲线。由曲线的趋势可以看出，当占空比为 0.7 时，0 级光的衍射强度为 0，(0,1) 级光的衍射强度达到最大值。当占空比为 0.5 时，(1,1) 级光的衍射强度达到最大值。因此，通过调整占空比，可以改变衍射场的光强分布。同时，由图 3.23 可以看出，当占空比大于 0.7 时，0 级光的相对光强逐渐增加，占空比为 1 处达到最大值。当占空比从 0 增加到 1 时，(0,1) 级光的相对光强变化规则与 0 级光相反。能量的变化是一个异步的过程，因此有必要根据具体的情况来选择一个合适的占空比。

为了进一步验证相位对正交光栅各衍射级数光强的影响，进行了仿真。仿真参数设置为：周期 T=200 像素，占空比 $a_x=a_y$=0.5，相位 ϕ=0.25π、0.5π、π、1.5π、1.75π。具有不同相位的正交光栅的全息图及相应的衍射图样如图 3.24 所示。

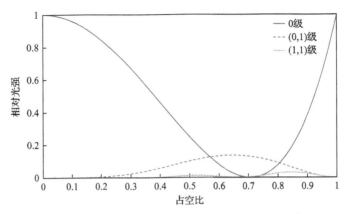

图 3.23　不同占空比在不同衍射级次下的相对光强曲线

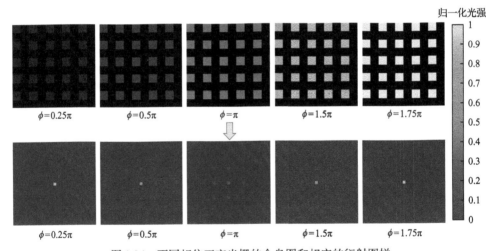

图 3.24　不同相位正交光栅的全息图和相应的衍射图样

由图 3.24 可以得出结论，随着相位 ϕ 从 0.25π 到 π 变化，0 级光的相对光强由强到弱变化，其能量向外分散到(0,1)级光和(1,1)级光。当 ϕ 为 π 时，0 级光的相对光强达到最小，(0,1)级光和(1,1)级光的相对光强最大。当相位从 π 变为 1.75π 时，0 级光的相对光强由弱变为强，(0,1)级光和(1,1)级光的能量逐渐移动到 0 级光。

图 3.25 为灰度等级从 0 变化到 255（对应于 ϕ 从 0 变化到 2π）时的 0 级光、(0,1)级光和(1,1)级光的相对光强曲线。可以看出，当灰度等级为 127（ϕ=π）时，0 级光的相对光强最小。相反，(0,1)级光和(1,1)级光的相对光强最大。因此，可以通过调整灰度等级（相位）来改变衍射场的强度分布。正交光栅的占空比与衍射强度的不同在于改变相位引起的能量增强和衰减是一个同步过程。

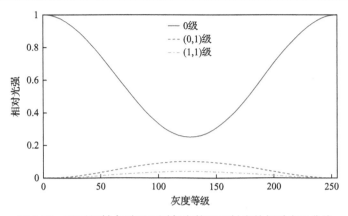

图 3.25　不同衍射水平下不同灰度等级衍射光的相对光强曲线

4. 实验结果分析

在实验中，将如图 3.22 所示的相位光栅全息图加载到空间光调制器上，CCD 相机捕获的图像如图 3.26 所示。为了减少像素间串扰的影响，使用了大相位冲程（相位 $\phi=\pi$）和长周期（$T=200$ 像素），光强占比如表 3.2 所示。当占空比从 0.3 增加到 0.7 时，0 级光相对光强的占比逐渐减小。当占空比为 0.7 时，0 级光相对光强达到最小值 0。当占空比从 0.3 增加到 0.7 时，(0,1) 级光的相对光强先增大后减小。实验数据验证了理论推导的正确性。在实验中，衍射图样的强度都经过了归一化处理。

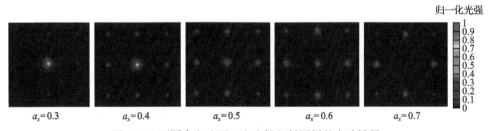

图 3.26　不同占空比下正交光栅衍射图样的实验结果

表 3.2　通过公式和傅里叶变换计算的不同占空比的光强占比（单位：%）

占空比	理论结果				实验结果			
	0 级	(0,1) 级	(1,1) 级	(0,2) 级	0 级	(0,1) 级	(1,1) 级	(0,2) 级
0.3	67.24	2.39	1.76	0.83	68.92	1.57	1.28	0.80
0.4	46.24	5.87	3.36	0.56	45.03	4.91	3.84	0.52
0.5	25.00	10.14	4.11	0	26.11	9.03	3.86	0
0.6	7.84	13.20	3.36	1.26	6.63	13.56	2.87	1.22
0.7	0.04	13.00	1.76	4.50	0.04	12.03	1.53	4.39

　　对 ϕ=0.25π、0.5π、π、1.5π 和 1.75π 的全息图进行了实验，捕获的衍射图样如图 3.27 所示，光强占比如表 3.3 所示。相位 ϕ=π，对应的灰度等级约为 110。随着灰度等级从 0 增加到 110，0 级光相对光强的比例逐渐减小。当灰度等级为 110 时，0 级光相对光强达到最小值，相对光强为 0.255。此时，(0,1) 级光的相对光强达到最大值 0.09（略小于理论值 0.1013，见表 3.1）。当灰度等级从 110 增加到 220 时，0 级光的相对光强逐渐增加，(0,1) 级光的相对光强逐渐减小。

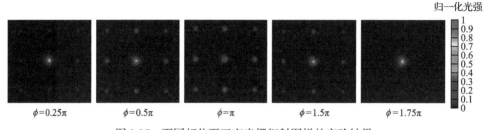

ϕ=0.25π　　　　ϕ=0.5π　　　　ϕ=π　　　　ϕ=1.5π　　　　ϕ=1.75π

图 3.27　不同相位下正交光栅衍射图样的实验结果

表 3.3　通过公式和傅里叶变换计算的不同相位的光强占比 （单位：%）

相位 ϕ	理论结果			实验结果		
	0 级	(0,1) 级	(1,1) 级	0 级	(0,1) 级	(1,1) 级
0.25π	89.02	1.48	0.60	87.44	1.15	0.52
0.5π	62.50	5.07	2.05	64.23	4.21	1.95
π	25.00	10.13	4.11	25.50	9.20	3.98
1.5π	62.50	5.07	2.05	60.97	4.18	2.20
1.75π	89.02	1.48	0.60	87.75	1.12	0.53

　　表 3.2 和表 3.3 中的实验数据与理论数据略有不同，差异主要受空间光调制器固有特性的影响，如填充因子、前电极不完善的防反射涂层、电子限制、像素串扰等。0 级光和 (0,1) 级光的理论和实验结果如图 3.28 所示，由图可以看出，这两个结果是基本一致的。

　　总之，正交光栅的 (0,1) 级光的最大理论衍射效率可以达到 13.6%，略低于棋盘光栅的 (1,1) 级光的 16.4%。而正交光栅的一级光的总衍射效率为 66.3%，略高于棋盘光栅的 65.6%。在其他级，正交光栅具有较高的衍射效率、更好的衍射效率曲线的光滑性，更容易修改相位调制区域、得到人们需要的衍射效率。结合空间光调制器的灵活性，正交光栅具有更深远的研究意义。

3.3.3　棋盘光栅

　　图 3.29 为棋盘光栅示意图，其分析与正交光栅类似，二者之间的区别为相位调制部分的不同，已有较多文献对此进行过分析，本书不再做过多赘述。

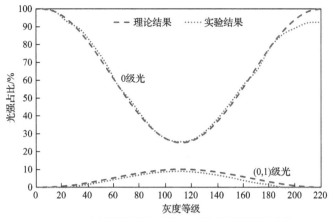

(a) 变灰度等级时0级光和(0,1)级光衍射光强占比曲线

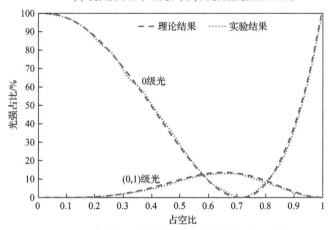

(b) 变占空比时0级光和(0,1)级光衍射光强占比曲线

图 3.28　灰度等级和占空比变化对衍射光强的影响

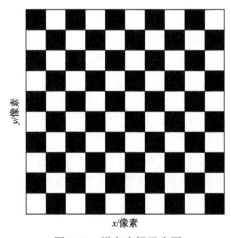

图 3.29　棋盘光栅示意图

3.4　轴　锥　镜

利用轴锥镜的方法相较于利用众多光学元件产生贝塞尔光有着能量利用率高且操作简单的优势。最早可追溯到 1954 年，McLeod 提出轴锥镜的概念，并称轴锥镜是产生贝塞尔光束的常用光学元件。

轴锥镜可以将光连续地汇聚到轴上不同的位置，广泛用于产生非衍射光束。有两种类型的轴锥镜，即正轴锥镜和负轴锥镜，如图 3.30 所示。从几何光学的角度来看，可以看出正轴锥镜对光束具有收敛作用，负轴锥镜对一定传播距离范围内的光束具有发散效果。

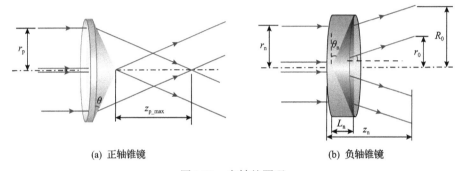

(a) 正轴锥镜　　　　　　　　　　　(b) 负轴锥镜

图 3.30　实轴的原理

正轴锥镜的传递函数为

$$t(r) = \begin{cases} \exp(-\mathrm{i}k(n-1)r\tan\theta), & r \leqslant D/2 \\ 0, & r > D/2 \end{cases} \tag{3.50}$$

式中，$r = (x^2 + y^2)^{1/2}$；$k = 2\pi/\lambda$；θ 为圆锥面与平面形成的折射角；n 为折射率；D 为轴锥镜的直径。一般情况下，入射光束为高斯光束，产生的光束称为高斯-贝塞尔光束，其强度轮廓为

$$I(r,z) = 2\pi k \left(\tan^2\theta\right)(n-1)^2 I_0 z \mathrm{e}^{-2\left[(n-1)z\tan\theta/\omega_0\right]^2} \mathrm{J}_0^2\left(k(n-1)r\tan\theta\right) \tag{3.51}$$

式中，r 和 z 分别为径向坐标和纵向坐标；I_0 为入射轴上的强度；J_0 为零级贝塞尔函数；ω_0 为入射光束的腰围。通过寻找贝塞尔函数的第一个零点，非衍射光束的中心波瓣宽度 r_0 和最大传播距离 $z_{\mathrm{p\_max}}$ 表示为

$$\begin{cases} r_0 = \dfrac{2.4048}{k(n-1)\tan\theta} \\[4mm] z_{p\_max} = \dfrac{r_p}{(n-1)\tan\theta} \end{cases} \tag{3.52}$$

式中，r_p 为轴锥镜的半径，如图 3.30 (a) 所示。

当平行光束照亮负轴时，光发散并转化为环形光束，如图 3.30 (b) 所示，由图 3.30 (b) 可以得到内半径 r_0 和外半径 R_0 为

$$r_0 = z_n \tan\varphi \tag{3.53}$$

$$R_0 = (z_n - L_n)\tan\varphi + D/2 \tag{3.54}$$

式中，$\varphi = \arcsin((n-1)\theta_n)$，$\theta_n$ 为圆锥角；L_n 为轴锥镜的厚度。负轴锥镜输出光束的宽度为

$$R_0 - r_0 = D/2 - L_n\tan\varphi = D/2 - L_n(n-1)\theta_n \tag{3.55}$$

由式 (3.55) 可以看出，宽度在传播距离 z_n 内保持不变，它仅与轴锥镜的直径 D、厚度 L_n 和发散角 θ_n 有关。

3.4.1　用 CGH 模拟正轴锥镜

虽然理想轴锥镜能有效地产生非衍射贝塞尔光束，但其制造误差会影响非衍射光束的质量。因此，本节提出一种易于处理的方法，该方法是将计算机生成全息图 (computer gererated hologram, CGH) 加载到空间光调制器中，以实现入射光束的相位调制。模拟正轴锥镜的全息图如图 3.31 (a) 所示，图 3.31 (b) 是全息图模拟轴

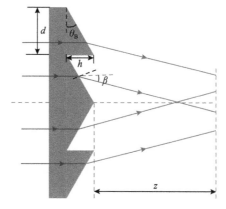

(a) 正轴锥镜全息图　　　　　　　　(b) 全息图模拟轴锥镜的光路图

图 3.31　正轴锥镜的原理

锥镜的光路图。从图 3.31(b) 中可以看出，该轮廓可以看成一个等间距的凹槽的集合，d 和 h 分别是凹槽的周期和高度。

相位延迟是由空间光调制器中通过不同灰度的光的相位差决定的。因此，单个凹槽的传输功能为

$$t(r) = \exp\left(-\mathrm{i}k\left(n_1 - 1\right)r\tan\theta_{\mathrm{B}}\right) = \exp\left(-\mathrm{i}k\left(n_1 - 1\right)r\frac{h}{d}\right) \tag{3.56}$$

式中，r 为径向位置坐标；$k = 2\pi/\lambda$；$\theta_{\mathrm{B}} = \arctan\left(h/d\right)$ 为底角；n_1 为凹槽的折射率。在单槽条件下，当 r 的尺寸为 d 时，相位为 2π，则

$$k\left(n_1 - 1\right)h = 2\pi \tag{3.57}$$

将 $k = 2\pi/\lambda$ 代入式 (3.57)，可以得到沟槽高度 h 的表达式为

$$h = \frac{\lambda}{n_1 - 1} \tag{3.58}$$

因为全息图具有圆对称性，所以取其一半进行分析。全息图的透射率函数可以看成 $t(r)$ 和 Dirac comb 函数 $\mathrm{comb}(r)$ 的卷积：

$$R(r) = t(r) \otimes \mathrm{comb}(r) = \sum_{m=0}^{N-1} \exp\left(-\mathrm{i}k\left(r - md\right)\left(n_1 - 1\right)\frac{h}{d}\right) \tag{3.59}$$

其运算过程如图 3.32 所示。如果空间光调制器用高斯光束照射，则空间光调制器后面 N 次循环后的电场形式为

$$U(r) = A\exp\left(-\frac{r^2}{\omega^2}\right)R(r) = A\exp\left(-\frac{r^2}{\omega^2}\right)\sum_{m=0}^{N-1}\exp\left(-\mathrm{i}k\left(r - md\right)\left(n_1 - 1\right)\frac{h}{d}\right) \tag{3.60}$$

式中，A 为高斯光束的振幅；ω 为入射光束的腰围；N 等于 $D/\left(2d\right)$。

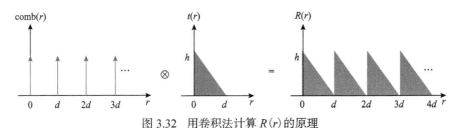

图 3.32　用卷积法计算 $R(r)$ 的原理

全息图具有圆对称性，根据菲涅耳衍射理论，在空间光调制器后面距离 z 处的衍射场可以写为

$$E_1(r_1,z) = \frac{A}{i\lambda z}\exp\left(ik\left(z+\frac{r_1^2}{2z}\right)\right)$$

$$\cdot\int_0^{2\pi}\exp\left(-ik\frac{rr_1}{z}\cos(\theta-\xi)\right)d\xi$$

$$\cdot\int_0^{L/2}r\exp\left(ik\frac{r^2}{2z}\right)\sum_{m=0}^{N-1}\exp\left(-ik(r-md)(n_1-1)\frac{h}{d}\right)\exp\left(-\frac{r^2}{\omega^2}\right)dr \quad (3.61)$$

式中，(r,ξ) 为平面 $z=0$ 的极坐标；(r_1,θ) 为平面 z 处的极坐标。利用

$$\int_0^{2\pi}\exp\left(-x(\varphi-\varphi_0)\right)d\varphi = 2J_0(x) \quad (3.62)$$

式 (3.61) 可改写为

$$E_1(r_1,z) = A\frac{2\pi}{i\lambda z}\exp\left(ik\left(z+\frac{r_1^2}{2z}\right)\right)$$

$$\cdot\int_0^{L/2}rJ_0\left(k\frac{rr_1}{z}\right)\exp\left(-\frac{r^2}{\omega^2}\right)\sum_{m=0}^{N-1}\exp\left(ik\left[\frac{r^2}{2z}-(r-md)(n_1-1)\frac{h}{d}\right]\right)dr \quad (3.63)$$

稳相法为式 (3.63) 中的积分值提供了一个很好的近似值。式 (3.63) 中积分的相位部分用函数定义为

$$f(r) = \frac{r^2}{2z}-(r-md)(n_1-1)\frac{h}{d} \quad (3.64)$$

$$f'(r)\big|_{r=r_q} = \frac{r_q}{z}-(n_1-1)\frac{h}{d} = 0 \quad (3.65)$$

由式 (3.65) 可得出

$$r_q = z(n_1-1)\frac{h}{d} \quad (3.66)$$

式 (3.61) 可表示为

$$E_1\left(r_1,z\right) = Ak\left(n_1-1\right)\sqrt{\lambda z}\,\frac{h}{d}\mathrm{J}_0\left(\frac{k\left(n_1-1\right)hr_1}{d}\right)$$

$$\cdot\exp\left(-\left[\frac{\left(n_1-1\right)zh}{\omega d}\right]^2\right)\exp\left(\mathrm{i}k\left(z+\frac{r_1^2}{2z}\right)\right)$$

$$\cdot\sum_{m=0}^{N-1}\exp\left(\mathrm{i}\left\{k\left[-\frac{\left(n_1-1\right)^2h^2z}{2d^2}+\left(n_1-1\right)mh\right]+\frac{\pi}{4}\right\}\right) \tag{3.67}$$

由式(3.67)可得 z 平面处光强分布为

$$I_{\left(r_1,z\right)} = 2A^2\pi kz\left(\frac{h}{d}\right)^2\left(n_1-1\right)^2\exp\left(-2\left[\frac{\left(n_1-1\right)zh}{\omega d}\right]^2\right)\left(\mathrm{J}_0\left(k\left(n_1-1\right)r_1\frac{h}{d}\right)\right)^2 \tag{3.68}$$

因此，可以利用全息图来模拟正轴锥镜，从而产生零级贝塞尔光束(也称为无衍射光束)。可以通过求出贝塞尔函数第一个零点来计算中心波瓣的宽度 ρ_0 以及非衍射光束的最大传播距离 $z_{\max}$，分别为

$$\rho_0 = \frac{2.4048\lambda}{2\pi\sin\beta} = \frac{2.4048}{k\left(n_1-1\right)\tan\theta_\mathrm{B}} = \frac{2.4048d}{k\left(n_1-1\right)h} \tag{3.69}$$

$$z_{\max} = \frac{\omega}{\tan\beta} = \frac{\omega d}{\left(n_1-1\right)h} \tag{3.70}$$

3.4.2 用 CGH 模拟负轴锥镜

负轴锥镜对光束有不同的影响。当平行光束照亮负轴锥镜时，光发散并转化为环形光束，发散的光束保持平行。模拟负轴锥镜的全息图如图 3.33(a)所示，图 3.33(b)是其光路示意图。

由图 3.33(b)可知，内半径 r_1 和外半径 R_1 分别为

$$r_1 = z_\mathrm{n}\tan\beta_\mathrm{n} \tag{3.71}$$

$$R_1 = \left(z_\mathrm{n}-h\right)\tan\beta_\mathrm{n}+L/2 \tag{3.72}$$

式中，$\beta_\mathrm{n} = \arcsin\left(\left(n-1\right)\theta_\mathrm{Bn}\right)$，同时 θ_Bn 是圆锥角。因此，输出光束的宽度表示为

$$R_1 - r_1 = L/2 - h\tan\beta_\mathrm{n} \approx L/2 - h\left(n-1\right)\tan\theta_\mathrm{Bn} = Nd - \frac{h^2\left(n-1\right)}{d} \tag{3.73}$$

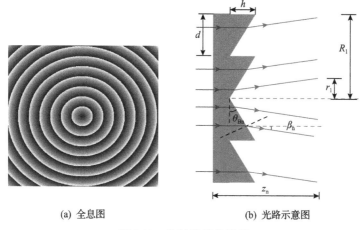

(a) 全息图　　　　　　　　　(b) 光路示意图

图 3.33　负轴锥镜的原理

3.4.3　轴锥镜模拟结果分析

1. 正轴锥镜仿真

图 3.34 显示了在 d 为 15 像素、20 像素和 25 像素(1 像素=12.5μm)条件下模拟正轴锥镜的 256 级相位全息图。可以看到，贝塞尔环的间隔随着全息周期 d 的增加而增大。实际轴锥镜与全息图之间的关系为 $h=d/\tan\theta\approx\theta$。当 h 保持不变(h=0.0012mm)时，增加全息周期 d 相当于降低了真实轴锥镜的折射角 θ。这意味着改

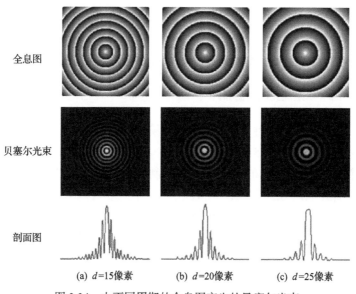

全息图

贝塞尔光束

剖面图

(a) d=15像素　　　　(b) d=20像素　　　　(c) d=25像素

图 3.34　由不同周期的全息图产生的贝塞尔光束

变周期 d 可以得到具有不同折射角的轴锥镜。在同一光路中，它可以动态地改变全息图来模拟不同的轴锥镜。

2. 与真实轴锥镜的比较

实际圆锥形状的衍射轴锥镜是用机械方法制造的，不可避免地会产生制造误差。为了比较这两种方法产生的贝塞尔光束的质量，选择了一个圆锥形状的衍射轴锥镜(r=12.7mm，θ=0.008rad)，另外利用空间光调制器生成一个与其等效的全息图(d=13 像素，h=0.0012mm)。图 3.35 显示了在不同 z 平面上的贝塞尔光束的图像。可以看到，由 SLM + CGH 产生的贝塞尔光束在整个范围内保持了完美的形式，然而由真实轴锥镜产生的贝塞尔光束不能保持相同的形式，当 $z \geqslant 930$mm 时出现变形。因此，使用 CGH 不仅能够灵活地生成贝塞尔光束，而且可以避免制造误差。

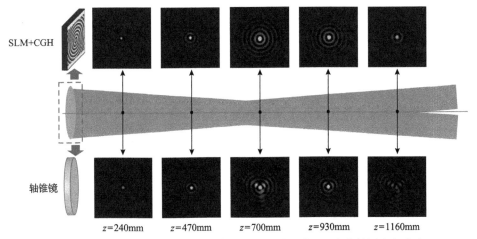

图 3.35　由空间光调制器和真实轴锥镜在不同 z 平面上产生的贝塞尔光束

同时，也比较了这两种方法产生的贝塞尔光束的轴向光强分布。全息图和入射光束的一些参数为 n_1=1.51637、ω=6mm、λ=650nm 和 I_0=1。表 3.4 给出了理论贝塞尔光束的轴向光强分布，由空间光调制器和真实轴向图计算，它们的变化趋势和拟合曲线如图 3.36 所示。由表 3.4 和图 3.36 可以看出，空间光调制器的轴向光强(指相对光强，下同)分布与理论分析吻合得很好。实际轴锥镜轴向光强分布在近距离范围内与理论分析一致，但经过一定距离后开始偏离理论值。造成偏差的原因是贝塞尔光束的变形。这也证明了轴向光强分布受到轴锥镜制造精度的影响。

表 3.4　不同方法产生贝塞尔光束的轴向光强分布　　　　（单位：a.u.）

z/mm	轴向光强		
	理论	空间光调制器	轴锥镜
240	92.52	88.47	93.20
370	132.53	120.47	137.73
470	155.58	147.43	147.59
580	172.19	166.32	158.47
700	179.74	173.31	170.70
810	177.76	179.48	172.27
930	167.50	176.57	178.30
1040	152.58	167.73	163.02
1160	132.54	112.73	63.78

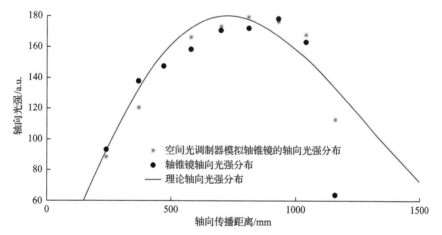

图 3.36　不同方法产生的贝塞尔光束的轴向光强分布

结果表明，轴锥镜和空间光调制器的轴向光强都满足先增加的原则，并且在达到峰值后，随着传播距离的增大而开始减小。

3.4.4　用空间光调制器模拟负轴锥镜

负轴锥镜可产生环形光束，常应用于激光钻孔以提高效率。用空间光调制器也可以生成 CGH 从而产生环形光束。图 3.37 给出了一个光路示意图，从图中可以看出，来自空间光调制器的光束有一个发散角，其分布面积将超过 CCD 的接收尺寸，因此应使用透镜来收敛光束。用于模拟负轴锥镜的全息图如图 3.33（a）所示，加载到空间光调制器中，周期设置为 $d=15$ 像素，空间光调制器到镜头的距

离 l_1=230mm，凹槽高度 h=0.0012mm。

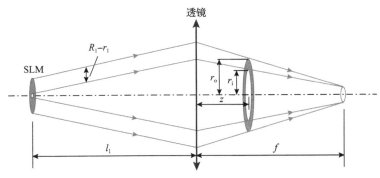

图 3.37　用透镜聚焦的环形光束的原理

图 3.38 为透镜后 z=75mm、80mm、85mm、90mm 平面上的全息图生成的环形光束图像，对应的内外半径如表 3.5 所示。从表 3.5 中可以看出，环形梁的宽度随着 z 位置的增加而减小，实验结果与理论结果一致。这些图像证明了全息图可以产生一个负轴锥镜的效果。

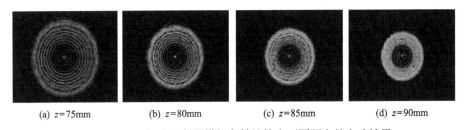

(a) z=75mm　　　(b) z=80mm　　　(c) z=85mm　　　(d) z=90mm

图 3.38　用空间光调制器模拟负轴锥镜在不同距离的实验结果

表 3.5　理论与空间光调制器生成的环形光束半径

z/mm	理论/mm			空间光调制器生成/mm		
	r_i	r_o	$r_o - r_i$	r_i	r_o	$r_o - r_i$
75	0.474	1.275	0.801	0.464	1.271	0.807
80	0.445	1.132	0.687	0.439	1.122	0.683
85	0.352	0.988	0.636	0.355	0.980	0.625
90	0.387	0.845	0.458	0.381	0.839	0.458

3.5　菲涅耳镜

单光束照射空间光调制器模拟的透镜，在其傅里叶平面汇聚为焦点。在空间光调制器上叠加特定相位的光学元件可以对聚焦光斑的空间位置进行调控。

若在透镜的基础上叠加线性闪耀光栅，光斑会产生径向偏移$(\Delta x, \Delta y)$，则对应的相位φ_r可以表示为

$$\varphi_r(x_A, y_A) = a(\Delta x x_A + \Delta y y_A) \tag{3.74}$$

式中，a为由入射光束的波长和透镜焦距共同确定的固定常数。

若在透镜的基础上叠加菲涅耳透镜，光斑会产生轴向偏移Δz，则对应的相位φ_z可以表示为

$$\varphi_z(x_A, y_A) = -\frac{k}{f(\Delta z)}(x_A^2 + y_A^2) \tag{3.75}$$

式中，$f(\Delta z)$为确定轴向偏移量的函数；k为光矢量常数。

闪耀光栅相位全息图对产生焦点的影响如图 3.39 所示。

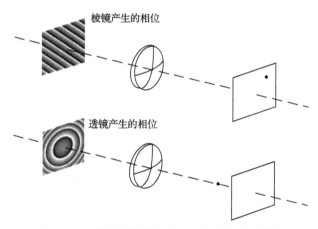

图 3.39 闪耀光栅相位全息图对产生焦点的影响

3.6 数字复用透镜

前面讨论的主要是利用空间光调制器实现单个光学元件的模拟，由于空间光调制器的可编程特性，可以模拟多种元件组合的形式，实现复用功能。由于这类元件利用数字编程的方式，称其为数字复用元件。本节根据多界面同时成像的要求，主要讨论数字复用透镜，其作用是物方轴向多个平面同时成像在一个像方平面上。

将多个具有不同焦距的理想成像透镜和不同衍射角的闪耀光栅镶嵌在一起，同时编程在空间光调制器的像素区域，通过空间光调制器的像素控制特性，实现

多个焦距的复用透镜随机等概率地分布在空间光调制器的每个像素，保证每个焦距的复用透镜具有完全相同的成像光场，其原理如图 3.40 所示。

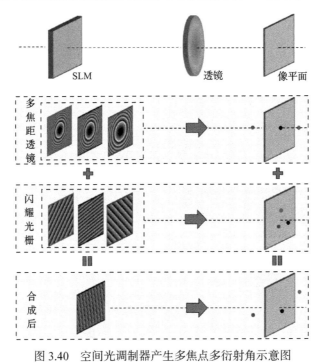

图 3.40　空间光调制器产生多焦点多衍射角示意图

根据傅里叶光学理论，一个焦距为 f_i' 的理想成像透镜，其相位函数为

$$\phi(x,y) = -\frac{\pi}{\lambda f_i'}\left(x^2 + y^2\right) \tag{3.76}$$

式中，λ 为入射波长；(x,y) 为以透镜中心为原点的坐标。具有等效功能作用的是由一系列同心环带组成的相位菲涅耳透镜。设空间光调制器的像素分辨率为 $M \times N$，像素中心间距为 a，则焦距为 f_i' $(i=1,2,\cdots,n)$ 的相位菲涅耳透镜在空间光调制器中的相位为离散型，可表示为

$$\phi_i(k,l) = \mathrm{mod}_{2\pi}\left(-\frac{\pi}{\lambda f_i'}\left[(ka)^2 + (la)^2\right]\right) \tag{3.77}$$

式中，$\mathrm{mod}_{2\pi}$ 表示以 2π 取余操作。由式(3.76)可看出，对于任意焦距，空间光调制器中的每个像素都有其相应的相位调制量。对于 n 个不同的焦距，设计算法将空间光调制器中所有的像素随机分配给每个焦距的菲涅耳透镜，每个焦距取 $M \times N/2$ 个像素点，形成具有 n 个焦距的复用菲涅耳透镜。为了实现不同的轴向截

面成像在像平面的不同区域而互不重叠，不同焦距的菲涅耳透镜的出射光束应具有不同的偏转角，为此利用空间光调制器模拟数字闪耀光栅来实现。针对焦距为 f_i' 的器件，其对应的相位分布可表示为

$$\phi_i(k,l) = \mathrm{mod}_{2\pi}\left(\frac{2\pi}{T_{x\_i}}k + \frac{2\pi}{T_{y\_i}}l\right) \tag{3.78}$$

式中，T_{x_i} 和 T_{y_i} 分别为 x、y 方向以像素为单位的光栅周期。根据衍射理论，加载数字闪耀光栅后，其衍射角大小与光栅的周期有关，衍射角的方向与闪耀光栅的槽面法线有关，经过数字闪耀光栅后，光束在 x、y 方向的衍射角（或闪耀角）为

$$\begin{cases} \theta_{x\_i} = \arcsin\left(\dfrac{\lambda}{aT_{x\_i}}\right) \\[2mm] \theta_{y\_i} = \arcsin\left(\dfrac{\lambda}{aT_{y\_i}}\right) \end{cases} \tag{3.79}$$

衍射角的方向取决于 k、l 的符号。由式(3.76)和式(3.77)可得，欲实现焦距为 f_i' 和具有相应偏转角功能的器件，其相位模型为

$$\phi_i(k,l) = \mathrm{mod}_{2\pi}\left(-\frac{\pi}{\lambda f_i'}\left[(ka)^2 + (la)^2\right] + \frac{2\pi}{T_{x\_i}}k + \frac{2\pi}{T_{y\_i}}l\right) \tag{3.80}$$

因此，利用空间光调制器模拟同时具有光束聚焦和偏转功能的数字复用透镜，实现 n 个不同焦距，且每个焦点具有不同偏转角的复用透镜，其总的相位模型可表示为

$$\phi_S(k,l) = \mathrm{mod}_{2\pi}\left(\sum_{i=1}^{n}\phi_i(k,l)\right) \tag{3.81}$$

上述随机相位模型利用Gerchberg-Saxton(GS)迭代算法，结合反馈控制，能够得到准确的多焦点和多衍射角的相位全息图。

参 考 文 献

[1] Moreno I, Gutierrez B K, Sánchez-López M M, et al. Diffraction efficiency of stepped gratings using high phase-modulation spatial light modulators. Optics and Lasers in Engineering, 2020, 126: 105910.

[2] Zhai Z S, Cao W Z, Gao T, et al. Beam shaping with high energy utilization and uniformity using gradient orthogonal gratings. Applied Optics, 2021, 60: 5104-5109.

[3] 樊叔维, 周庆华, 李红. 槽型衍射光栅结构参数优化设计研究. 光学学报, 2010, 30(11): 3133-3139.

[4] Zhai Z S, Li Q Y, Yu X, et al. Diffraction characteristics of orthogonal gratings analysis based on a spatial light modulator. Applied Optics, 2022, 61(25): 7393-7400.

[5] 翟中生, 黄缘胜, 李沁洋, 等. 基于空间光调制器的正交相位光栅衍射特性. 光学学报, 2022, 42(16): 6-14.

[6] Srivastava A K, Hu W, Chigrinov V G, et al. Fast switchable grating based on orthogonal photo alignments of ferroelectric liquid crystals. Applied Physics Letters, 2012, 101(3): 031112.

[7] 樊叔维. 二元光栅衍射特性的矢量理论分析. 光学精密工程, 1999, 7(5): 30-36.

[8] Zhu J C, Zhou J K, Shen W M. Polarization-independent diffraction grating based on dielectric metasurface. Electronics Letters, 2019, 55(13): 756-759.

[9] 袁霞, 王晶晶, 金华阳. 一种正交光栅频谱分布的理论分析. 大学物理实验, 2011, 24(2): 43-44, 48.

[10] 夏豪杰, 费业泰, 王中宇. 二维光栅频谱分析及在精密测量中的应用. 光子学报, 2007, 36(4): 726-729.

[11] 陈林, 黄林海, 李新阳. 基于二维正交光栅的高精度质心探测方法. 光电工程, 2017, 44(9): 912-918, 933.

第4章 轴向光强调控技术

贝塞尔光束作为典型的无衍射光束，因其具有中心光斑轮廓不随传播距离而发生改变的性质，被广泛应用于激光加工等领域。

4.1 零阶贝塞尔光束的基本性质

光波在无源的自由空间传播时，其电场分布遵循标量 Helmholtz 方程：

$$\left(\nabla^2 - \frac{1}{c^2}\frac{\partial^2}{\partial t^2}\right)E(r,t) = 0 \tag{4.1}$$

该方程在 $z > 0$ 的范围内有一个特解为[1]

$$E(x,y,z,t) = \exp\left(\mathrm{i}(\beta z - \omega t)\right)\int_0^{2\pi} A(\phi)\exp(\mathrm{i}\alpha(x\cos\phi + y\sin\phi))\mathrm{d}\phi \tag{4.2}$$

式中，α 和 β 满足 $\alpha^2 + \beta^2 = (\omega / c)^2$，$\alpha = k_r$ 为波矢径向分量，$\beta = k_z$ 为轴向分量，且有 $k_r^2 + k_z^2 = k^2 = (\omega / c)^2 = (2\pi / \lambda)^2$，其中 k 为波矢，c 为光速，ω 为光波频率，λ 为光波长；$A(\phi)$ 为一个复振幅函数。

由于圆对称系统的轴向对称性，$A(\phi)$ 与 ϕ 无关，式(4.2)可进一步表示为

$$E(\rho,z,t) = A_0 \exp\left(\mathrm{i}(\beta z - \omega t)\right)\mathrm{J}_0(\alpha\rho) \tag{4.3}$$

式中，$\rho = \sqrt{x^2 + y^2}$；J_0 为第一类零阶贝塞尔函数；A_0 为常数。观察式(4.3)中的指数相位部分可知，光场在传播过程中的横向分布与传播距离 z 无关，光强为

$$I(\rho,\varphi,z) = \frac{1}{2}\left|E(r,t)\right|^2 = I(x,y,z=0) \tag{4.4}$$

即光束在传播过程中径向截面光场分布在传播距离 z 变化的过程中始终保持不变。当 $0 < \alpha < \omega / c = k$ 时，可得贝塞尔光束径向截面光强分布为

$$I(\rho,\varphi,z) = \left|\mathrm{J}_0(\alpha\rho)\right|^2 \tag{4.5}$$

由式(4.5)可知，贝塞尔光束的横向强度分布与传播距离 z 无关，即在传播过程中，径向截面光场分布保持不变。若假设贝塞尔光束的波矢 k 与传播方向 z 轴

的夹角为 θ，则有 $\alpha = k_r = k\sin\theta$，$\beta = k_z = k\cos\theta$。当波矢 k 为确定参数时，α 的取值只与夹角 θ 有关。

由式 (4.5) 可得贝塞尔光束的横向强度曲线分布满足 $|J_0(\alpha\rho)|^2$ 的分布，根据贝塞尔函数的特点，$J_0(\alpha\rho)$ 的零点值为固定值且与自变量 α 有关。假设轴锥镜产生的贝塞尔光束的第 i 个中心光斑半径为 r_i，那么 r_i 满足 $J_0(\alpha r_i) = 0$，函数 $J_0^2(x)$ 曲线如图 4.1 所示，图中横坐标代表径向坐标，纵坐标表示归一化光强。由图中可以看出随着 α 参数取值的减小，第一个零点值坐标不断变大，意味着中心光斑的尺寸变大。又因为函数自变量的大小在第一个零点值处约为 2.4048，第二个零点值处约为 5.5201，第三个零点值处约为 8.6537，$\cdots$，即

$$\alpha r_1 \approx 2.4048$$

$$\alpha r_2 \approx 5.5201$$

$$\alpha r_3 \approx 8.6537$$

$$\vdots$$

因此，可以通过 α 推算贝塞尔函数零点的横坐标值，即

$$r_1 \approx \frac{2.4048}{\alpha} = \frac{2.4048}{k_r} \tag{4.6}$$

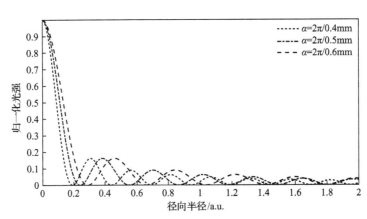

图 4.1　α 不同取值对应的第一类零阶贝塞尔光束光强分布模拟

由式 (4.5) 还可知：理想的贝塞尔光束的径向强度分布函数的平方不可积。此光束理论上具备无穷大的能力，但在现实产生过程中难以实现。在实际的实验系统中，光学元件的孔径存在着上限阈值，因此只能尽可能生成与之近似的类贝塞尔光束。由于轴锥镜是最常用的产生贝塞尔光束的光学元器件之一，下面通过理

论公式推导及仿真总结的方式分别对高斯光束及平行光束入射轴锥镜后生成的贝塞尔光束轴向光强分布规律进行分析。

4.2 轴锥镜生成贝塞尔光束轴向光强分布理论分析

基于轴锥镜生成贝塞尔光束的方法建立衍射模型，如图 4.2 所示。选取轴锥镜的底端面和轴向上任意垂直于入射光束传播方向的截面分别作为光场发射面和光场接收面，并建立空间坐标系 xOy 和 $x_1O_1y_1$。在光束传播过程中选取的两平面内分别选取点 P 和点 Q，定义 PQ 之间的距离为 L，两坐标系原点 OO_1 之间的距离为 z_0。令 P、Q 两点的坐标分别为 (x, y)、(x_1, y_1)，对应极坐标两点的坐标表达式为 (r, ξ)、(r_1, ξ_1)。

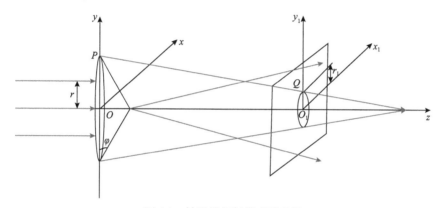

图 4.2 轴锥镜衍射模型示意图

当轴锥镜底角 φ 很小时，其透过函数可近似为

$$t(r) = \exp(-\mathrm{i}k(n-1)\varphi r) \tag{4.7}$$

4.2.1 平行光入射轴锥镜生成贝塞尔光束

如图 4.2 所示，平行光垂直入射至半径为 R、折射率为 n、底角为 φ 的透镜底面。光束的波长为 λ，入射光强为 E_0，出射光强 E_{out} 可描述为

$$E_{\text{out}} = E_0 \exp(-\mathrm{i}k(n-1)\varphi r) \tag{4.8}$$

由菲涅耳衍射理论，根据相干子波叠加性质，可得 Q 点处衍射场为

$$E_Q = \frac{1}{\mathrm{i}\lambda} \iint \exp(\mathrm{i}kR_1 - \mathrm{i}k(n-1)\varphi r) \frac{\exp(\mathrm{i}kL)K(\theta)}{L} \mathrm{d}\sigma \tag{4.9}$$

式中，$K(\theta)$ 为倾斜因子，基尔霍夫结合格林公式，提出标量衍射理论，给出其具

体表达形式为 $K(\theta)=(\cos\theta+1)/2$；$\mathrm{d}\sigma$ 为 P 点波面元。对式 (4.9) 做近似处理，可得衍射场为[2]

$$E_z(r_1)=\frac{\exp(\mathrm{i}kz)}{\mathrm{i}\lambda z}\int_{-\infty}^{+\infty}\int_{-\infty}^{+\infty}\exp(-\mathrm{i}k(n-1)\varphi r)$$
$$\cdot\exp\left(\frac{\mathrm{i}k}{2z}\left[x^2+x_1^2+y^2+y_1^2-2(xx_1+yy_1)\right]\right)\mathrm{d}x\mathrm{d}y \tag{4.10}$$

换为极坐标表达形式有 $x=r\cos\xi$，$x_1=r_1\cos\xi_1$，$y=r\sin\xi$，$y_1=r_1\sin\xi_1$，则 $E_z(r_1)$ 可进一步表示为

$$E_z(r_1)=\frac{\exp(\mathrm{i}kz)}{\mathrm{i}\lambda z}\int_0^R\int_0^{2\pi}\exp\left(-\frac{\mathrm{i}k}{z}rr_1\cos(\xi-\xi_1)\right)\mathrm{d}\xi$$
$$\cdot\exp\left(\frac{\mathrm{i}k}{2z}\left(r^2+r_1^2\right)-\mathrm{i}k(n-1)\varphi r\right)r\mathrm{d}r \tag{4.11}$$

利用

$$\int_0^{2\pi}\exp\left(\mathrm{i}x(\varphi-\varphi_0)\mathrm{d}\varphi\right)=2\pi\mathrm{J}_0(x) \tag{4.12}$$

容易得到

$$E_z(r_1)=\frac{2\pi\exp(\mathrm{i}kz)}{\mathrm{i}\lambda z}\int_0^R\mathrm{J}_0\left(\frac{krr_1}{z}\right)\exp\left(\frac{\mathrm{i}k}{2z}\left(r^2+r_1^2\right)-\mathrm{i}k(n-1)\varphi r\right)r\mathrm{d}r \tag{4.13}$$

令式 (4.13) 中相位部分为

$$f(r)=\frac{r^2+r_1^2}{2z}+(n-1)\varphi r \tag{4.14}$$

则当 $f'(r)=0$ 时，有

$$f'(r)=\frac{r_\mathrm{p}}{z}-(n-1)\varphi=0 \tag{4.15}$$

可以得到稳相点 $r_\mathrm{p}=(n-1)\varphi z$。为简化公式，对 $E_z(r_1)$ 各部分进行换元处理：$A=\dfrac{k\exp(\mathrm{i}kz)}{\mathrm{i}z}$，$g(r)=\mathrm{J}_0\left(\dfrac{krr_1}{z}\right)r$。将 $f(r)$、$g(r)$ 在 r_p 处进行泰勒级数展开，有

$$f(r)=f(r_\mathrm{p})+f''(r_\mathrm{p})\frac{(r-r_\mathrm{p})^2}{2!} \tag{4.16}$$

$$g(r) = g(r_{\mathrm{p}}) + g'(r_{\mathrm{p}})(r - r_{\mathrm{p}}) \tag{4.17}$$

$E(r_1, z)$ 可写为

$$E(r_1, z) = 2A\exp\big(\mathrm{i}kf(r_{\mathrm{p}})\big)g(r_{\mathrm{p}})$$
$$\cdot \int_0^{+\infty}\left[\mathrm{i}\sin\left(\frac{k}{2}f''(r_{\mathrm{p}})(r - r_{\mathrm{p}})^2\right) + \cos\left(\frac{k}{2}f''(r_{\mathrm{p}})(r - r_{\mathrm{p}})^2\right)\right]\mathrm{d}r \tag{4.18}$$

利用稳相法，式 (4.18) 可改为

$$E(r_1, z) = A\exp\big(\mathrm{i}kf(r_{\mathrm{p}})\big)g(r_{\mathrm{p}})\sqrt{\frac{2\pi}{kf''(r_{\mathrm{p}})}}\left(\mathrm{i}\sin\frac{\pi}{4} + \cos\frac{\pi}{4}\right) \tag{4.19}$$

将 A、$g(r_{\mathrm{p}})$、$f(r_{\mathrm{p}})$、$f''(r_{\mathrm{p}})$、r_{p} 取消换元，得最终光场分布表达式为

$$E(r_1, z) = k(n-1)\varphi\sqrt{\lambda z}\,\mathrm{J}_0\big(k(n-1)\varphi r_1\big)\exp\left(\mathrm{i}\left[kz + \frac{k}{2z}r_1^2 + \frac{1}{2}k(n-1)^2\varphi^2 z - \frac{\pi}{4}\right]\right)$$
$$\tag{4.20}$$

所以对应的光强分布为

$$I(r_1, z) = k^2(n-1)^2\varphi^2\lambda z\big|\mathrm{J}_0\big(k(n-1)\varphi r_1\big)\big|^2 \tag{4.21}$$

通过对式 (4.21) 进行仿真实验可以得到如图 4.3 所示结果。轴向光强分布呈现先缓慢增大再快速下降的趋势。径向光场符合贝塞尔函数分布规律，呈现出中心光斑光强较高，离轴距离越大光强分布越弱的规律。

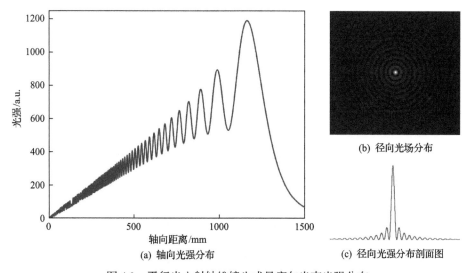

图 4.3　平行光入射轴锥镜生成贝塞尔光束光强分布

4.2.2 高斯光入射轴锥镜生成贝塞尔光束

当参数与 4.2.1 节相同的高斯光垂直入射轴锥镜后，出射光强 E_{out} 为

$$E_{\text{out}} = E_0 \exp\left(-\frac{r^2}{w^2}\right) \exp(-\mathrm{i}k(n-1)\varphi r) \tag{4.22}$$

则 Q 点处的衍射场为

$$E_z = \frac{\exp(\mathrm{i}kz)}{\mathrm{i}\lambda z} \int_{-\infty}^{+\infty} \int_{-\infty}^{+\infty} \exp(-\mathrm{i}k(n-1)\varphi r) \exp\left(-\frac{r^2}{w^2}\right)$$
$$\cdot \exp\left(\frac{\mathrm{i}k}{2z}\left[x^2 + x_1^2 + y^2 + y_1^2 - 2(xx_1 + yy_1)\right]\right) \mathrm{d}x\mathrm{d}y \tag{4.23}$$

换为极坐标表达形式有 $x = r\cos\xi$，$x_1 = r_1\cos\xi_1$，$y = r\sin\xi$，$y_1 = r_1\sin\xi_1$，则 $E_z(r_1)$ 可进一步表示为

$$E_z(r_1) = \frac{\exp(\mathrm{i}kz)}{\mathrm{i}\lambda z} \int_0^R \int_0^{2\pi} \exp\left(-\frac{\mathrm{i}k}{z}rr_1\cos(\xi - \xi_1)\right)\mathrm{d}\xi \exp\left(-\frac{r^2}{w^2}\right)$$
$$\cdot \exp\left(\frac{\mathrm{i}k}{2z}(r^2 + r_1^2) - \mathrm{i}k(n-1)\varphi r\right) r\mathrm{d}r \tag{4.24}$$

根据式（4.12），容易得到

$$E_z(r_1) = \frac{2\pi\exp(\mathrm{i}kz)}{\mathrm{i}\lambda z} \int_0^R \mathrm{J}_0\left(\frac{krr_1}{z}\right)\exp\left(-\frac{r^2}{w^2}\right)$$
$$\cdot \exp\left(\frac{\mathrm{i}k}{2z}(r^2 + r_1^2) - \mathrm{i}k(n-1)\varphi r\right) r\mathrm{d}r \tag{4.25}$$

利用稳相法，得最终光场分布表达式为

$$E(r_1, z) = k(n-1)\varphi\sqrt{\lambda z}\,\mathrm{J}_0\left(k(n-1)\varphi r_1\right)\exp\left(-\frac{(n-1)^2\varphi^2 z^2}{w^2}\right)$$
$$\cdot \exp\left(\mathrm{i}\left[kz + \frac{k}{2z}r_1^2 + \frac{1}{2}k(n-1)^2\varphi^2 z - \frac{\pi}{4}\right]\right) \tag{4.26}$$

所以对应的光强分布为

$$I(r_1, z) = k^2(n-1)^2\varphi^2\lambda z\left|\mathrm{J}_0\left(k(n-1)\varphi r_1\right)\right|^2 \exp\left(-\frac{2(n-1)^2\varphi^2 z^2}{w^2}\right) \tag{4.27}$$

通过对式（4.27）仿真，可得光强分布如图 4.4 所示。径向光场分布符合零阶贝塞尔函数分布规律。轴向光强与平行光入射轴锥镜一样呈现先增加后减小的趋

势，但轴向光强峰值较平行光更靠近轴锥镜平面出现。在无衍射范围内，光强上升趋势较陡，到达峰值后缓慢下降。

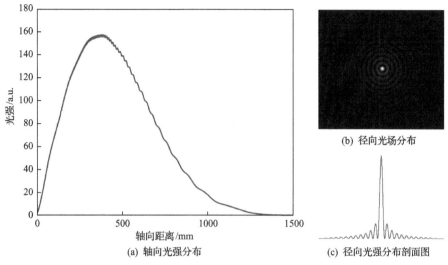

(a) 轴向光强分布

(b) 径向光场分布

(c) 径向光强分布剖面图

图 4.4 高斯光束入射轴锥镜生成贝塞尔光束光强分布

4.3 曲面轴锥镜对轴向光强的调控分析

4.3.1 曲面透镜调控轴向光强原理

轴锥镜是生成贝塞尔光束最常见的光学元件，若将其表面轮廓进行曲率化，则可以得到轴向光强分布规律不同的贝塞尔光束，以此为基础对轴向光强进行调控，其原理如图 4.5 所示。

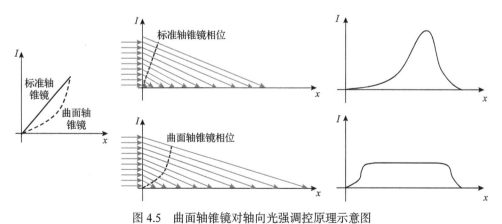

图 4.5 曲面轴锥镜对轴向光强调控原理示意图

4.3.2 振幅透过率函数理论

基于对标准轴锥镜生成贝塞尔光束的理论分析，可以知晓光学元件的透过率函数在计算光场分布的理论推导中起着重要的作用，本节首先以标准轴锥镜为例，阐述振幅透过率函数的相关理论，便于后面曲面轴锥镜生成贝塞尔轴向光强分布的计算。

如图 4.6 所示，一束半径为 r 的光束垂直入射至底角为 φ、半径为 R 的标准轴锥镜，当轴锥镜底角足够小时 $\tan\varphi \approx \varphi$，标准轴锥镜的透过率函数可以表示为

$$t(r) = \begin{cases} \exp(-\mathrm{i}k(n-1)\varphi r), & 0 < r \leqslant R \\ 0, & r > R \end{cases} \tag{4.28}$$

与 3.4 节研究过的标准轴锥镜透过率函数相符，此方法可用于计算曲面轴锥镜的透过率函数。当改变轴锥镜曲面轮廓时，轴向光强也会产生相应的变化，具体可以分为凹面、凸面两大类。

1. 凹面轴锥镜生成贝塞尔轴向光强分布

本节设计一种表面轮廓服从函数 $y^2 = -a(x - R\tan\varphi)^N$ 分布的凹面轴锥镜，如图 4.7 所示，其中 $a = 1/(R\tan^3\varphi)$ 为反映凹面弯曲程度的常数。

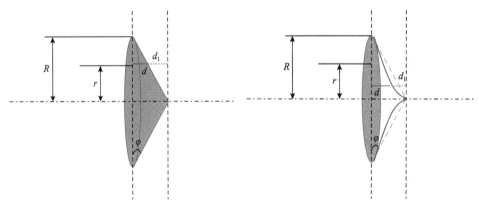

图 4.6　标准轴锥镜参数示意图　　　　图 4.7　凹面轴锥镜示意图

光束垂直入射至底角为 φ、半径为 R 的标准轴锥镜，则光束经过轴锥镜后其相位改变量为

$$\varphi(r) = k\left(d_1(r) + nd(r)\right) = k\left[\sqrt[N]{\frac{r^2}{a}} + n\left(R\tan\varphi - \sqrt[N]{\frac{r^2}{a}}\right)\right]$$

$$= k\left[nR\tan\varphi - (n-1)\sqrt[N]{\frac{r^2}{a}}\right] \tag{4.29}$$

易知式 (4.29) 中 $knR\tan\varphi$ 是与极坐标无关的常数，不影响相位的空间分布，进而不会影响光波波面的形状，为了方便计算可以将其舍去，同时考虑到孔径效应，结合其光瞳函数 $P(r)$，则轴锥镜的透过率函数为

$$t(r) = P(r)\exp\left(-\mathrm{i}k(n-1)\sqrt[N]{\frac{r^2}{a}}\right) \tag{4.30}$$

考虑到轴锥镜的底角 φ 很小，透过率函数可以近似表示为

$$t(r) = P(r)\exp\left(-\mathrm{i}k(n-1)\varphi\sqrt[N]{r^2 R}\right) \tag{4.31}$$

高斯光通过凹面轴锥镜后的光场分布为

$$E_z(r_1) = \frac{2\pi\exp(\mathrm{i}kz)}{\mathrm{i}\lambda z}\int_0^R E_0(r)\mathrm{J}_0\left(\frac{krr_1}{z}\right)$$

$$\cdot\exp\left(\frac{\mathrm{i}k}{2z}(r^2 + r_1^2) - \mathrm{i}k(n-1)\varphi\sqrt[N]{r^2 R}\right)r\mathrm{d}r \tag{4.32}$$

式中，$E_0(r)$ 表示高斯光入射轴锥镜时的光场分布；J_0 为第一类零阶贝塞尔函数。

由式 (4.32) 对轴向光强分布进行仿真可得图 4.8，可以看出凹面镜的轴向分布也呈现先增大后减小的趋势，但上升趋势随着轴向传播距离的增大而逐渐变缓慢，

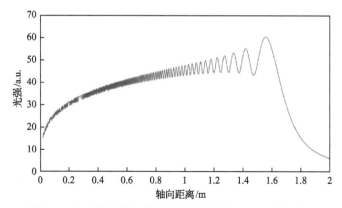

图 4.8　凹面轴锥镜生成贝塞尔光束轴向光强分布仿真图

其轴向光强大小在无衍射距离内变化速度较为平缓，对轴向光强一致性有一定的优化作用。

2. 凸面轴锥镜生成贝塞尔轴向光强分布

当实际加工的轴锥镜的截面轮廓母线相对于理想轴锥镜母线向外侧凸出时，如图 4.9 所示，轴锥镜的截面轮廓为半立方抛物线 $y^2 = -a(x - R\tan\varphi)^N$（母线内凹轮廓）关于理想轴锥镜母线轮廓 $y = -\cot\varphi(x - R\tan\varphi)$ 对称的类似椭圆状曲线分布，其中 $a = 1/(R\tan^3\varphi)$。

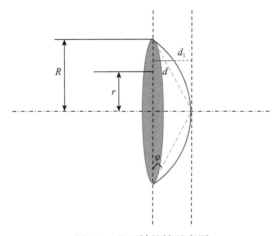

图 4.9 凸面轴锥镜示意图

此时透过率函数可以近似表示为

$$t(r) = \begin{cases} \exp\left(ik(n-1)\varphi\sqrt[N]{(R-r)^2 R}\right), & 0 < r \leqslant R \\ 0, & r > R \end{cases} \tag{4.33}$$

高斯光通过凸面轴锥镜后的光场分布为

$$E_z(r_1) = \frac{2\pi \exp(ikz)}{i\lambda z} \int_0^R E_0(r) J_0\left(\frac{krr_1}{z}\right)$$
$$\cdot \exp\left(\frac{ik}{2z}(r^2 + r_1^2) + ik(n-1)\varphi\sqrt[N]{(R-r)^2 R}\right) r dr \tag{4.34}$$

式中，$E_0(r)$ 为高斯光入射光的光场分布；J_0 为第一类零阶贝塞尔函数。

由式 (4.34) 对凸面轴锥镜生成贝塞尔光束的轴向光强分布进行仿真可得图 4.10，可以看出凸面轴锥镜产生的光强轴向分布呈现出单调递增的趋势，且变化趋势随着光束传播距离的增加逐渐加剧。

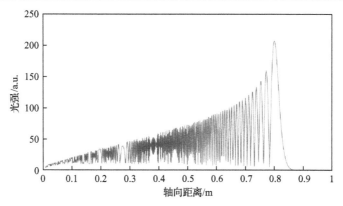

图 4.10 凸面轴锥镜生成贝塞尔光束轴向光强分布仿真图

4.3.3 非直线轴锥镜的实验结果分析

1. 凹凸轴锥镜的轴向光强分布

通过仿真模拟空间光调制器加载全息图来实际验证传统轴锥镜与内凹、外凸轴锥镜的轴向光强变化，全息图如图 4.11 所示。通过前面的光学系统，在 4f 成像系统的像平面之后记录零阶贝塞尔光束及内凹、外凸轴锥镜在 0～1400mm 内不同横向平面上零阶贝塞尔光束的峰值，通过峰值来表示轴向光强，将这些数值拟合来反映轴向光强的变化规律，拟合曲线如图 4.12(a) 所示，对应的母线轮廓如图 4.12(b) 所示。

由图 4.12(a) 可以知道，标准贝塞尔光束的轴向光强先振荡上升然后迅速下降，符合平行光入射轴锥镜的基本规律。外凸轴锥镜的轴向光强首先急剧振荡上升，然后线性下降，最大峰值较早出现。内凹轴锥镜的轴向光强整体较为平缓地振荡上升然后平缓下降，最大峰值出现较晚。还可以发现，标准轴锥镜和内凹轴锥镜的传播规律较为相似，而外凸轴锥镜传播距离相较于前两者略短。

2. 不同幂指数的凹面轴锥镜轴向光强分布

凹面轴锥镜的全息图是根据表面轮廓公式 $y^2 = -a(x - R\tan\varphi)^N$ 实现的，通过

(a) 贝塞尔   (b) 内凹   (c) 外凸

图 4.11 三种轴锥镜母线不同的全息图

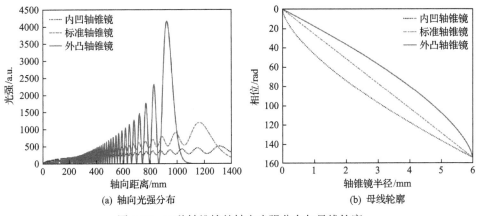

图 4.12　三种轴锥镜的轴向光强分布与母线轮廓

改变公式的幂指数可以得到不同的解，本节通过改变幂指数来生成不同凹面轴锥镜的全息图，如图 4.13 所示。为了探究改变幂指数是否对轴向光强有调制作用，控制幂指数这一单一变量来研究轴向光强的变化规律，幂指数分别设置为 2.8、3、3.2。按照上面方法拟合的凹面轴锥镜轴向光强变化规律如图 4.14 所示。

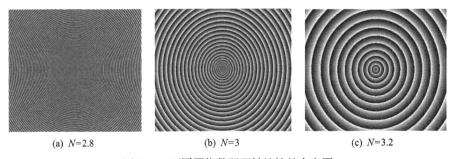

(a) N=2.8　　　　　　(b) N=3　　　　　　(c) N=3.2

图 4.13　不同幂指数凹面轴锥镜的全息图

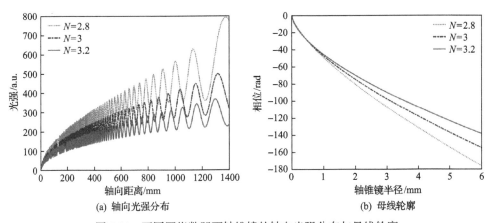

图 4.14　不同幂指数凹面轴锥镜的轴向光强分布与母线轮廓

实验数据显示，幂指数小于等于 3 时，轴向光强先振荡上升，上升速率比较快，然后线性下降，而且其最大峰值与传统贝塞尔光束相比，出现在焦线的靠后位置处；当幂指数大于 3 时，轴向光强的振荡波动相对较小，整体维持在一个相对稳定的范围内。

3. 不同幂指数凸面轴锥镜的轴向光强分布

同样，凸面轴锥镜的全息图是根据 $y^2 = -a(x - R\tan\varphi)^N$ 关于理想轴锥镜母线轮廓 $y = -\cot\varphi(x - R\tan\varphi)$ 对称的类似椭圆状曲线来实现的，通过软件可以改变幂指数来生成不同的凸面轴锥镜的全息图，如图 4.15 所示。因为凹面轴锥镜对轴向光强有一定的调制作用，但是效果并不理想，所以改变控制凸面轴锥镜公式的幂指数来测试对轴向光强的影响，参照上面的实验，将 N 分别设置为 2.8、3、3.2，仿真结果如图 4.16 所示。

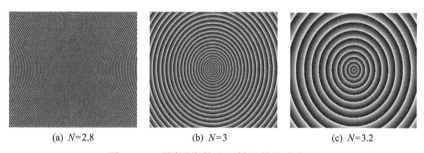

(a) N=2.8　　　　　(b) N=3　　　　　(c) N=3.2

图 4.15　不同幂指数凸面轴锥镜的全息图

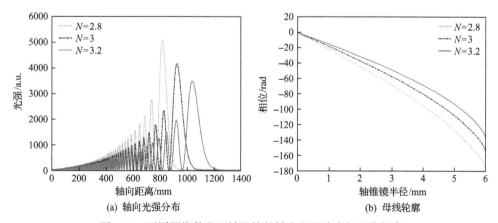

(a) 轴向光强分布　　　　　　　　　　(b) 母线轮廓

图 4.16　不同幂指数凸面轴锥镜的轴向光强分布与母线轮廓

观察拟合的实验数据可以发现轴向光强的变化规律，N 的取值小于等于 3 时，轴向光强是振荡上升的，上升速率比较快，下降也比较快，所以其传播距离很短；当 N 的取值大于 3 时，轴向光强的振荡波动相对 $N \leqslant 3$ 时逐渐减小且衍射距离也逐渐增加，其峰值的出现与标准贝塞尔光束相比，出现在轴线中后的位置。随着幂指数的增加，无衍射距离得到了明显的增加，对轴向光强有一定的调制作用。

4.4 基于高次曲面的轴向光强调控方法

4.4.1 理论分析

在 3.4 节中提到轴锥镜是一种在指定范围内产生焦线的光学元件，当入射光束为高斯光束时，其轴上强度逐渐上升到一个峰值，并在自由度结束时逐渐下降。因此，当需要均匀的轴向光强时，人们只能在非常有限的轴向区域使用这些光束，在这些有限区域中光场强度可以认为是均匀的。

光波经折射率为 n、半径为 r、底角为 φ 的轴锥镜转换后会在右侧生成无衍射光束，以光轴为 z 轴，取传播过程中两平行平面表征光场发射面及接收面，并建立空间坐标系，以轴锥镜底面为 xOy 面，传输过程中任一截面为 $x'Oy'$ 面，直角坐标系下的轴锥镜透过率函数为

$$t(x,y) = \begin{cases} \exp(-\mathrm{i}k(n-1)\varphi r), & r \leqslant D/2 \\ 0, & r > D/2 \end{cases} \quad (4.35)$$

式中，$k=2\pi/\lambda$，λ 为波长。当束腰半径为 ω 的高斯光束垂直入射到轴锥镜后，其出射光强 E_{out} 在极坐标下的表现形式为

$$E_{\mathrm{out}} = \exp\left(-\frac{r^2}{\omega^2}\right)\exp(-\mathrm{i}k(n-1)\varphi r) = E_{\mathrm{in}}(r,\omega)t(r) \quad (4.36)$$

式中，E_{in} 为入射高斯光束的光场分布；$k(n-1)\varphi r$ 可以看成标准轴锥镜的表面函数。基于菲涅耳衍射理论和傍轴近似条件，光沿光轴传播距离 z 的衍射场可以表示为

$$E(r_1,z) = \frac{2\pi\exp(\mathrm{i}kz)}{\mathrm{i}\lambda z}\int_0^{r_0} E_{\mathrm{in}}(r,\omega)\mathrm{J}_0\left(\frac{krr_1}{z}\right)\exp\left(\frac{\mathrm{i}k}{2z}(r^2+r_1^2)\right)t(r)r\mathrm{d}r \quad (4.37)$$

式中，J_0 为零阶贝塞尔函数；r_1 为接收平面处贝塞尔光束的半径。标准轴锥镜的轮廓函数是 r 的一阶函数，其表面是轴对称的。根据式(4.37)，标准轴锥镜产生的轴向光强分布将形成明显的峰值，见图 4.17(a)。轴锥镜的表面结构将影响轴向光强分布。理论上，存在具有适当表面的轴锥镜，当高斯光束通过轴锥镜时，轴向光强将是均匀分布的，如图 4.17(b)所示。主要工作是找到这种具有特殊表面的

轴锥镜，其母线将用高阶多项式曲线表示。

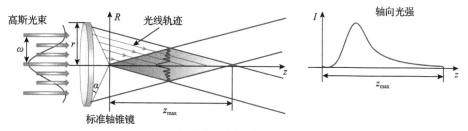

(a) 标准轴锥镜光线示意及光强分布

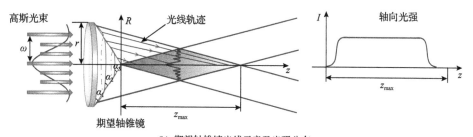

(b) 期望轴锥镜光线示意及光强分布

图 4.17 相位延迟对轴向光强的影响

高阶多项式作为需要优化的轴锥镜的相位函数，用多项式代替标准轴锥镜的一阶曲线，优化后的轴锥镜透射率函数可以表示为

$$t'(r) = \begin{cases} \exp\left(-\mathrm{i}\left(ar^n + br^{n-1} + cr^{n-2} + \cdots + mr\right)\right), & r \leqslant D/2 \\ 0, & r > D/2 \end{cases} \quad (4.38)$$

由于轴锥镜在径向上的对称结构，若其母线的形状和位置是确定的，则可以确定其半径和底角。若母线的表达式是已知的，则可以通过旋转母线获得优化轴锥镜的表面，见图 4.18(a)。对于具有高阶曲面形状的优化曲面，很难制造和确认加工质量，而使用空间光调制器则很容易实现，见图 4.18(b)。

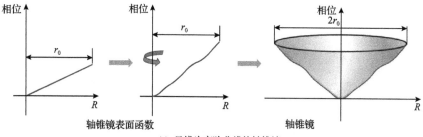

(a) 母线为高阶曲线的轴锥镜

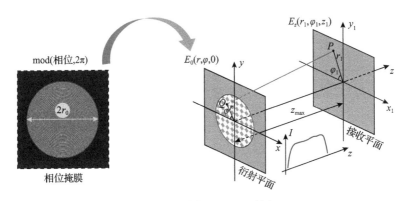

(b) 轴锥镜光场衍射示意图

图 4.18　相位转换过程

对于透射率为 $t'(r)$ 的优化轴锥镜，光传播距离 z 沿光轴的衍射场为

$$E(r_1,z) = \frac{2\pi \exp(\mathrm{i}kz)}{\mathrm{i}\lambda z}\int_0^{r_0} E_{\mathrm{in}}(r,\omega)\mathrm{J}_0\left(\frac{krr_1}{z}\right)\exp\left(\frac{\mathrm{i}k}{2z}\left(r^2+r_1^2\right)\right)t'(r)r\mathrm{d}r \quad (4.39)$$

研究轴向光场分布时，只考虑轴线位置的光强，此时 $r_1=0$，于是式 (4.39) 可以简化为

$$E(z) = \frac{2\pi \exp(\mathrm{i}kz)}{\mathrm{i}\lambda z}\int_0^{r_0} E_{\mathrm{in}}(r,\omega)\exp\left(\frac{\mathrm{i}k}{2z}\left(r^2\right)\right)t'(r)r\mathrm{d}r \quad (4.40)$$

在式 (4.40) 中，轴向衍射光场 $E(z)$ 是轴向传播距离 z 的函数。为了使轴向上的能量分布均匀，可以通过最小均方误差规则进行评估，评估函数可以表示为

$$F_{\mathrm{cost}} = \sum_{j=1}^{m}\left(E^2\left(z_j\right)-M\right)^2 \quad (4.41)$$

式中，M 为期望的均匀值；m 为 z 轴上采样点的数量。

根据式 (4.40)，设计的轴锥镜的透射率 $t'(r)$ 非常重要，需要一种有效的算法来寻求最佳表达式。遗传算法 (genetic algorithm，GA) 是一种常见的优化算法，已用于获得最佳贝塞尔光束。然而，在实际的优化过程中，GA 的主要缺点是速度比较慢。为了缩短 GA 的计算时间，本节采用将 GA 与无约束非线性最小化算法 (unconstrained nonlinear minimization algorithm，UNMA) 相结合的新算法，流程如

图 4.19 所示。

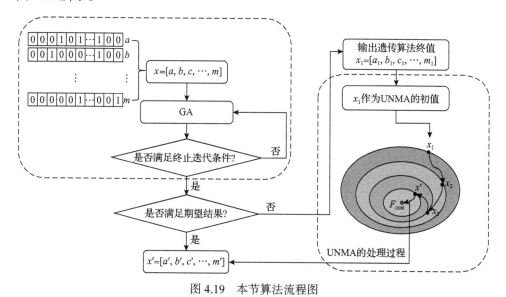

图 4.19　本节算法流程图

在该算法中，分别对式(4.38)中的系数 $a,b,c,\cdots,m$ 进行编码。经典的二进制编码方法用于初始化参数。评估值 F_{cost} 越小，优先级选择的概率越高。GA 是一种基于多点搜索的全局优化算法，它很容易受到局部最小点的影响。UNMA 是一种基于梯度的优化算法，它可以弥补 GA 的不足，并大大缩短计算时间。在 UNMA 中，优化过程中的目标系数的范围不受限制，并且通过改变参数的值来执行迭代。GA 迭代的最终值 x_1 作为 UNMA 的初始值，优化的目标是最小化评估函数。

轴向光强均匀性的判断标准为

$$U_E = 1 - \sqrt{\frac{\sum\limits_{i \in R}\left(\dfrac{I_i - \bar{I}}{\bar{I}}\right)^2}{n-1}} \tag{4.42}$$

式中，I_i 为采样间隔 R 内第 i 次采样的强度；$\bar{I}$ 为平均强度；n 为 R 内的采样数。U_E 越大，轴向光强的均匀性越好。

4.4.2　仿真结果

首先给出 GA 的优化结果，高斯光束垂直入射到 GA 优化后的轴锥镜系统，在轴上焦线处的衍射强度分布如图 4.20 所示。图 4.20(a)为标准轴锥镜与经过 GA

优化的轴上焦线处的仿真光强。根据标准轴锥镜的轴向光强分布情况为代价函数中的变量 M 赋值。遵循能量守恒定律，取 $M=100$，即优化后的光强在 100 上下振荡。

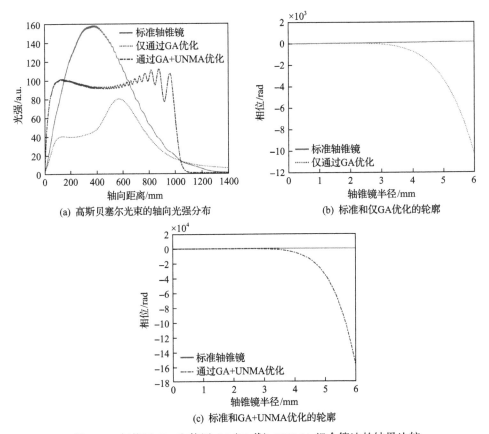

(a) 高斯贝塞尔光束的轴向光强分布

(b) 标准和仅GA优化的轮廓

(c) 标准和GA+UNMA优化的轮廓

图 4.20　仅使用 GA 和使用 GA(50 代)+UNMA 组合算法的结果比较

根据上述原理，设计了迭代优化程序。数值模拟中使用的参数设置如下：激光波长 $\lambda=1064\text{nm}$，高斯光束光斑半径 $\omega=3.2\text{mm}$，原标准轴锥镜折射率 $n=1.5$，底角 $\varphi=0.5°$。根据式(4.40)，相位函数分别设置为三阶、五阶和七阶曲面，GA 的迭代次数为 50。在模拟中以 1mm 的间隔捕获衍射图像，传播距离为 77～942mm。

表 4.1 给出了式(4.38)中多项式的迭代次数和最终系数。可以发现，GA 所需的时间随着曲线阶数的增加呈指数增长，而对于七阶多项式，它需要时间长达 24h。

表 4.1　不同阶多项式的 GA 优化结果

阶数	迭代次数	时间	迭代结果
三阶	50	00:08:13	[0.186,−1.071,19.579]
五阶	50	01:46:17	[−3.295,15.168,−22.701,8.297,20.266]
七阶	50	24:00:40	[−1.869,5.503,−1.613,3.745,−17.051,1.158,34.463]

将表 4.1 中的优化结果作为 UNMA 的初始优化值，并通过继续迭代来寻求最优解。表 4.2 给出了最佳结果，可以看到 UNMA 的计算时间明显少于 GA，并且时间随着阶数的增加而增加。

表 4.2　不同阶多项式的 UNMA 优化结果

阶数	迭代次数	时间	迭代结果
三阶	119	00:00:58	[0.58,−4.745,33.806]
五阶	2351	00:40:08	[0.045,−0.867,6.857,−25.916,66.697]
七阶	1374	06:07:20	[−1.899,4.714,−1.647,13.638,−37.958,−3.472,74.903]

表 4.3 显示了具有三阶、五阶和七阶曲面的优化轴锥镜的轴向光强分布和表面相位函数，并使用 GA+UNMA 优化了表面轮廓表达式。可以发现，具有五阶曲面的轴锥镜比具有三阶和七阶曲面的轴锥镜具有更好的均匀性。

表 4.3　不同阶数曲面轴锥镜的轴向光强分布和表面相位函数

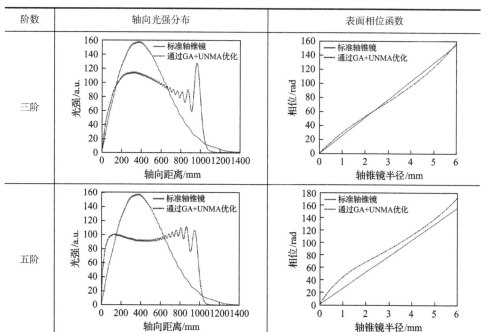

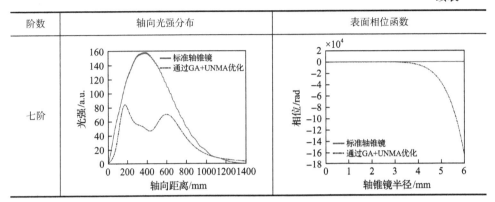

阶数	轴向光强分布	表面相位函数
七阶		

对于五阶曲面，GA 和 GA+UNMA 的迭代结果在表 4.4 中进行了比较。

表 4.4　优化方法比较

方法	终止次数	时间	迭代结果
GA	123	03:34:13	[−3.059,12.743,−9.312,−24.961,56.993]
GA+UNMA	50+2351	02:26:25	[0.045,−0.867,6.857,−25.916,66.697]

当 F_{cost} 小于 10^{-6} 时，迭代停止。图 4.20(a) 显示了对应于表 4.4 的高斯贝塞尔光束的轴向光强分布。图 4.20(b) 和 (c) 显示了相应的表面轮廓。GA 和 GA+UNMA 的均匀度分别为 64.63% 和 94.24%。此外，空间光调制器的离散特性限制了其表示空间频率的能力。根据奈奎斯特采样原理，两个相邻采样点相位之间的最大差值为 π。这意味着在空间光调制器上加载的相位全息图中，由两个相邻像素表示的相位之间的最大差值为 π。GA 的相位仅随半径的增加而急剧变化，如图 4.20(b) 所示，超过了空间光调制器的调制能力。

为了检验和验证优化后的高斯贝塞尔光束相位延迟的正确性，根据图 4.20 对应的相位延迟函数进行数值模拟，生成的全息图如图 4.21(a) 所示。根据式 (4.40) 中角谱衍射理论模拟 0~1300mm 衍射距离处的光强分布。提取各距离处的中心光强，优化后的轴向光强分布如图 4.21(b) 所示，均匀度为 94.18%。与图 4.21(a) 的曲线基本一致，偏差幅度在 3%~10%。

为了进一步分析优化轴锥镜的能量分布，图 4.22 给出了标准轴锥镜和优化轴锥镜在不同传播位置的衍射图案。从图 4.22 中可以发现，优化轴锥镜可以有效地调整强度分布，并且比标准轴锥镜具有更好的轴均匀性。

图 4.23 显示了分别由标准和优化的五阶曲面轴锥镜衍射产生的高斯贝塞尔光束的 3D(三维)分布和焦深。优化的高斯贝塞尔光束几乎将强度保持在聚焦范围内，尽管能量低于标准情况下的峰值能量。

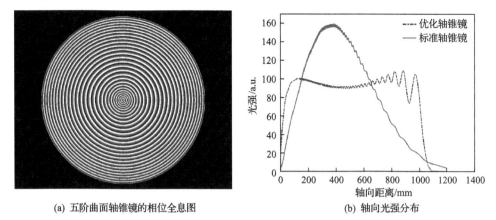

(a) 五阶曲面轴锥镜的相位全息图

(b) 轴向光强分布

图 4.21 优化高斯贝塞尔光束的模拟结果

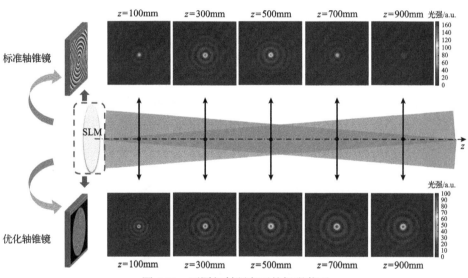

图 4.22 不同衍射距离下的场强截面

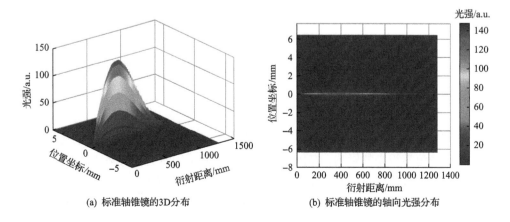

(a) 标准轴锥镜的3D分布

(b) 标准轴锥镜的轴向光强分布

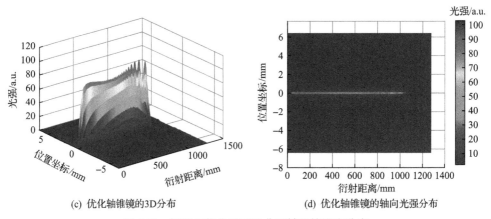

(c) 优化轴锥镜的3D分布　　　　　　　　(d) 优化轴锥镜的轴向光强分布

图 4.23　标准和优化的五阶曲面轴锥镜强度分布

4.4.3　实验设计与实验装置

实验光路如图 4.24 所示，激光束（直径 6.4mm，波长 $\lambda=1064\text{nm}$）通过偏振片、衰减器和两个反射镜后，由空间光调制器（滨松 X13138-03）以小于 10° 入射角反射。两个正透镜（焦距 $f_1 = 500\text{mm}$，$f_2 = 175\text{mm}$）形成 $4f$ 成像系统。CCD 相机放置在透镜 2 的后焦平面处，并且相机可以沿着光轴移动以观察不同轴向距离处的衍射图案。

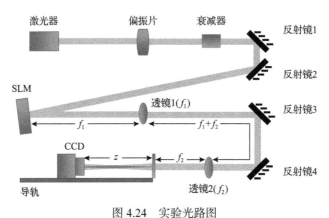

图 4.24　实验光路图

4.4.4　实验结果与分析

在实验中，高阶曲面轴锥镜和标准轴锥镜的全息图分别加载到空间光调制器上。为了避免零级光的影响，在优化全息图中采用了闪耀光栅。图 4.25 (a) 显示了标准轴锥镜、优化轴锥镜和优化轴锥镜+闪耀光栅的轴向光强分布拟合曲线。与标准轴锥镜相比，优化后的轴镜可以提高 700mm 以上距离处的光强，获得更好的光强分布。焦线中的强度始终在成本函数的 M 值附近振荡，这与模拟效果一致。根据式(4.40)，优化的轴锥镜的轴向光强均匀度达到 89.01%。借助闪耀光栅，振荡和衍射效果得到改善，均匀度提高到 90.54%。

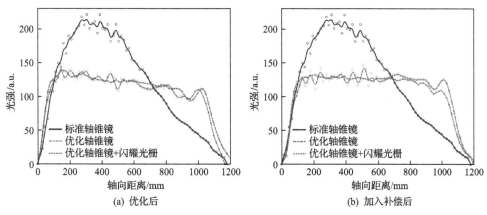

(a) 优化后　　　　　　　　　　　(b) 加入补偿后

图 4.25　实验中的轴向光强分布

从图 4.25(a)中可以发现，在实验中，随着衍射距离的增加，轴向光强略有下降。使用补偿方法调整强度均匀性，系数变化为 $x=[0.056, -0.988, 7.113, -24.249, 59.670]$。高阶表面的目标函数被一条曲线代替，该曲线随光束传播方向的强度逐渐增加。新目标函数的优化过程与原始过程相同。实验结果如图 4.25(b)所示，叠加闪耀光栅后的均匀度达到 93.86%。

在上述实验的光路上，$4f$ 成像系统的第二个透镜的后焦面处添加一个高倍物镜，对生成的贝塞尔光束进行光轴方向的压缩，进行了比较加工实验，研究了优化后的高斯贝塞尔光束对垂直冲击 PMMA(聚甲基丙烯酸甲酯)的烧蚀特性。将PMMA 样品放置在焦点部分，以高斯贝塞尔光束进行处理。图 4.26 显示了分别由标准轴锥镜和五阶曲面的优化轴锥镜生成的贝塞尔光束加工的实验结果。

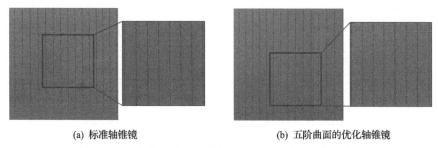

(a) 标准轴锥镜　　　　　　　　　(b) 五阶曲面的优化轴锥镜

图 4.26　用高斯贝塞尔光束加工 PMMA 样品的实验结果

图 4.26(a)是标准轴锥镜生成的贝塞尔光束加工的结果,加工面出现一些断点和灼烧裂坑。断点是由于强度振荡的存在,当振荡达到最低时能量较弱,就会出现

断点；灼烧裂坑是由于能量过高导致加工点附近区域受到较大影响。图 4.26(b)给出了优化后高阶曲面轴锥镜生成的贝塞尔光束加工的结果，加工面上均匀且无断点，能量分布具有明显的均匀性。

从显微镜下观察的结果可以看出，优化后的轴锥镜可以获得更好的加工质量。由于所提出的方法具有很高的一致性，它不仅可以扩展加工段，而且可以保持加工段质量一致。

4.5　角度偏转控制方法

4.5.1　理论分析

基于 4.4 节对贝塞尔光束轴向均匀性的调控，本节提出一种贝塞尔光束的角度偏转控制方法。焦距为 f 的菲涅耳透镜的相位分布函数可以表示为

$$\varphi_{\mathrm{f}}(x,y) = -\frac{\pi}{\lambda f}\left[\left(x - x_m\right)^2 + \left(y - y_m\right)^2\right] \tag{4.43}$$

式中，λ 为入射波长；f 为 FZP(X 射线菲涅耳波带板)的焦距；(x_m, y_m) 为全息图中心在 x、y 方向上相对于中心位置的偏移量。

图 4.27 显示了 FZP 的相位全息图，图 4.27(a)不改变中心区域位置，图 4.27(b)将中心区域向左平移 2mm。中心区域改变后，入射至空间光调制器的光束发生转向。与通过改变光栅周期或间距的方法相比，FZP 方法可以更精细地对角度进行操控，其区域中心的位置决定波束转向角度，角分辨率为

$$\theta_0 = \arctan\left(\frac{d}{f}\right) \tag{4.44}$$

式中，d 为空间光调制器的像素间距。当空间光调制器的像素间距为 12.5μm、FZP 焦距为 900mm 时，角分辨率可达 0.0008°。利用角谱衍射法得到与图 4.27 全息图对应的衍射图样，如图 4.28 所示。结合式(4.44)，不同偏移距离下的偏转角度计算方式为

$$\theta = \frac{x_m(y_m)}{d} \times \theta_0 \tag{4.45}$$

如在 160 像素，即 2mm 的偏移量下，对比标准 FZP，离轴 FZP 实现了对入射光束 0.1273°的控制。

法向入射的光束能够以给定的角度衍射，空间光调制器的最大转向角 $\theta_{\max}$ 为

$$\theta_{\max} = \arcsin\left(\frac{\lambda}{d}\right) \tag{4.46}$$

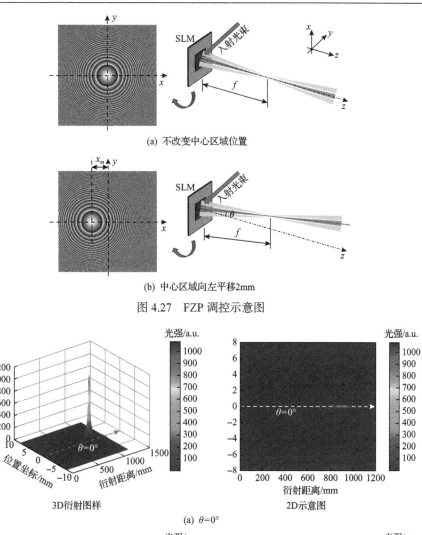

(a) 不改变中心区域位置

(b) 中心区域向左平移2mm

图 4.27 FZP 调控示意图

3D衍射图样   (a) θ=0°   2D示意图

3D衍射图样   (b) θ=0.1273°   2D示意图

图 4.28 3D 衍射图样和 2D 示意图

轴锥镜法是最简单高效产生贝塞尔光束的方法。一个折射率为 n、底角为 α 的轴锥镜的相位分布函数可写为

$$\varphi_a(x,y) = -k(n-1)\alpha\sqrt{x^2 + y^2} \tag{4.47}$$

式中，(x,y) 为轴锥镜孔径平面任一点 M 的坐标值。轴锥镜与 FZP 对应的相位模型叠加可实现对贝塞尔光束角度的控制，复合后相位分布为

$$\varphi_{cf}(x,y) = \mathrm{mod}_{2\pi}\left(\varphi_f(x,y) + \varphi_a(x,y)\right) \tag{4.48}$$

使用该相位分布可以将入射光束转换为贝塞尔光，每束都可实现以 θ_0 为角分辨率的角度转向控制。且不同于 4.4 节中需要采用闪耀光栅来分离由空间光调制器的像素间隔带来的零级光干扰，在空间光调制器中加入菲涅耳透镜，会使零级光在相面的位置处于离焦的状态，即将零级光分离出了焦段。如果具有束腰 ω 的高斯光束照射在叠加相位模型上，则基于菲涅耳衍射理论和傍轴近似条件，出射光沿垂直传播距离 z 的衍射场为

$$E(x_1, y_1, z) = \frac{2\pi \exp(\mathrm{i}kz)}{\mathrm{i}\lambda z} \iint_\Sigma \exp\left(-\frac{x^2 + y^2}{\omega^2}\right)\varphi_{cf}(x,y)$$

$$\cdot \mathrm{J}_0\left(\frac{k\sqrt{x^2 + y^2}\sqrt{x_1^2 + y_1^2}}{z}\right)\exp\left(\frac{\mathrm{i}k}{2z}\left[\left(x^2 + y^2\right) + \left(x_1^2 + y_1^2\right)\right]\right)\mathrm{d}x\mathrm{d}y \tag{4.49}$$

式中，J_0 为零阶贝塞尔函数；(x_1, y_1) 为接收平面上考察点 N 的坐标值；Σ 为积分域孔径。

图 4.29 展示了传统的轴锥镜与 FZP 相位叠加后的全息图以及轴向光强分布，图 4.29(a)、(b) 分别为标准 FZP 与离轴 FZP 对贝塞尔光束的角度控制效果。相比于图 4.28 直接对入射高斯光束的控制，在操纵角度的同时保持了贝塞尔光束长焦深的特性，且有所延长。图 4.30 为入射光束波长为 1064nm 时最大偏转角的仿真。

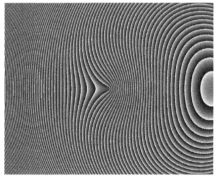

(a) 全息图

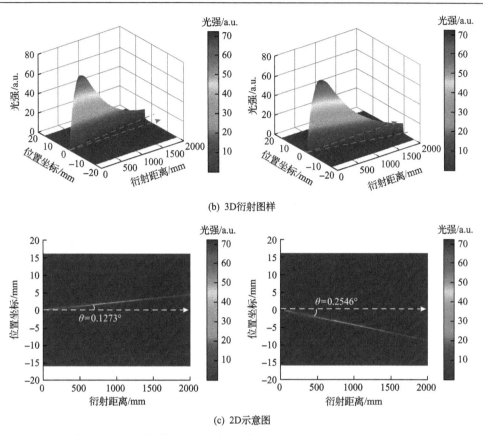

(b) 3D衍射图样

(c) 2D示意图

图 4.29　全息图、3D 衍射图样和 2D 示意图(第一列 $(x_m, y_m) = (2, 0)$ mm FZP 与标准轴锥镜全息图叠加，第二列 $(x_m, y_m) = (-4, 0)$ mm FZP 与标准轴锥镜全息图叠加)

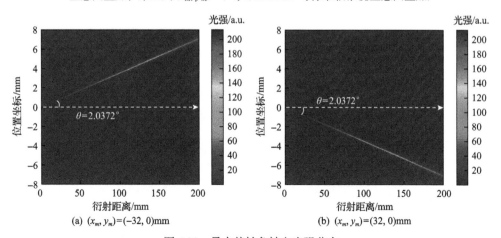

(a) $(x_m, y_m) = (-32, 0)$ mm　　　　　(b) $(x_m, y_m) = (32, 0)$ mm

图 4.30　最大偏转角轴向光强分布

传统轴锥镜具有旋转对称的特点，其轮廓为关于半径 r 的一阶函数，如图 4.31(a)

所示。基于 4.4 节的研究基础，理论上存在一个具有理想拟合轮廓的轴锥镜，使得其与单分量 FZP 复合后实现轴向光强的均匀分布，如图 4.31(b) 所示。在极坐标下的复合相位函数可以重写为

$$\phi(r) = \begin{cases} -\left(ar^n + br^{n-1} + br^{n-2} + \cdots + mr\right) + \dfrac{\pi}{\lambda f}r^2, & r \leqslant D/2 \\ 0, & r > D/2 \end{cases} \tag{4.50}$$

其中轴锥镜的轮廓用关于 r 的高阶多项式曲线表示，$D/2$ 为孔径平面的积分半径。则式 (4.49) 变为

$$E(r_1, z) = \frac{2\pi \exp(\mathrm{i}kz)}{\mathrm{i}\lambda z} \int_0^{D/2} \exp\left(-\frac{r^2}{\omega^2}\right) \mathrm{J}_0\left(\frac{krr_1}{z}\right) \exp\left(\frac{\mathrm{i}k}{2z}\left(r^2 + r_1^2\right)\right) \exp(\mathrm{i}\phi(r)) r\,\mathrm{d}r \tag{4.51}$$

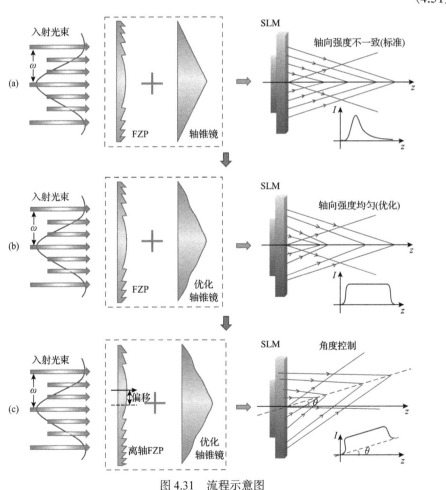

图 4.31　流程示意图

由于光轴一致，且贝塞尔光束径向中心占据绝大比例能量，故只考虑轴向光强分布，即 $r_1=0$，式 (4.51) 可简化为关于 z 的积分

$$E(z) = \frac{2\pi \exp(\mathrm{i}kz)}{\mathrm{i}\lambda z} \int_0^{D/2} \exp\left(-\frac{r^2}{\omega^2}\right) \exp\left(\frac{\mathrm{i}k}{2z}r^2\right) \exp\left(\mathrm{i}\phi(r)\right) r\mathrm{d}r \qquad (4.52)$$

式 (4.50) 中通过 $\phi(r)$ 隐式涉及轴锥镜轮廓函数系数 $a, b, c, \cdots, m$，对于系数的优化，本节采用与 4.4 节相同的 GA+UNMA 双重算法寻求最佳系数解。基于算法时间及轴锥镜轮廓拟合的精确度，对式 (4.38) 采用四次多项式形式，算法流程如图 4.19 所示，理论上优化好的参数可推广至离轴 FZP，如图 4.31(c) 所示。

4.5.2　仿真结果

基于上述理论与公式，本节根据角谱衍射及菲涅耳衍射理论设计迭代优化程序，数值模拟中使用的参数设置如下：激光波长 $\lambda=1064\mathrm{nm}$，高斯光束光斑半径 $\omega=3.2\mathrm{nm}$，FZP 波长 $f=900\mathrm{mm}$，原轴锥镜折射率 $n=1.5$，底角 $\alpha=0.5°$。在不改变 FZP 中心的情况下得到改良的四阶轴锥镜的轮廓拟合系数如表 4.5 所示，图 4.32(a) 和 (b) 分别为优化前后的轮廓对比与轴向光强的数值模拟对比。图 4.33 为该系数下由角谱衍射得到的衍射图样，相比于传统轮廓下的轴向光强分布，优化后的均匀度有了明显的提升。

表 4.5　不同优化过程对比

方法	迭代次数	终止条件	迭代结果
GA	394	$F_{\mathrm{cost}}<10^{-6}$	$x = [-0.261, 2.636, -7.845, 31.749]$
UNMA	43		$x = [-0.255, 2.961, -9.198, 32.492]$

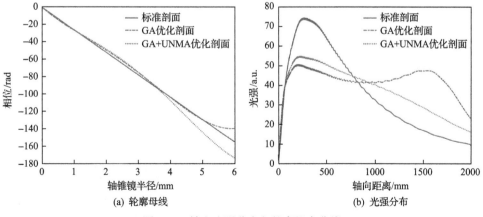

(a) 轮廓母线　　　　　　　　　　　　(b) 光强分布

图 4.32　轴向光强分布与轮廓拟合曲线

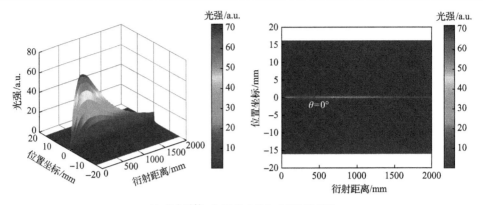

(a) 拟合系数 $x=[-0.261, 2.636, -7.845, 31.749]$

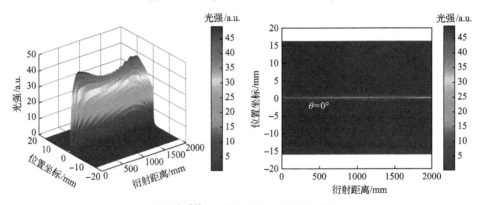

(b) 拟合系数 $x=[-0.255, 2.961, -9.198, 32.492]$

图 4.33　模拟 SLM 的轴向 3D 光强分布和 2D 衍射图样

　　将上述标准 FZP 的优化结果应用至离轴 FZP 的控制，表 4.6 展示了不同偏移距离下对贝塞尔光束的角度控制效果。由仿真结果可知，FZP 离轴的程度对均匀度没有影响，与标准 FZP 的均匀度基本保持一致。

表 4.6　优化后离轴 FZP 与轴锥镜复合的衍射图样

(x_m, y_m)/mm	3D	2D
(2, 0)	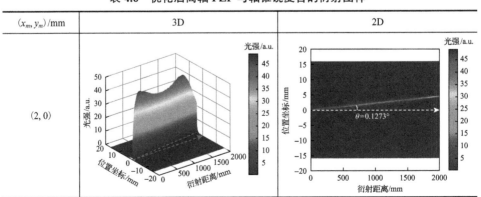	

续表

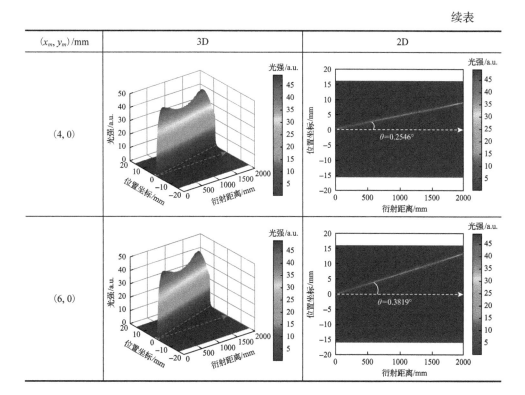

(x_m, y_m)/mm	3D	2D
(4, 0)		
(6, 0)		

4.5.3　实验设计与实验装置

实验装置与 4.4.3 节相同。激光束(直径 6.4mm，波长 λ=1064nm)在穿过偏振片、衰减器和两个反射镜后，以小于 10° 的入射角入射至空间光调制器(Hamamatsu X13138-02)。两个正透镜(焦距 f_1=500mm，f_2=150mm)形成一个 $4f$ 成像系统。CCD 相机放置在透镜 2 的后焦平面处用于测试，相机沿着光轴移动以观察不同轴向距离处的衍射图案。

4.5.4　实验结果与分析

以上述理论为基础，FZP 取 (x_m, y_m)=(4, 0)mm，分别将传统轴锥镜与离轴 FZP 相位叠加后的全息图，以及改良轴锥镜与离轴 FZP 相位叠加后的复合全息图加载至空间光调制器上，在相同条件下采集其中心处的能量值，作拟合曲线如图 4.34 所示。相比于 FZP 与传统轴锥镜复合(虚线)的轴向光强分布，在 200～1800mm 的优化范围内，经过改良(点线)后的均匀度从 54.65% 提升至 94.66%。不同轴向距离处的衍射图样如图 4.35 所示，以 0.0008° 的角分辨率，其角度偏转范围可达 4.538°。

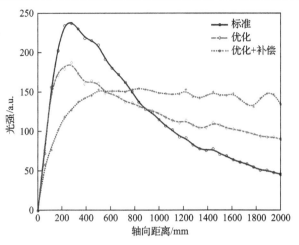

图 4.34　轴向光强分布

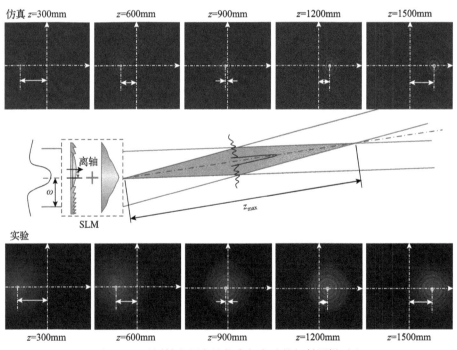

图 4.35　不同轴向距离处仿真与实验的衍射图样对比

　　图 4.36 为加工中的 PMMA 样品，固定 PMMA 在样品台上，保持样品位置固定不动的情况下，变换加载至空间光调制器上的全息图，分别加载角度未偏移的 FZP+改良轴锥镜以及增加角度偏移后的离轴 FZP+改良轴锥镜，以量化实验中对贝塞尔光束的角度控制情况。其中 4.36(a) 为未添加角度偏移的贝塞尔光束加工结果，以该角度作为基准，设置全息图中参数为 $(x_m, y_m) = (4, 0)$ mm。

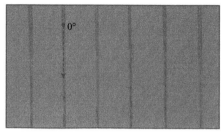　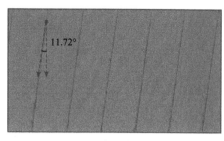

(a) 未加角度偏移　　　　　　　　　　　　　(b) 添加角度偏移

图 4.36　加工实验结果

可知当在 x 方向上正向偏移 4mm 时，其偏转角度约为 0.2546°。对于加工光路，4f 成像系统中焦距 f_1=500mm，f_3=10mm，这种配置可以将被空间光调制器调制过的角度再放大 50 倍，因此加工至 PMMA 上的理论角度为 12.73°。在光学显微镜下观察到的加工结果如图 4.36(b) 所示，测得偏转角度为 11.72°，考虑到光路在搭建过程中存在一定程度的偏差，因此基本与理论结果一致，认为该方法对贝塞尔光束的角度控制可以达到较为理想的效果。结果表明，离轴 FZP 与改良优化后的轴锥镜做相位叠加，能够达到对贝塞尔光束角度的控制效果，同时也保持了较好的加工质量。

4.6　贝塞尔阵列控制方法

4.6.1　贝塞尔阵列生成

本节在空间光调制器的帮助下，利用单幅全息图实现贝塞尔光束阵列。图 4.37 展示了产生平行贝塞尔光束阵列的原理。平行入射光束通过加载了设计好的全息图的空间光调制器后，得到平行的贝塞尔光束。

贝塞尔光束可以由光束通过轴锥镜产生，而空间光调制器可以方便地模拟为光学元件轴锥镜来调制通过的光束的相位。因此，用空间光调制器产生贝塞尔光束是非常容易的。

图 4.38 显示了光束的衍射图。以 z 轴为光轴，建立笛卡儿坐标系，衍射面的坐标为 $(x, y, 0)$，衍射面后垂直于光轴的截面坐标为 (x_1, y_1, z_1)。

由空间光调制器模拟的衍射元件的透过率函数可以表示为

$$t_r(x, y) = \exp(i\phi(x, y)) \tag{4.53}$$

那么衍射面 $E_0(x, y, 0)$ 后表面的光场分布可以表示为

$$E_0(x, y, 0) = U_0(x, y, 0) \exp(i\phi(x, y)) \tag{4.54}$$

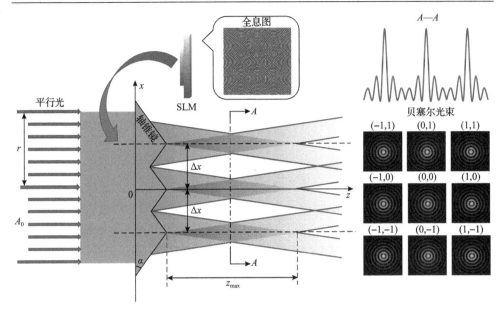

图 4.37 贝塞尔光束阵列原理图

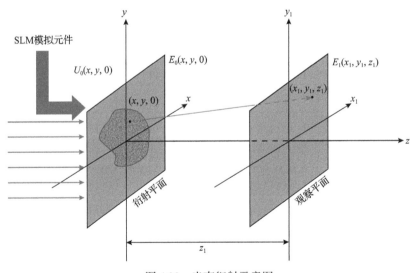

图 4.38 光束衍射示意图

式中，$U_0(x,y,0)$ 为入射光场。根据菲涅耳衍射原理，得到了光的衍射场。沿光轴的距离 z_1 可以表示为

$$E_1\left(x_1,y_1,z_1\right)=\frac{\exp\left(\mathrm{i}kz_1\right)}{\mathrm{i}\lambda z_1}\int_{-\infty}^{+\infty}\int_{-\infty}^{+\infty}E_0\left(x,y,0\right)\exp\left(\frac{\mathrm{i}k}{2z_1}\left[\left(x_1-x\right)^2+\left(y_1-y\right)^2\right]\right)\mathrm{d}x\mathrm{d}y$$

$$(4.55)$$

上述衍射积分可以表示为卷积形式：

$$E_1(x_1, y_1, z_1) = E_0(x, y, 0) \otimes h(x_1, y_1, z_1) \tag{4.56}$$

式中，$h(\cdot)$ 为脉冲响应函数，它可以表示为

$$h(x_1, y_1, z_1) = \frac{\exp(ikz_1)}{i\lambda z_1} \exp\left(\frac{ik}{2z_1}(x_1^2 + y_1^2)\right) \tag{4.57}$$

根据角谱衍射理论，衍射场 E_1 可改写为

$$
\begin{aligned}
E_1(x_1, y_1, z_1) &= E_0(x, y, 0) \otimes \left(\frac{\exp(ikz_1)}{i\lambda z_1} \exp\left(\frac{ik}{2z_1}(x_1^2 + y_1^2)\right)\right) \\
&= \mathrm{FFT}^{-1}\left(\mathrm{FFT}(E_0(x, y, 0)) \times \mathrm{FFT}\left(\frac{\exp(ikz_1)}{i\lambda z_1} \exp\left(\frac{ik}{2z_1}(x_1^2 + y_1^2)\right)\right)\right) \\
&= \mathrm{FFT}^{-1}\left(\mathrm{FFT}(U_0(x, y, 0)\exp(i\phi(x, y)))\exp\left(ikz_1\left[1 - \frac{\lambda^2}{2}(u^2 + v^2)\right]\right)\right)
\end{aligned}
\tag{4.58}
$$

由式(4.58)可以看出，目标衍射图取决于相函数 $\phi(x, y)$。因此，获得平行的贝塞尔光束阵列应该具有适当的相位表达式。

以顶点为中心的单轴锥镜的相位分布函数可表示为

$$\phi_s(x, y) = -k(n-1)\alpha\sqrt{x^2 + y^2} \tag{4.59}$$

式中，$k = 2\pi/\lambda$，λ 为入射光束的波长；n 为轴锥材料的折射率；α 为轴锥的底角；(x, y) 为以空间光调制器中心为原点的坐标。

空间光调制器是一种二维离散像素结构。假设其像素分辨率为 $M \times N$，像素中心间距为 d，以空间光调制器中心坐标为原点，建立方程的离散化模型，则式(4.59)可表示为

$$\phi_s(p, q) = -k(n-1)\alpha\sqrt{(pd)^2 + (qd)^2} \tag{4.60}$$

式中，p 和 q 分别为空间光调制器行和列的像素索引，并且 $-M/2 \leqslant p \leqslant M/2$，$-N/2 \leqslant q \leqslant N/2$。

由式(4.60)可以看出，随着底角 α 的增大，轴锥镜模拟的全息图的空间频率将包含更高的分量。然而，空间光调制器的离散特性限制了其表示空间频率的能力。根据奈奎斯特抽样定理，相邻两个采样点的相位差最大为 π。这意味着在加载到空间光调制器上的相位全息图中，相邻两个像素表示的相位之间的最大差为 π。因此，最大底角的范围可以为

$$\alpha_{\max} \leqslant \frac{\lambda}{2(n-1)d} \tag{4.61}$$

若 m 是第 m 个轴图标，则 (a_m, b_m) 是第 m 个轴图标偏移后的顶点坐标。然后，具有偏移量 (a_m, b_m) 的轴锥的相位分布函数可以描述为

$$\phi_m(x,y) = -k(n-1)\alpha\sqrt{(x-a_m)^2 + (y-b_m)^2}, \quad m=1,2,\cdots,Q \tag{4.62}$$

由式 (4.62) 可知，贝塞尔阵列可以看成由不同偏移量的轴锥镜产生的多个贝塞尔光束的组合。

为了更好地分析不同轴元的组合，假设 Δx 和 Δy 分别为全息图中心在 x 和 y 方向上相对于原点位置的偏移，如图 4.39 所示。

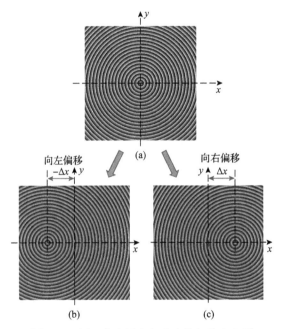

图 4.39　用于产生贝塞尔光束的相位全息图

不同的叠加方法可以产生不同的相位全息图。实现多贝塞尔光束的方法有三种：相位相加法、相干叠加法和包络相位法。

相位相加法是将生成的多轴锥镜全息图直接相加，然后取相位矩阵的剩余部分生成新的相位全息图，可以获得

$$\phi(x,y) = \mathrm{mod}_{2\pi}\left(\sum_{m=1}^{Q} \phi_m(x,y)\right) \tag{4.63}$$

式中，$\mathrm{mod}_{2\pi}(\cdot)$ 表示对 2π 取余。

相干叠加法是将多轴锥镜全息图的复振幅相加，相位为

$$\phi(x,y) = \mathrm{mod}_{2\pi}\left(\mathrm{angle}\left(\sum_{m=1}^{Q} \exp\left(\mathrm{i}\phi_m(x,y)\right) \right) \right) \tag{4.64}$$

式中，$\mathrm{angle}(\cdot)$ 表示复振幅的幅角。

第三种方法是本书提出的包络相位法，使用两个轴图标来解释主要思想，如图 4.40(a) 所示，它分为两部分：重叠区和非重叠区。对于非重叠区，保持原始形态；对于重叠区，比较两个轴心的形态值，采用较大的部分。如图 4.40(a) 所示，这两个轴锥的最终组合形态可以由包络域获得，底角可以相同也可以不同。

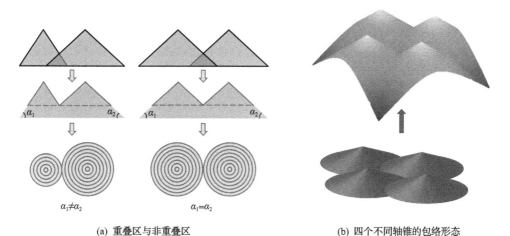

(a) 重叠区与非重叠区 　　　　(b) 四个不同轴锥的包络形态

图 4.40　包络相位法原理图

图 4.40(b) 显示了四个不同轴锥的包络形态，它将产生四个平行的贝塞尔光束。在仿真和实验部分，主要讨论具有相同基准角的多个轴锥的组合。根据包络形态，包络相位法的相位可以为

$$\phi(x,y) = \mathrm{mod}_{2\pi}\left(\max\left(\phi_1(x,y), \phi_2(x,y), \cdots, \phi_Q(x,y) \right) \right) \tag{4.65}$$

式中，$\max(\cdot)$ 表示计算相位矩阵的最大值。

以式(4.63)~式(4.65)为基础，图 4.41 分别给出了用三种不同的方法计算的四个贝塞尔光束的相位全息图：相位相加法、相干叠加法和包络相位法。将三个相位公式代入式(4.58)，得到衍射图。本书提出的包络相位法是将相位较大的部分放在重叠区，在全息图中相邻区域之间会有明显的分界线，如图 4.41 所示。对于单轴锥镜全息图，通过全息图的入射光汇聚在轴上。对于如图 4.41(c) 所示的轴

锥阵列全息图，穿过全息图后，入射光将收敛到原来的 4 个轴。

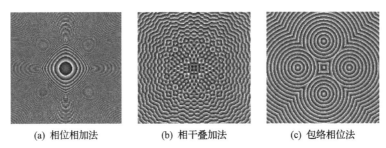

(a) 相位相加法   (b) 相干叠加法   (c) 包络相位法

图 4.41 产生四个贝塞尔光束的相位全息图

与产生单一贝塞尔光束的全息图相比，包络相位法将被分割成多个区域。为了分析包络相位法对不同区域的影响，使用 9 个贝塞尔光束的相位全息图进行讨论，如图 4.42(a)所示。可以看出，全息图被分成 9 个区域，(1)、(3)、(7)和(9)具有相同的结构，(2)、(4)、(6)和(8)也具有相同的结构，并且(5)位于面积最小的中心，如图 4.42(a)所示。区域(2)用于进一步分析。如图 4.42(b)所示，区域(2)中的全息图可视为由两部分组成：完整的圆形部分和不完整的环形部分。对于完

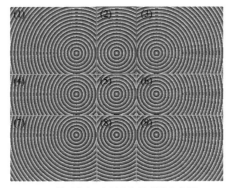

(a) 用于产生9个贝塞尔阵列的全息图

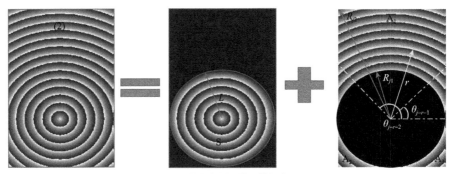

(b) (a)中全息图区域(2)的组成

图 4.42 分析贝塞尔阵列全息图衍射特性的原理

整的圆形部分，它具有与单个贝塞尔全息图相同的特性。对于不完全环形全息图，它会影响贝塞尔光束中心光斑的传输长度和能量。

图 4.42(b) 中的右图显示了不完整的部分，即使它不是完全的轴对称全息图，也可以参考完全的轴对称全息图来计算 z 轴上的衍射距离和能量。

如果将 $E_s(r_1)$ 和 $E_A(r_1)$ 分别定义为完全圆形部分 S 和不完整环形部分 A 在 z_p 位置处产生的衍射场，则极坐标中 z_p 处的 $E_s(r_1)$ 可表示为

$$E_s(r_1) = \frac{2\pi \exp(\mathrm{i}kz_p)}{\mathrm{i}\lambda z_p} \int_0^L U_0 \exp(\mathrm{i}\phi(r)) \exp\left(\frac{\mathrm{i}k}{2z_p}(r^2 + r_1^2)\right) \mathrm{J}_0\left(\frac{krr_1}{z_p}\right) r\mathrm{d}r \quad (4.66)$$

式中，U_0 为平行入射光，其幅度为 1；L 为半径的最大值；J_0 为零级贝塞尔函数；r、r_1 分别为 $z=0$ 和 $z=z_p$ 平面上的极半径。

不完整的环形全息图可能会被分割成一些不相连的区域。如图 4.42(b) 的右图所示，有三个孤立的区域 A_1、A_2 和 A_3。因此，极坐标处的 $E_A(r_1)$ 可表示为

$$E_A(r_1) = \sum_{j=1}^T \frac{2\pi \exp(\mathrm{i}kz_p)}{\mathrm{i}\lambda z_p} \int_{R_{j1}}^{R_{j2}} \int_{\theta_{j-r-1}}^{\theta_{j-r-2}} U_0 \exp(\mathrm{i}\phi(r)) \exp\left(\frac{\mathrm{i}k}{2z_p}(r^2 + r_1^2)\right) \mathrm{J}_0\left(\frac{krr_1}{z_p}\right) \frac{1}{2\pi} \mathrm{d}\theta_j(r) r\mathrm{d}r$$

$$(4.67)$$

式中，$j(j = 1, 2, \cdots, T)$ 为区域数索引；R_{j1}、R_{j2} 为第 j 个孤立区域的最小半径和最大半径；$\theta_j(r)$ 为在第 j 个区域的半径 r 的对应极角；θ_{j-r-1}、θ_{j-r-2} 分别为 $\theta_j(r)$ 的起始值和终止值。

对于整个截断区域，如图 4.42 所示的区域 (2)，极坐标下 z_p 处的衍射场可以表示为 $E_s(r_1)$ 和 $E_A(r_1)$：

$$
\begin{aligned}
E(r_1) &= E_s(r_1) + E_A(r_1) \\
&= \frac{2\pi \exp(\mathrm{i}kz_p)}{\mathrm{i}\lambda z_p} \int_0^L U_0 \exp(\mathrm{i}\phi(r)) \exp\left(\frac{\mathrm{i}k}{2z_p}(r^2 + r_1^2)\right) \mathrm{J}_0\left(\frac{krr_1}{z_p}\right) r\mathrm{d}r \\
&\quad + \sum_{j=1}^T \frac{2\pi \exp(\mathrm{i}kz_p)}{\mathrm{i}\lambda z_p} \int_{R_{j1}}^{R_{j2}} \int_{\theta_{j-r-1}}^{\theta_{j-r-2}} U_0 \exp(\mathrm{i}\phi(r)) \exp\left(\frac{\mathrm{i}k}{2z_p}(r^2 + r_1^2)\right) \mathrm{J}_0\left(\frac{krr_1}{z_p}\right) \frac{1}{2\pi} \mathrm{d}\theta_j(r) r\mathrm{d}r
\end{aligned}
$$

$$(4.68)$$

根据式 (4.68)，轴上的衍射场 ($r_1 = 0$) 可以得

$$
\begin{aligned}
E(0) &= \frac{2\pi \exp(\mathrm{i}kz_p)}{\mathrm{i}\lambda z_p} \int_0^L U_0 \exp(\mathrm{i}\phi(r)) \exp\left(\frac{\mathrm{i}kr^2}{2z_p}\right) r\mathrm{d}r \\
&\quad + \sum_{j=1}^T \frac{2\pi \exp(\mathrm{i}kz_p)}{\mathrm{i}\lambda z_p} \int_{R_{j1}}^{R_{j2}} \int_{\theta_{j-r-1}}^{\theta_{j-r-2}} U_0 \exp(\mathrm{i}\phi(r)) \exp\left(\frac{\mathrm{i}kr^2}{2z_p}\right) \frac{1}{2\pi} \mathrm{d}\theta_j(r) r\mathrm{d}r \quad (4.69)
\end{aligned}
$$

由式(4.69)可以发现，整个截断区域在轴上产生的绕射能量由完整的圆形部分和不完整的环形部分决定，而不完整的环形部分产生的能量受截断区数目及其对应极角和极半径的影响。

4.6.2　贝塞尔阵列数值仿真

为了分析包络相位法产生的贝塞尔阵列的质量，进行了仿真。图 4.42(a)中的全息图被用来产生九个贝塞尔阵列。折射率 $n=1.5$，波长 $\lambda=655\text{nm}$，每个轴锥的底角 $\alpha=0.3°$，全息图尺寸为 1280 像素×1024 像素。图 4.43 给出了九个贝塞尔阵列在不同衍射距离下的模拟结果：400mm、600mm 和 800mm。由图 4.43 中的所有图可以看出，(1)、(3)和(7)、(9)区产生的中心能量具有相同的分布，并且(2)、(4)、(6)和(8)区域产生的中心能量具有相同的规律。当间距为 400mm 时，九个贝塞尔阵列的中心能量基本相等。随着衍射的增加，(2)、(4)、(6)和(8)区产生的中心能量逐渐低于(1)、(3)、(7)和(9)区产生的中心能量。(5)区产生的贝塞尔光束具有最短的衍射距离，当衍射距离大于 800mm 时，贝塞尔光束消失。根据

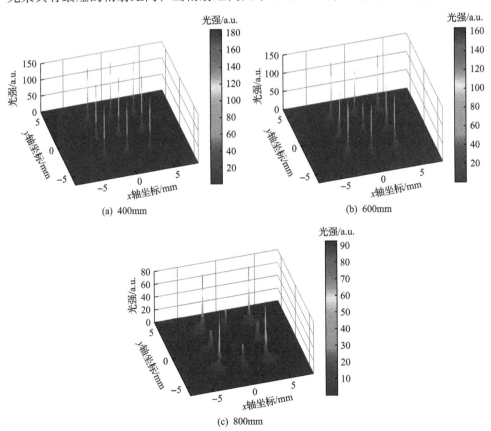

(a)　400mm

(b)　600mm

(c)　800mm

图 4.43　九个贝塞尔阵列在不同衍射距离下的模拟结果

图 4.43 的模拟结果,可以得出结论:贝塞尔光束的传播距离受全息图半径的影响,而贝塞尔光束的中心能量由半径和角度差决定。

1. 偏移距离的影响

表 4.7 中,在平行光束通过空间光调制器后的 z=30cm 处观察到了衍射图,每个轴锥镜中心的偏移距离分别为 Δ=2mm、3mm、4mm。在相位相加法中,可以看到当 Δ=2mm 时,四束光束几乎汇聚成一束。随着偏移距离的增加,阵列可以分开。在相干叠加法中,即使它也可以产生四束贝塞尔光束,但不同 Δ 的信噪比是不同的,当 Δ=4mm 时,信噪比很低。与前两种方法相比,采用包络相位法可以获得高质量、低噪声的贝塞尔光束,贝塞尔阵列保持平行且边界清晰。

表 4.7　不同偏移距离的衍射图的模拟

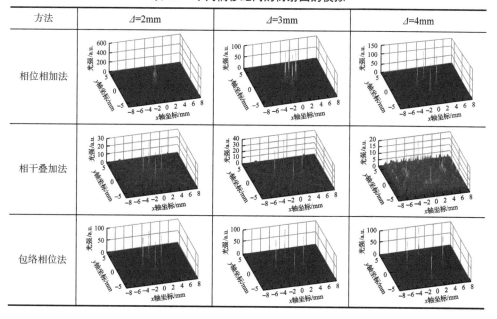

2. 衍射距离的影响

表 4.8 给出了三种不同方法对不同衍射距离 z=10cm、30cm 和 50cm 的模拟结果。每个轴锥镜的中心偏移距离为 Δ=3mm。可以看出,在相位相加法中,随着衍射距离的增加,贝塞尔光束逐渐汇聚,当 z=50cm 时,四束贝塞尔光束汇聚为一束。因此,即使具有良好的信噪比,这种方法也不能产生平行的贝塞尔光束。在相干叠加法中,贝塞尔光束几乎消失在背景噪声中,特别是当衍射距离 z<30cm 时。虽然信噪比随着 z 的增大而提高,但这种方法产生的贝塞尔光束阵的质量比另外两种方法差。与前两种方法的模拟结果相比,在相同的条件下,包络相位法的衍

射图可以使贝塞尔光束的中心距离保持在高信噪比的平行位置。因此，包络相位法可以产生高质量的平行贝塞尔光束阵列。从图中可以看出，从邻近轴锥发出的光将传播到它们各自的轴上，并形成如表 4.7 和表 4.8 所示的 X 形衍射图案。该 X 形衍射图案可以使每束贝塞尔光束很好地分开，而不影响每束贝塞尔光束的中心光斑的质量。此外，X 形衍射图案可以避免相互影响，有利于实际的激光加工。

表 4.8　不同衍射距离下的衍射图模拟

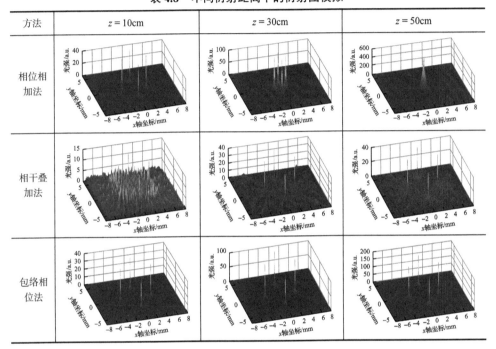

3. 轴向光强示意图

本小节讨论光束通过三种方法的全息图后轴向光强的能量分布。图 4.44 示出了贝塞尔光束阵列的衍射强度随衍射距离 z 的分布。每个轴锥镜的中心偏移距离为 $\varDelta$=3mm。如图 4.44(a)所示，从光强分布可以清楚地看出，在相位相加法中，光束阵列呈现汇聚状态。随着衍射距离的增加，光束阵列变为一束。图 4.44(b)中的光强分布进一步证实了相干叠加法中的背景噪声非常强。

图 4.44(c)说明了由包络相位法产生的轴向光强分布。在波束阵列的传输过程中，波束阵列没有收敛，背景噪声很低。每束光束的光强分布类似于单轴锥镜。

以上仿真结果验证了包络相位法的有效性。为了进一步得到贝塞尔光束阵列在传输过程中的能量分布，模拟了相同条件下不同全息图调制的单色平行光束的衍射场，并进行了比较，如图 4.45 所示。图 4.45(a)给出了单束贝塞尔全息图调制的平行光束的轴向光强分布。图 4.46(b)显示了 $\varDelta$=3mm 时贝塞尔光束阵列的轴向光强分布。最大光强在轴上的相对位置与单光束的相对位置基本相同。

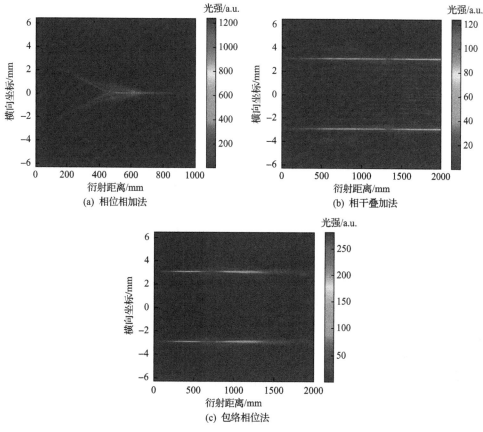

(a) 相位相加法　　　　　　　　　　　　(b) 相干叠加法

(c) 包络相位法

图 4.44　贝塞尔阵列的轴向光强分布

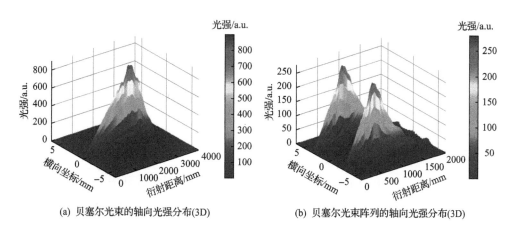

(a) 贝塞尔光束的轴向光强分布(3D)　　　　(b) 贝塞尔光束阵列的轴向光强分布(3D)

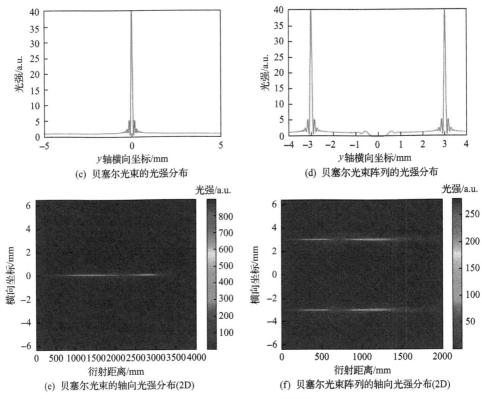

(c) 贝塞尔光束的光强分布　　　　　　　(d) 贝塞尔光束阵列的光强分布

(e) 贝塞尔光束的轴向光强分布(2D)　　　(f) 贝塞尔光束阵列的轴向光强分布(2D)

图 4.45　　光强分布仿真结果

图 4.45(c)和(d)分别显示了由包络相位法产生的单贝塞尔光束和贝塞尔光束阵列的横向强度曲线。由图 4.45(c)可以看出,单个贝塞尔光束的能量峰值位于横截面的中心。显然,图 4.45(d)中的贝塞尔光束阵列偏离中心 3mm。图 4.45(e)和(f)分别显示了用包络相位法产生的单贝塞尔光束和贝塞尔波束阵列的焦深。显然,该阵列的焦深是单贝塞尔光束的一半。

4.6.3　贝塞尔阵列实验

为了验证所提出方法产生的多贝塞尔光束的质量,设计了三种全息图:相位相加法、相干叠加法和包络相位法。将设计产生的全息图加载到上述光路图的空间光调制器上,得到了如下结果。

1. 偏移距离的影响

将不同方法产生的不同偏移距离的轴锥阵列全息图加载到中心偏移距离 $\varDelta=$ 2mm、3mm、4mm 的单反射镜上。高斯光束通过空间光调制器后的衍射距离为 30cm。表 4.9 显示了对应于三种不同方法的贝塞尔光束阵列的结果,三种方法的曝光时间分别为 2ms、8ms 和 2.7ms。结果表明，实验结果与模拟结果基本一致，包络相位法生成贝塞尔光束阵列的效果明显优于相位相加法和相干叠加法。

表 4.9　三种方法在不同偏移距离下的实验结果

方法	$\Delta=2mm$	$\Delta=3mm$	$\Delta=4mm$
相位相加法		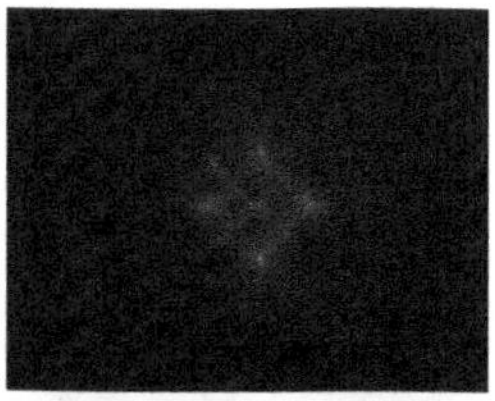	
相干叠加法	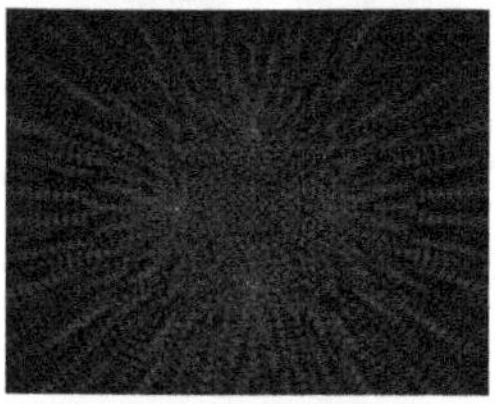	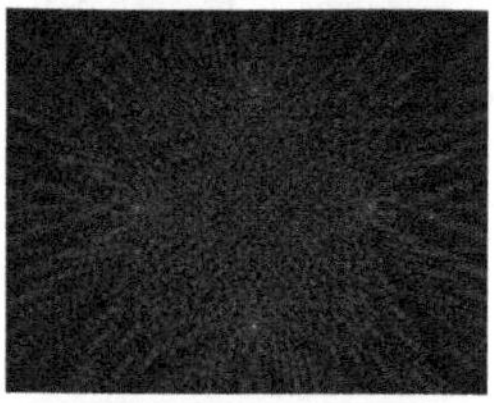	
包络相位法	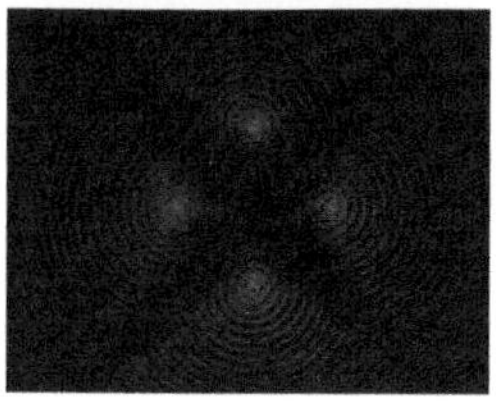	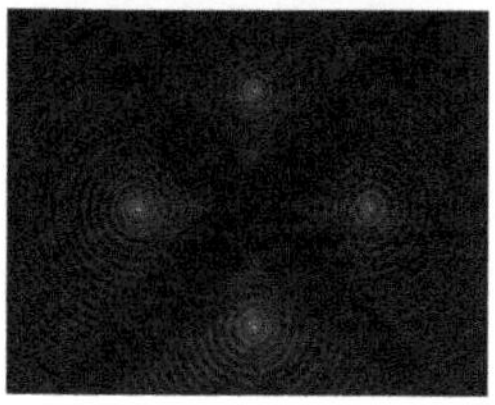	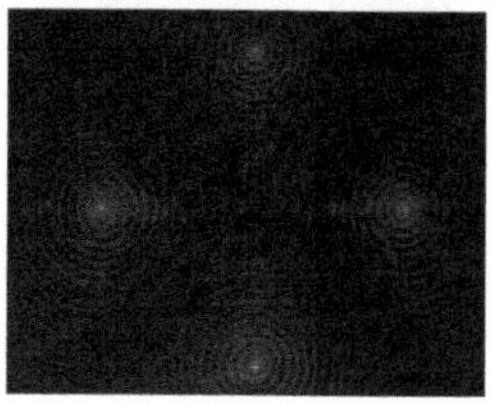

2. 衍射距离的影响

将不同方法产生的不同衍射距离的轴锥阵列全息图分别加载到空间光调制器上。贝塞尔阵列的数目也设置为 4，其中通过空间光调制器的光束的衍射支撑距离分别为 $z=10cm$、30cm 和 50cm。每个轴的中心偏移距离为 3mm。CCD 相机采集结果如表 4.10 所示，三种方法的曝光时间分别为 2ms、8ms 和 2.7ms。

表 4.10　三种不同衍射距离方法的实验结果

方法	$z=10cm$	$z=30cm$	$z=50cm$
相位相加法		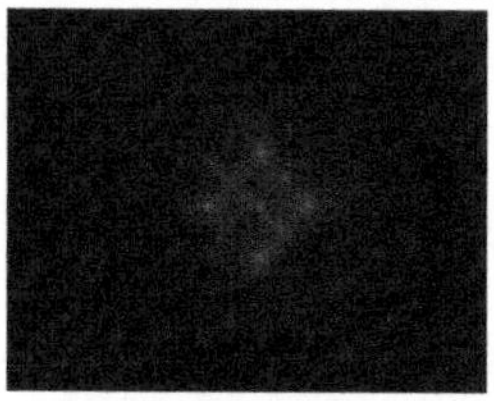	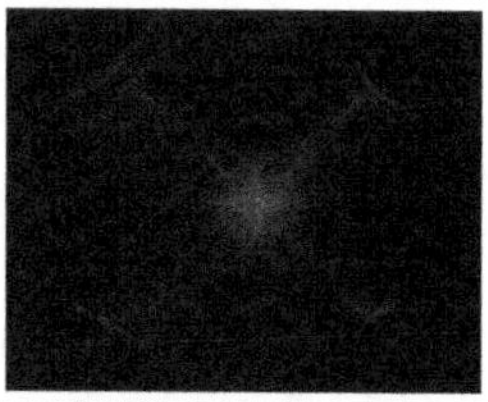

续表

方法	$z=10\text{cm}$	$z=30\text{cm}$	$z=50\text{cm}$
相干叠加法			
包络相位法			

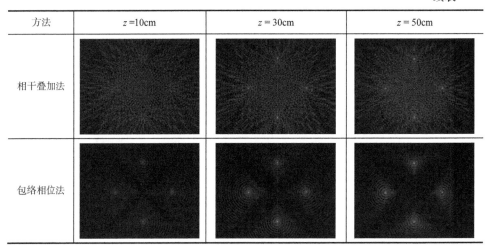

　　从表 4.9 和表 4.10 中的结果可以看出，相位相加法产生汇聚的贝塞尔光束，实验结果的质量比模拟的结果差。相干叠加法可以获得平行的贝塞尔光束，但噪声很强，会影响阵列的应用。包络相位法可以产生高信噪比的并行贝塞尔阵列，并且阵列之间有清晰的边界。随着衍射距离的增加，贝塞尔阵列的强度逐渐增大。

　　为了进一步研究，表 4.11 给出了模拟的衍射图和实验结果。可以看出，对于相位相加法和相干叠加法，实验中的噪声比模拟情况下的要高，而且这两种方法产生的贝塞尔光束的质量不如包络相位法。包络相位法产生的贝塞尔光束在模拟和实验中都具有较好的质量，且每个贝塞尔光束的边界清晰。

表 4.11　三种不同衍射距离方法的光强分布

方法	结果	$z=10\text{cm}$	$z=30\text{cm}$	$z=50\text{cm}$
相位相加法	仿真			
	实验			

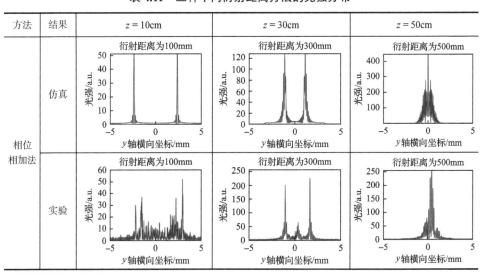

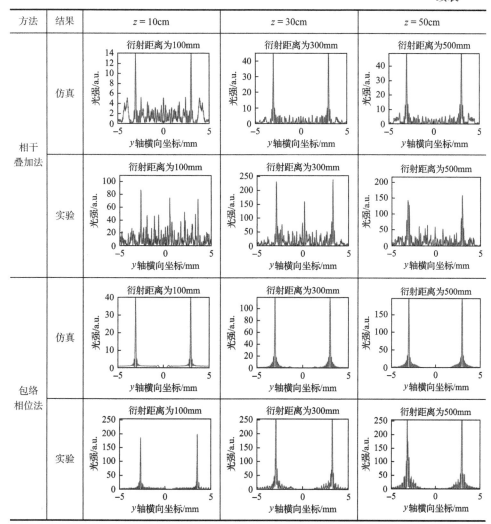

4.6.4　多贝塞尔轴向光强的进一步调控

用包络相位法可以很容易地产生平行的贝塞尔光束阵列。根据实际应用的需要，通过设计相位全息图，可以方便地改变阵列的数目和贝塞尔光束的间距。贝塞尔光束的长度随基准角和偏移量的变化而调整，可以得到不同长度的平行贝塞尔光束。图 4.46(a) 给出了产生五束贝塞尔光束的阵列的相位全息图，中心轴锥镜的底角小于其他四个轴锥镜的底角。光强分布如图 4.46(b) 所示，可以看到中心贝塞尔光束的长度比其他光束短。

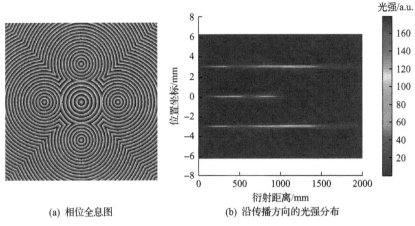

(a) 相位全息图　　　　　　　(b) 沿传播方向的光强分布

图 4.46　不同长度的贝塞尔光束阵列

如图 4.47 所示，利用计算的相位全息图，还可以将平行阵列的光强分布模拟为均匀的贝塞尔光束。与图 4.46(b) 中的光强分布相比较，可以看出调制相位全息图的光强分布比原始全息图的光强分布更加均匀。均匀并行贝塞尔阵列具有潜在的重要应用前景。

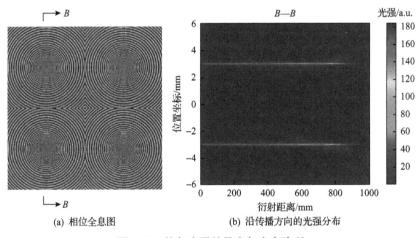

(a) 相位全息图　　　　　　　(b) 沿传播方向的光强分布

图 4.47　均匀光强的贝塞尔光束阵列

4.7　高阶贝塞尔光束的调控方法

高阶贝塞尔光束作为无衍射光中的重要一类[3]，更是引起了人们越来越多的兴趣。由于高阶贝塞尔光束是一种涡旋光束，其波面阵呈螺旋状，具有奇异性，中心光强为零，所以也属于空心光束的一种[4]。这些独特的性质使高阶贝塞尔光束在激光加工、精密测量、信息编码与传输、微观粒子操控以及光镊等方面也有广泛的应用[5-7]。由于高阶贝塞尔光束不仅具有涡旋光束的特性，而且兼具无衍射特性，所以在实验上实现高质量高阶贝塞尔光束是很有意义的研究工作。常见的高阶贝塞尔光束的产生方法分为主动式与被动式。主动式方法就是通过特定结构的谐振腔由激光器直接产生高阶贝塞尔-高斯光束，而被动式方法则是由其他光束转换成高阶贝塞尔-高斯光束[8]。

在主动式方法中，Savchenkov 等[9]利用回音壁模式谐振腔生成高阶贝塞尔光束，由于锥形入口尺寸与出口尺寸的比值较小，生成的贝塞尔光束的拓扑电荷数无法确定。Ilchenko 等[10]利用圆柱形波导管实现了拓扑电荷数为 200 的高阶贝塞尔光束，转换效率超过 10%。在被动式方法中，Arlt 等[11]利用轴锥镜将拉盖尔-高斯光束转换为高阶贝塞尔光束，而拉盖尔-高斯光束常用高斯光入射螺旋相位板生成。马亮等[12]分析了螺旋轴锥镜的结构和光传输特性，出射光束的相位为螺旋相位和锥面相位的叠加。Vasara 等[13]采用二元振幅和四级相位全息图实现了一阶至六阶贝塞尔光束的生成。King 等[14]将零阶贝塞尔光束圆偏振光沿双轴晶体光轴传播实现了零阶到一阶及一阶到二阶的转换。在上述研究方法中，主动式方法比较单一，主要是谐振腔法，且光束的传播距离短；被动式方法较为成熟，但是轴锥镜、螺旋相位板及螺旋轴锥镜等元器件对自身加工精度要求高，对生成的光束质量有较大的影响，而且其锥角和拓扑电荷数等参数也不易更改。

4.7.1　高阶贝塞尔光束的特性

理想的贝塞尔光束具有无衍射的特性，在传输过程中，光场保持恒定，光束不发散。与理想的零阶贝塞尔光束一样，理想的高阶贝塞尔光束的光强分布也不会随着传播距离的变化而变化，符合无衍射的特性。但是从理论上说，理想的高阶贝塞尔光束携带有无穷大的能量，违背了能量守恒定律，所以实际中很难生成理想的高阶贝塞尔光束。为了克服物理上生成高阶贝塞尔光束的困难，人们尝试在高阶贝塞尔光束上另外加一个高斯轮廓分布的调制，从而可实现高阶贝塞尔-高斯光束的生成，其表达形式为

$$E(r,\theta,z,t) = J_m(\alpha r)\exp(im\theta)\exp(i(\beta z - \omega t))\exp(-r^2/\omega_z^2) \tag{4.70}$$

式中，ω_z 为高斯光束的束腰半径；m 为高阶贝塞尔-高斯光束的阶数，也为涡旋光束的拓扑电荷数。

由式(4.70)可知，高阶贝塞尔-高斯光束的光场表达式中含有 $\exp(im\theta)$ 项，此项为相位因子，用来描述螺旋波前，所以高阶贝塞尔-高斯光束也是一种涡旋光束，图 4.48(a)为拓扑电荷数 m 为 3 的涡旋光束。由于螺旋波前具有奇异性，而且涡

旋光束具有柱对称的传播性质，涡旋中心处存在相位不确定的奇点，所以光线在中心处干涉相消形成一个暗核，从而导致此处的光强消失，中心光强为零，如图 4.48(b) 所示。

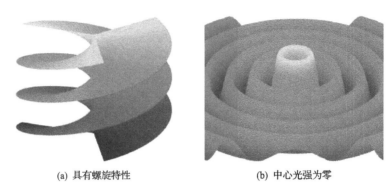

(a) 具有螺旋特性　　　　　　　　　　　(b) 中心光强为零

图 4.48　高阶贝塞尔光束特征

理想高阶贝塞尔光束的光强分布为

$$I(r,\theta,z) = \left| \mathrm{J}_m(\alpha r)^2 \right| \tag{4.71}$$

对高阶贝塞尔光束的光强分布仿真如图 4.49 所示，分别显示阶数 m 为 2、3、4 的理想高阶贝塞尔光束。由图 4.49 可以看出，高阶贝塞尔光束的中心为空心环形，中心光强为零，与理论分析相符合。并且随着阶数 m 的增大，空心环形的半径也在不断变大。

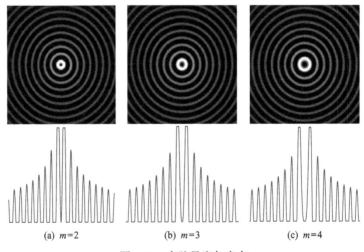

(a) $m=2$　　　　　　　(b) $m=3$　　　　　　(c) $m=4$

图 4.49　高阶贝塞尔光束

4.7.2　螺旋相位板和轴锥镜组合

高阶贝塞尔光束兼具螺旋相位和锥面相位，实验中可以先让高斯光束经过螺旋相位板变为一种涡旋光束，即拉盖尔-高斯光束，再垂直入射到轴锥镜生成高阶贝塞尔光束，如图 4.50 所示。

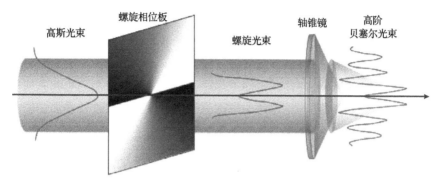

图 4.50　螺旋相位板和轴锥镜组合

螺旋相位板是一种透明的光学衍射器件，理想的螺旋相位板是平滑的，由于制造工艺的原因，实际中经常采用一种阶梯形的螺旋相位板，但是不可避免产生制造加工误差。因为液晶空间光调制器能够利用液晶的电光效应实现对光束振幅和相位的调制，所以可以用空间光调制器通过加载螺旋相位全息图模拟螺旋相位板，从而实现涡旋光束的生成。

则高斯光入射螺旋相位板后的光场分布为

$$E(r,\theta) = \left(\frac{r}{\omega_z}\right)^m \exp\left(-\frac{r^2}{\omega_z^2}\right)\exp(-\mathrm{i}m\theta) \tag{4.72}$$

假设经过螺旋相位板后生成的拉盖尔-高斯光束沿中心光轴全部正入射到轴锥镜上，则轴锥镜后的光场 E_1 为

$$E_1(\rho,\varphi,z) = -\frac{\mathrm{i}}{\lambda z}\exp(\mathrm{i}kz)\iint_{S_1}\left(\frac{r}{\omega_z}\right)^2\exp\left(-\frac{r^2}{\omega_z^2}\right)\exp(-\mathrm{i}m\theta)\exp\left(-\mathrm{i}k(n-1)\theta r\right)$$
$$\cdot \exp\left(\frac{\mathrm{i}k}{2z}\left[r^2 + \rho^2 - 2r\rho\cos(\varphi-\theta)\right]\right)r\mathrm{d}r\mathrm{d}\theta \tag{4.73}$$

化简可得

$$E(\rho,\varphi,z)=\int_0^R \exp\left(\frac{\mathrm{i}k}{2z}\left(r^2+\rho^2\right)-\mathrm{i}k(n-1)\gamma r\right)$$

$$\cdot\left(\frac{r}{\omega_z}\right)^m \exp\left(-\frac{r^2}{\omega_z{}^2}\right)\exp(\mathrm{i}m\varphi)\mathrm{i}^{-m}\mathrm{J}_m\left(\frac{kr\rho}{z}\right)r\mathrm{d}r \qquad (4.74)$$

式中，(ρ,φ)为观察面极坐标；R为光束半径；n为轴锥镜折射率；γ为轴锥镜锥角。

4.7.3　螺旋相位和锥面相位叠加

空间光调制器具有灵活便捷的特点，通过输入合适的参数，就能生成任意的螺旋光束。因为轴锥镜也存在制造加工误差，所以同样可以利用空间光调制器模拟轴锥镜从而减小加工误差。因此，将螺旋相位与锥面相位进行叠加，生成新的相位全息图，如图 4.51 所示。

图 4.51　螺旋相位和锥面相位叠加

螺旋相位与锥面相位叠加后的透过率函数为

$$T(r,\theta)=\exp\left(-\frac{\mathrm{i}r2\pi}{r_0}\right)\exp(\mathrm{i}m\theta) \qquad (4.75)$$

式中，r、θ为全息相位平面极坐标系自变量；r_0为可变常数。

假设高斯光入射到加载新相位全息图的空间光调制器，并经过空间光调制器的调制作用，由极坐标下的菲涅耳衍射积分可得光场 E_2 为

$$E_2(\rho,\varphi,z)=\exp\left(\frac{\mathrm{i}k\rho^2}{2z}\right)\frac{\exp(\mathrm{i}kz)}{\mathrm{i}kz}\exp\left(\mathrm{i}m\left(\varphi-\frac{\pi}{2}\right)\right)$$

$$\cdot\int_0^R \exp\left(\frac{\mathrm{i}kr^2}{2z}\right)\exp\left(-\frac{\mathrm{i}r2\pi}{r_0}\right)\exp\left(-\frac{r^2}{\omega_z{}^2}\right)\mathrm{J}_m\left(\frac{kr\rho}{z}\right)r\mathrm{d}r \qquad (4.76)$$

通过加载拓扑电荷数 $m=1$、2、3、10 的螺旋相位至空间光调制器，并垂直入射至透镜，分别生成对应的拉盖尔-高斯光束，如图 4.52(a) 所示。由图 4.52(a) 可知，拉盖尔-高斯光束具有明显的螺旋相位特征，中心光强为零。将从空间光调制器出

射的拉盖尔-高斯光束垂直入射到同轴等高的轴锥镜上，不经过透镜直接被 CCD 接收，生成的光束为高阶贝塞尔光束，如图 4.52(b)所示。由图 4.52(b)可知，光束的中心区域为同心圆环，符合贝塞尔光束的光强分布；最内环为空心环形，随着阶数的增大，空心环形的半径也不断增大，满足高阶贝塞尔光束特性。将生成的高阶贝塞尔光束垂直入射至透镜，生成的光束如图 4.52(c)所示，由图 4.52(c)可知，高阶贝塞尔光束是一种空心光束这一特性是非常明显的。

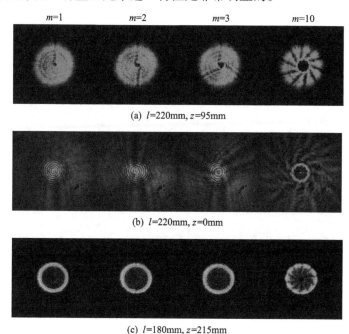

$m=1$　　　$m=2$　　　$m=3$　　　$m=10$

(a) l=220mm, z=95mm

(b) l=220mm, z=0mm

(c) l=180mm, z=215mm

图 4.52　锥镜组合生成高阶贝塞尔光束

同样，将拓扑电荷数 m=1、2、3、10 的新相位全息图加载至空间光调制器，由于新的相位全息图具有锥面相位，所以不需要让出射光经过轴锥镜。采用全息半径 R 为 15 像素和 30 像素的新相位全息图生成高阶贝塞尔光束，如图 4.53(a)和(b)所示。同轴锥镜组合生成高阶贝塞尔光束一样，生成的光束也满足高阶贝塞尔光束的光强分布与外形特征。将全息半径设置为 100 像素时，如图 4.53(c)可知，高阶贝塞尔光束的螺旋特性是极其显著的。

由图 4.52 和图 4.53 的实验结果可知，利用锥镜组合和相位叠加都能产生高阶贝塞尔光束，但是由于生成方式的不同，两种模式下产生的高阶贝塞尔光束也有不同之处。由于锥镜组合法是光束先经过螺旋相位的调制生成拉盖尔-高斯光束，再入射到轴锥镜生成高阶贝塞尔光束，所以从光束的整体外形可以看出其具有涡旋光束的特征，而在内部区域才能看见高阶贝塞尔光束的光强分布与外形特征；而相位叠加法是光束直接经过叠加相位的调制，所以从整体外形就很容易看出光束的光强分布和外形特征符合高阶贝塞尔光束，而涡旋光束的特征则从最内环可以看出。所以对比两种方式下产生的高阶贝塞尔光束，从对入射光的调制效果看，相位叠加法生成的高阶贝塞尔光束效果优于锥镜组合法。

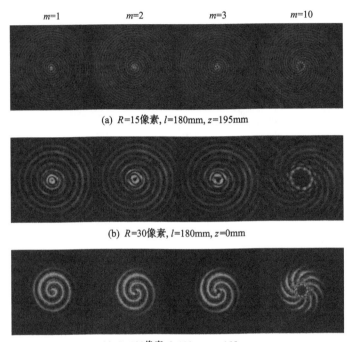

$m=1$ $m=2$ $m=3$ $m=10$

(a) R=15像素, l=180mm, z=195mm

(b) R=30像素, l=180mm, z=0mm

(c) R=100像素, l=180mm, z=155mm

图 4.53   相位叠加生成高阶贝塞尔光束

    与此同时，空间光调制器不仅能模拟螺旋相位板和轴锥镜的相位分布，而且可以调节螺旋相位板的拓扑电荷数和轴锥镜的锥角，从而更灵活地生成需要的高阶贝塞尔光束，也减小了因制造加工误差而引起高阶贝塞尔光束的低质量。

参 考 文 献

[1] Durnin J, Jr M J, Eberly J H. Diffraction-free beams. Physical Review Letters, 1987, 58(15): 1499-1501.

[2] 翟中生, 赵斌. 无衍射光束中心光斑的特性研究. 激光技术, 2008, 32(5): 480-483.

[3] 于永江, 陈建农, 郝金光, 等. 变形高阶贝塞尔光束的传播和自成像效应. 光学精密工程, 2007, 15(6): 835-840.

[4] 印建平, 刘南春, 夏勇, 等. 空心光束的产生及其在现代光学中的应用. 物理学进展, 2004, 24(3): 336-380.

[5] 陈光明, 林惠川, 蒲继雄. 轴棱锥聚焦涡旋光束获得高阶贝塞尔光束. 光电子·激光, 2011, 22(6): 945-950.

[6] Courvoisier F, Zhang J, Bhuyan M K, et al. Applications of femtosecond Bessel beams to laser ablation. Applied Physics A, 2013, 112(1): 29-34.

[7] Arlt J, Garces-Chavez V, Sibbett W, et al. Optical micromanipulation using a Bessel light beam. Optics Communications, 2001, 197(4-6): 239-245.

[8] 靳李丽, 朱艳英, 魏勇, 等. 高阶 Bessel-Gauss 光束的产生方法. 激光与红外, 2012, 42(3): 335-341.

[9] Savchenkov A A, Grudinin I, Savchenkova E A, et al. Generation of high order Bessel beams with whispering gallery mode resonators. Conference on Lasers and Electro-Optics, 2006: CFC5.

[10] Ilchenko V S, Mohageg M, Savchenkov A A, et al. Efficient generation of truncated Bessel beams using cylindrical waveguides. Optics Express, 2007, 15(9): 5866-5871.

[11] Arlt J, Dholakia K. Generation of high-order Bessel beams by use of an axicon. Optics Communications, 2000, 177(1-6): 297-301.

[12] 马亮, 吴逢铁, 蒲继雄. 螺旋轴棱锥的光束传输特性. 强激光与粒子束, 2011, 23(6): 1479-1482.

[13] Vasara A, Turunen J, Friberg A T. Realization of general nondiffracting beams with computer-generated holograms. Journal of the Optical Society of America A: Optics and Image·Science, 1989, 6(11): 1748-1754.

[14] King T A, Hogervorst W, Kazak N S, et al. Formation of higher-order Bessel light beams in biaxial crystals. Optics Communications, 2001, 187(4-6): 407-414.

第 5 章 空间多焦点调控技术

5.1 常用多焦点的调控方法

计算全息图是一种利用计算机算法设计出的全息图，通过将其加载到空间光调制器，可以对光场进行调控，具有灵活性高、使用方便的优点。

设计计算全息图时，根据给定的入射光场和所期望的输出光场等已知条件，构造目标函数，利用一种或多种算法，求解相位全息图。目前计算全息图的算法有很多[1-7]，如使用迭代求解随机寻优的模拟退火(simulated annealing, SA)算法[1]、借鉴生物界优胜劣汰规律的遗传算法(GA)[2]。

纯相位液晶空间光调制器的像素尺寸在几微米到几十微米，采用标量衍射理论，计算相位分布函数所产生的衍射场，LCSLM 的精度已足够。但构造的目标函数不一定存在解析解。解析关系存在的方法称为解析法，如 GL (grating and lene)算法[5]；但有的目标函数只能通过不断逼近来求近似解，则称为迭代优化法，如GS (Gerchberg-Saxton)算法[6]、GSW (weighted Gerchberg-Saxton)算法等。

5.1.1 GL 算法

GL 算法即光栅和透镜算法，最早由 Liesenser 提出，是一种非迭代算法，可以快速计算出用于生成多光束的相位全息图。光栅可以让焦点侧向移动，而透镜可以让焦点沿轴向发生偏移，该算法正是模拟了这两种最基本的光学元件。

对于波前平面的相位全息图 ϕ_h，单光束产生的是一个常数，单一聚焦光斑在成像空间中与其相对应。当简单移动这一点时，全息图平面的相位被改变。对于全息图平面的相位变化如倾斜相锋，会使得光斑远离光轴进行侧向移动。这相当于一束光穿过了带有小倾斜角度的棱镜，而线性相位延迟 ϕ_{prism} 通过小倾斜角被引入，使焦斑位置产生一个横向的偏移 $(\Delta x, \Delta y)$，在聚焦平面产生的相位可以表示为

$$\phi_{prism}\left(x_h, y_h\right) = \alpha\left(\Delta x x_h, \Delta y y_h\right) \tag{5.1}$$

式中，α 为一个由成像特性与入射光束波长共同确定的系数[5]。

聚焦光斑在成像空间中发生的轴向偏移所需的全息图平面的相位为

$$\phi_{lenses}\left(x_h, y_h\right) = -\frac{k}{2f}\left(x_h^2 + y_h^2\right) \tag{5.2}$$

式中，f 为光偏离傅里叶平面的轴向距离；$k = 2\pi/\lambda$。

图 5.1 对光栅和透镜的功能进行了示意说明。

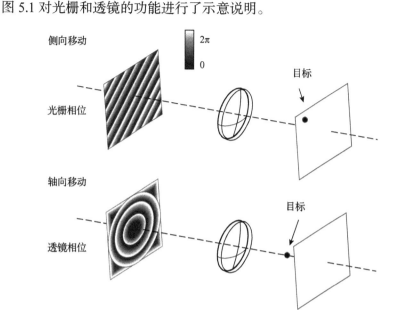

图 5.1　GL 算法使光斑侧向和轴向偏移示意图

如果使聚焦光斑在成像空间中同时发生侧移和离焦，全息图平面的相位则为 ϕ_{prism} 与 ϕ_{lenses} 的和对 2π 的模数，为

$$\phi_{\text{h}} = \text{mod}_{2\pi} \left(\phi_{\text{prism}} + \phi_{\text{lenses}} \right) \tag{5.3}$$

GL 算法对单个聚焦光斑的控制方法可以扩展到对多个聚焦光斑的控制，且每束光的位置独立可控。如需产生 N 个聚焦光斑，全息图平面的相位则存在 N 个对应的相位分量 $u_{\text{h},n}$，每个相位分量都可由式(5.1)和式(5.2)计算得到，然后将 N 个相位分量进行复数相加，并将其对 2π 取模。由此得到一个总相位：

$$\phi_{\text{h}} = \text{mod}_{2\pi} \left(\arg \left(\sum_{n=1}^{N} u_{\text{h},n} \right) \right) \tag{5.4}$$

由 ϕ_{h} 表达的相位全息图加载到 LCSLM 时，在成像空间中形成 N 个聚焦光斑。

5.1.2　GS 算法

根据傅里叶光学，复数场中存在傅里叶变换关系。ϕ_{h} 处于透镜的瞳平面，此处为假想的空间光调制器平面，ϕ_{f} 在透镜的焦平面，则存在如下关系：

$$\phi_{\mathrm{i}}\left(x_{\mathrm{i}}, y_{\mathrm{i}}\right) = \mathrm{FT}\left\{\phi_{\mathrm{h}}\left(x_{\mathrm{h}}, y_{\mathrm{h}}\right)\right\} \tag{5.5}$$

如图 5.2 所示，成像空间场可以看成由离开空间光调制器的光束所产生的远场衍射图样。很明显，只要知道 ϕ_{i} 和 ϕ_{h} 的其中一个，通过傅里叶变换或者傅里叶逆变换很容易计算出另外一个。

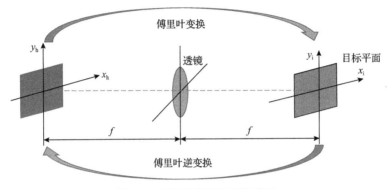

图 5.2　透镜的傅里叶变换关系

基于傅里叶变换的 GS 算法是计算傅里叶平面全息图最流行的方法之一，从全息光镊到超快激光并行多光束都会用到，范围广泛。该算法主要用于计算全息图平面的相位，使激光在成像空间中产生预定义的光强分布。该算法可用于生成多个聚焦光斑，即多光束，甚至任意二维的光强分布。

在成像空间中，目标强度分布定义为 $I_{\mathrm{t}}\left(x_{\mathrm{i}}, y_{\mathrm{i}}\right)$，目标是找到 $\phi_{\mathrm{h}}\left(x_{\mathrm{h}}, y_{\mathrm{h}}\right)$，使得 $\left(\mathrm{FT}\left(\exp\left(\mathrm{i}\phi_{\mathrm{h}}\right)\right)\right)^2 = I_{\mathrm{t}}\left(x_{\mathrm{i}}, y_{\mathrm{i}}\right)$。为了找到所需的相位 ϕ_{h}，从随机相位 φ_{r} 和恒定单位振幅的全息图平面开始。因此，对于第一个迭代步骤，设置全息图平面的光场为

$$\phi_{\mathrm{h},1} = \exp\left(\mathrm{i}\varphi_{\mathrm{r}}\right) \tag{5.6}$$

在第一次迭代和连续迭代中，光场通过傅里叶变换传播到成像空间，对于第 k 次迭代，有

$$\varphi_{\mathrm{i},k} = \mathrm{FT}\left\{\varphi_{\mathrm{h},k}\right\} \tag{5.7}$$

然后保持相位不变，用目标光强 I_{t} 代替入射光强，对成像空间中的光场进行修正。

$$\varphi_{\mathrm{i},k} = \arg\left(\phi_{\mathrm{i},k}\right) \tag{5.8}$$

$$\varphi'_{\mathrm{i},k} = \sqrt{I_{\mathrm{t}}}\exp\left(\mathrm{i}\phi_{\mathrm{i},k}\right) \tag{5.9}$$

所得到的光场通过傅里叶逆变换传播回全息图平面：

$$\varphi'_{h,k} = \text{IFT}\left\{\varphi'_{i,k}\right\} \tag{5.10}$$

接下来将其相位保持不变，将其幅值置为 1，进入下一次循环，最终完成迭代：

$$\phi_{h,k+1} = \arg\left(\varphi'_{h,k}\right) \tag{5.11}$$

$$\varphi_{h,k+1} = \exp\left(\mathrm{i}\phi_{h,k+1}\right) \tag{5.12}$$

经过 n 次迭代，结果不断收敛，当满足图像空间的目标场所需的幅值要求时，迭代终止，此时的相位为

$$\varphi_{h,n} = \arg\left(\phi_{h,n}\right) \tag{5.13}$$

流程如图 5.3 所示。

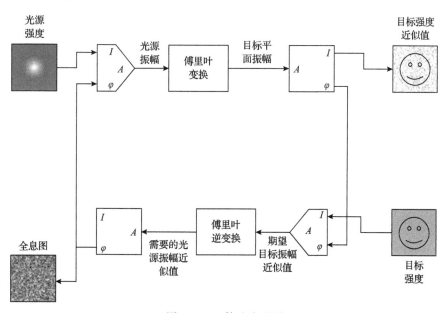

图 5.3　GS 算法流程图

5.1.3　GSW 算法

研究人员在 GS 算法的基础上设计了多种改进型算法[8]，大大提高了算法的收敛速度和控制精度，并成功应用于诸多研究领域。本节将介绍一种改进型 GS 算法，称为 GSW 算法。其基本思想与 GS 算法一致，但在迭代过程中不断修改权重所期望的目标光场的振幅，加速迭代过程，提高光束均匀性。

与 GS 算法不同之处具体在于 GSW 算法的第三步,这里不是直接以目标光场振幅代替计算得到的像平面光场振幅,而是首先得到傅里叶变换后的振幅,计算出能量和位置与目标值的差。然后以一定的权重改变振幅并进行傅里叶逆变换。GSW 算法的流程如图 5.4 所示。

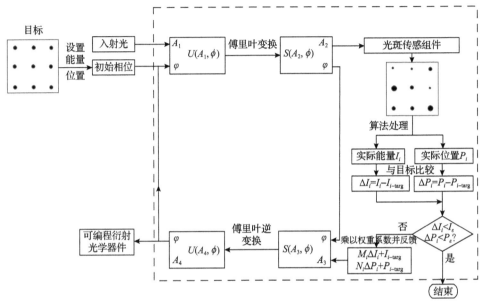

图 5.4　GSW 算法的流程图

5.1.4　算法的优化及存在的理论问题

迭代优化算法就是反复迭代计算相位分布函数,使任意的衍射光束逐渐逼近目标,直到达到设计要求,从而得到期望的可控光束[8]。剑桥大学 Liu 等将 GS 算法进行 1000 次的迭代,得到的多光束的能量均匀性依然很差,且计算量很大。很多研究学者通过合理地设计 GS 算法迭代初值可以获得很好的结果。Di 等利用平顶光使用 GSW 算法不断修正迭代过程中傅里叶逆变换之前的光场振幅[9],加快收敛速度,最好的计算结果为:经过 10 次迭代,就产生了衍射效率和光强均匀度均在 90% 以上的平顶多光束,如图 5.5 所示,其衍射效率和光强均匀度的要求越高,迭代所需要的次数也越多[10]。

相比上述各方法,相同情况下,计算 10×10 点阵排列的等光强多光束,GSW 算法在多光束的衍射效率、光强均匀度和迭代次数等方面都表现出色。计算 10×10 点阵排列的等光强多光束,各算法理论上的最优性能如表 5.1 所示。

理论上各算法可以达到很好的效果,但在实际实验中由于光路误差、硬件误差等因素,往往达不到这么好的效果。

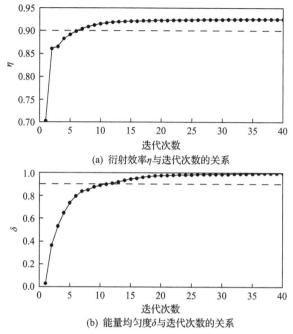

(a) 衍射效率η与迭代次数的关系

(b) 能量均匀度δ与迭代次数的关系

图 5.5　GSW 算法获得的 η 和 δ 与迭代次数的关系[9]

表 5.1　算法理论上的性能总结[9]

算法	衍射效率	能量均匀度	迭代次数
GS	0.94	0.6	30
GSW	0.93	0.99	30

5.2　基于图像反馈的二维多焦点调控方法

5.2.1　基于图像反馈的二维多焦点调控原理

传统 GS 算法是一种傅里叶变换迭代算法,也是一种开环算法,如图 5.3 所示。只能通过设定有限的迭代次数得到与目标相近的图案。在多光束加工中,对光束之间的均匀性要求非常高,因此在实际使用中,由于光路中各种误差的影响,传统 GS 算法很难满足要求。

为此,本节提出如图 5.6 所示的基于图像反馈的 GS 算法(简称 GS 反馈算法),对实际的目标多光束利用 CCD 相机采集其能量分布,利用图像处理算法,计算出每个光束的能量,再进行整体分析,然后与理想的多光束能量分布进行比较,将各个光束能量的复合差值代入循环迭代计算中,通过多次实时图像的反馈,可以逐渐逼近理想情况。

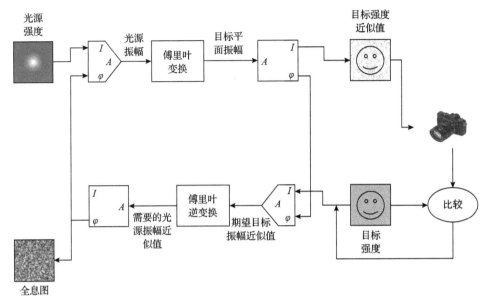

图 5.6　基于图像反馈的 GS 算法流程

在成像空间中，同样是寻找 $\phi_h\left(x_h, y_h\right)$，使得 $\left(\mathrm{FT}\left(\exp\left(\mathrm{i}\phi_h\right)\right)\right)^2 = I_t\left(x_i, y_i\right)$。从随机相位 φ_r 和恒定单位振幅的全息图平面开始。对于第一个迭代步骤，全息图平面的光场为

$$\phi_{h,1} = \exp\left(\mathrm{i}\varphi_r\right) \tag{5.14}$$

在第一次反馈迭代时，对成像空间中的光场，入射光振幅替换为目标振幅 A_t 与相机反馈振幅 A_c 的加权值 $B_{t,1}$，$B_{t,1} = A_t + \Delta\left(A_t - A_{c,1}\right)$；对于第 k 次迭代，$B_{t,k} = B_{t,k-1} + \Delta\left(A_t - A_{c,k}\right)$，成像空间的光场为

$$\Phi_{i,k}'' = B_{t,k}\exp\left(\mathrm{i}\varphi_{i,k}\right) \tag{5.15}$$

所得到的光场通过傅里叶逆变换传播回全息图平面，得到

$$\Phi_{h,k}'' = \mathrm{IFT}\left(\Phi_{i,k}''\right) \tag{5.16}$$

接下来保持相位不变，将其幅值置 1，得到

$$\varphi_{h,k+1} = \arg\left(\Phi''_{h,k}\right) \tag{5.17}$$

$$\Phi_{h,k+1} = \exp\left(i\varphi_{h,k+1}\right) \tag{5.18}$$

进入下一次循环，直至完成迭代。

　　每次迭代，都会对相机采集的图像结果进行分析，若迭代了 n 次，多光束的能量均匀性达到了目标要求，则所需的相位全息图表示为

$$\phi_{h,n} = \arg\left(\Phi_{h,n}\right) \tag{5.19}$$

　　可以看出，GS 反馈算法的迭代步骤大部分与传统 GS 算法相同，与传统 GS 算法不同的是，用于迭代的光场振幅不一样。在 GS 反馈算法中，根据相机探测到的成像空间的振幅 A_c 重新计算一个振幅 B_t，在成像空间中原本能量较低的点，在 B_t 中会增强，在成像空间原本能量较高的点，在 B_t 中会减弱，增强和减弱的程度由公式中的权重 Δ（$\Delta \in (0\sim1)$）决定。GS 反馈算法流程如图 5.7 所示。

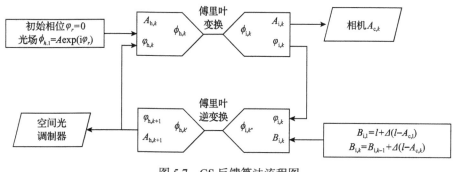

图 5.7　GS 反馈算法流程图

5.2.2　多光束数量实验

　　产生多光束的光路原理如图 5.8 所示，激光束出射后经半波片和分光棱镜调整为水平偏振，进行扩束后以小于10°的入射角照射在反射式纯相位调制空间光调制器上。空间光调制器近场的像通过由透镜 1 和透镜 2 组成的 4f 成像系统进行传递。透镜 2 后的翻转镜用于实现光路切换，当翻转镜抬起时，光束进入高倍物镜（f_2=20mm），可加工安装在三轴运动控制系统上的材料；当翻转镜放下时，光束通过衰减片和透镜（f_3=175mm）进入相机，编程调用相机进行图像采集，提取光束幅值后用于反馈迭代，计算全息图。

　　为验证算法、软件和系统可以得到不同数量的阵列多光束，分别设计了 4×4、5×5、6×6 的阵列多光束，采用 GS 反馈算法，计算得到对应的全息图，将全息图

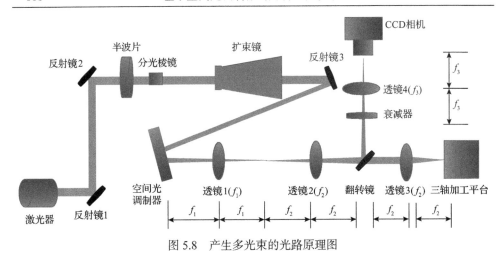

图 5.8　产生多光束的光路原理图

分别静态加载到空间光调制器，采用光斑分析仪进行观测，结果如图 5.9 所示。由图可以明显看到，目标多光束图样与设计多光束图样一致。

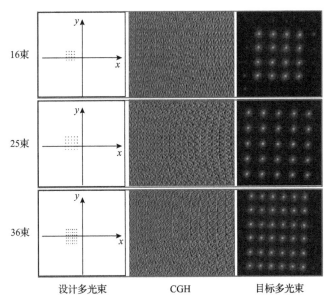

图 5.9　GS 反馈算法得到 4×4、5×5、6×6 的阵列多光束

1. 多光束能量均匀性结果

产生的多光束一方面要能够满足工业上对多光束数量的需求，另一方面，光束的能量均匀性需要达到一定程度，因此采用编写的软件做实验，对比了为得到 4×4、5×5、6×6、10×10 的阵列多光束采用传统 GS 算法与 GS 反馈算法所能达到

的均匀性实验。实验结果如表 5.2 所示，采用 GS 反馈算法得到的多光束能量均匀性明显优于传统 GS 算法，且均在 91%以上，能量均匀性满足工业上至少 90%的要求。

表 5.2　16、25、36、100 束阵列多光束采用不同算法得到的光束能量均匀度（单位：%）

光束数	传统 GS 算法	GS 反馈算法
4×4	79.4	95.2
5×5	77.8	94.3
6×6	77.65	92.3
10×10	70.31	91.9

2. 10×10 阵列多光束能量均匀性对比实验

多光束数量越多，能量均匀性相对会越低，为进一步验证 GS 反馈算法比传统 GS 算法确实更优，将采用传统 GS 算法与采用 GS 反馈算法计算出的 10×10 多光束全息图分别静态加载到空间光调制器，并使用光斑分析仪进行细节观察验证。得到的结果分别如图 5.10 和图 5.11 所示，GS 反馈算法得到的多光束光斑的一致性较传统 GS 算法要好。

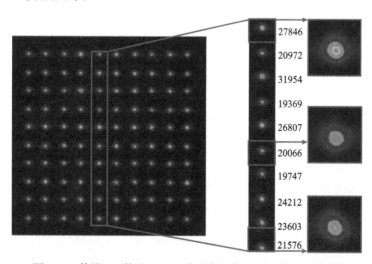

图 5.10　传统 GS 算法 10×10 阵列多光束 CCD 相机观测结果

任取其中 10 束光为例，分别测得每束光的总幅值，然后计算其均匀度，如表 5.3 所示。传统 GS 算法得到的多光束能量均匀度为 75.5%，而利用 GS 反馈算法得到的光束能量均匀度达到 93.7%。

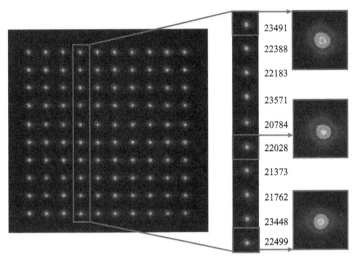

图 5.11　GS 反馈算法 10×10 阵列多光束 CCD 相机观测结果

表 5.3　10 束多光束总幅值

算法	相对总幅值										均匀度/%
传统 GS 算法	11.79	8.88	13.53	8.20	11.35	8.50	8.36	10.25	9.99	9.14	75.5
GS 反馈算法	10.51	10.02	9.93	10.55	9.30	9.86	9.56	9.74	10.49	10.05	93.7

3. 10×10 阵列多光束加工对比结果

在如图 5.8 所示的实验平台上, 将采用传统 GS 算法和 GS 反馈算法计算出来的 10×10 多光束全息图分别静态加载到空间光调制器, 对铝板样品进行薄孔加工(高倍物镜之后用功率计测得能量为 16μJ, 加工时长 1.5s), 并使用显微镜进行观察。图 5.12 为传统 GS 算法计算得到的 10×10 阵列多光束加工铝样品得到的结

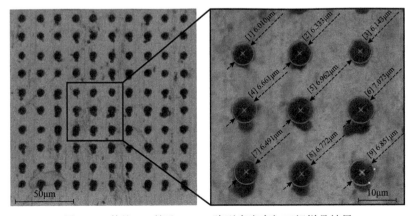

图 5.12　传统 GS 算法 10×10 阵列多光束加工铝样品结果

果。图左部可以清晰地看到 10×10 阵列薄孔, 但由于光束能量均匀度只有 70.31%, 一致性较差, 孔径和孔的圆度差异较大, 其中 9 孔的细节图样如图 5.12 右部所示, 由孔径衡量均匀度, 为 91.9%。

图 5.13 为 GS 反馈算法计算得到的 10×10 阵列多光束加工铝样品得到的全貌图样及部分细节。图左部同样可以清晰地看到 10×10 阵列薄孔, 因为光束能量均匀性较高, 所以孔径的一致性及孔的圆度较好, 其中 9 孔的细节图样如图 5.13 右部所示, 由孔径衡量均匀度, 为 96.2%。

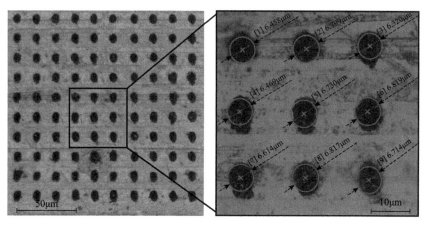

图 5.13　GS 反馈算法 10×10 阵列多光束加工铝样品结果

图 5.12 和图 5.13 中细节 9 孔具体薄孔直径如表 5.4 所示。

表 5.4　不同算法得到的 9 孔直径结果

序号	薄孔直径	
	传统 GS 算法	GS 反馈算法
1	6.010μm	6.458μm
2	6.333μm	6.799μm
3	6.143μm	6.320μm
4	6.661μm	6.469μm
5	6.962μm	6.730μm
6	7.073μm	6.819μm
7	6.491μm	6.614μm
8	6.772μm	6.817μm
9	6.851μm	6.714μm
均匀度	91.9%	96.2%

其中孔径均匀度定义为

$$u = 1 - \frac{d_{\max} - d_{\min}}{d_{\max} + d_{\min}} \tag{5.20}$$

式中，$d_{\max}$ 为 9 孔中的最大直径；$d_{\min}$ 为 9 孔中的最小直径。

基于以上研究可以得出：基于实时图像处理的 GS 反馈算法可以获得能量高均匀性分布的多光束，硬软件系统结合能够达到提高激光微加工效率及加工精度的目的。

本节设计多光束模式，利用软件系统计算全息图，进行了多光束数量实验，得到了多光束的能量均匀性结果，即 GS 反馈算法可以得到能量均匀度为 91% 以上的阵列多光束，且较传统 GS 算法优，然后对比了 10×10 阵列多光束，采用不同算法的结果，不论是 CCD 相机观测还是加工样品观测，目标图样都能复现出来，但不论是 CCD 相机测得的能量均匀性还是样品铝孔的一致性，采用 GS 反馈算法所得到的效果明显更好，且多光束能量均匀度能够达到工业上至少 90% 的要求。

基于实时图像处理技术和传统 GS 算法提出的 GS 反馈算法，每次计算全息图后，会对多光束的幅值进行一次评估，对幅值高于平均值的点进行削弱，对幅值低于平均值的点进行增强，形成了闭环反馈，比传统 GS 算法有更好的收敛特性，得到的多光束能量均匀度更优，均在 91% 以上。用 GS 反馈算法产生的相位全息图，分别静态加载到纯相位液晶空间光调制器上，均在远场成功复现，达到了预期的实验效果，证明了算法的有效性和系统的实用性。

5.3 三维空间多焦点调控方法

5.3.1 基于图像反馈的 3D-GS 算法原理

实现多光束技术的关键是得到对应的相位全息图，利用计算机全息图可以灵活控制出射激光束的数量、位置及焦点能量分布。产生全息图的算法主要分为迭代算法和非迭代算法。非迭代算法[11,12]是一次性计算出全息图，这种算法虽然运算速度快，但是衍射效率低，得到的多光束能量均匀性不高。迭代算法主要有遗传算法 (GA)[2]、直接搜索 (direct search, DS) 算法[4]、最优螺旋角 (optimal rotation angle, ORA) 算法[13]以及 GS 算法[14]等。传统迭代算法一般基于理想光路，但实际光路中，由于器件制造和安装误差，真实的结果与理想条件之间存在较大的误差，而本节利用 CCD 相机反馈真实位置处的结果，此结果包含了制造和安装等误差，因此将该结果进行反馈迭代，能够消除真实光路中的各种影响，可用于真实光路的加工。

为了得到三维多光束的光场分布,研究者多采用 3D-GS 算法这一经典的迭代算法。该算法可用于计算所需的全息图相位,通过空间光调制器从而在透镜的聚焦区域的相应位置产生期望的光场分布。具体在成像空间中,期望光场振幅定义为 $A_{tk,0}$。为了找到目标相位 $\varphi_{h,n}$,从随机相位 $\varphi_{h,0}$ 和恒定单位振幅 $A_{h,0}$ 的全息图平面开始。对于第一次迭代,全息图平面的光场分布为

$$U_{h,0} = A_{h,0} \exp(i\varphi_{h,0}) \tag{5.21}$$

在传统 3D-GS 算法中,对于第 n 次迭代,第 1 个目标平面(透镜后焦平面)的光场为

$$U_{t0,n} = \mathrm{FT}\big(U_{h,n}\big) \tag{5.22}$$

其复振幅分布为

$$U_{t0,n} = A_{t0,n} \exp\big(i\varphi_{t0,n}\big) \tag{5.23}$$

后焦平面上的光场分布经过菲涅耳衍射(FrT)得到第 k 个目标平面光场分布,菲涅耳衍射利用角谱(AS)算法[15]可以表示为

$$U_{tk,n} = \mathrm{IFT}\left(\mathrm{FT}\big(U_{t0,n}\big) \exp\left(i\frac{2\pi}{\lambda} z\Big[1 - \lambda^2\big(u^2 + v^2\big)\Big]\right)\right) \tag{5.24}$$

式中,λ 为入射光波长;z 为第 1 个目标平面与第 k 个目标平面在 z 轴方向的距离;u、v 为衍射面的空间频率。

第 k 个目标平面的光场为

$$U_{tk,n} = A_{tk,n} \exp\big(i\varphi_{tk,n}\big) \tag{5.25}$$

此处做收敛判断,判断期望光场振幅 $A_{tk,0}$ 与实际目标振幅 $A_{tk,n}$ 的差别是否小于预设阈值,若小于,则认为迭代收敛,输出目标相位 $\varphi_h = \varphi_{h,n}$;否则,令相位 $\varphi_{tk,n}$ 保持不变,用期望光场振幅 $A_{tk,0}$ 替换实际目标振幅 $A_{tk,n}$,对实际空间中的光场复振幅进行修正,得到

$$U_{tk,0} = A_{tk,0} \exp\big(i\varphi_{tk,n}\big) \tag{5.26}$$

修正后的光场通过菲涅耳逆衍射(IFrT)传播回第 1 个目标平面,得到

$$U_{t1,n} = A_{t1,n} \exp\left(i\varphi_{t1,n}\right) \tag{5.27}$$

再经过傅里叶逆变换回到全息图平面，得到

$$U_{h,n+1} = A_{h,n} \exp\left(i\varphi_{h,n+1}\right) \tag{5.28}$$

接下来保持相位不变，将振幅 $A_{h,n}$ 替换为恒定单位振幅 $A_{h,0}$，进行下一次循环，直至得到目标相位。传统的 3D-GS 算法计算流程如图 5.14 所示。

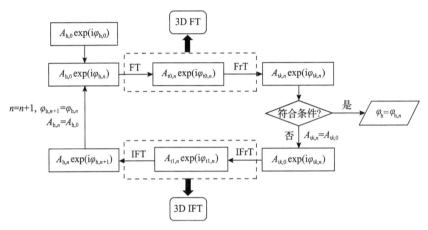

图 5.14　传统 3D-GS 算法计算流程图

图 5.14 虚线方框内表示 3D 傅里叶变换与 3D 傅里叶逆变换的过程，凸透镜的 3D 傅里叶变换关系如图 5.15 所示。位于凸透镜前焦面的全息图经过凸透镜发生傅里叶变换，得到后焦面(第 1 个目标平面)的光场分布，不同 z 轴位置的焦点通过后焦面发生菲涅耳衍射，从而得到偏离后焦面的目标平面的光场分布；不同目标平面的光场分布经过菲涅耳逆衍射回到凸透镜后焦面，再经过傅里叶逆变换回到全息图平面。可以明显看出，只要知道全息图平面与目标平面其中任意一个光场分布，就能通过 3D 傅里叶变换或 3D 傅里叶逆变换计算出另外一个。三维多光束相位全息图的计算公式为

$$\varphi_{\text{sum}} = \text{mod}_{2\pi}\left(\text{angle}\left(U_1 + U_2 + \cdots + U_k\right)\right) \tag{5.29}$$

式中，k 为目标平面数量；U_k 为第 k 个目标平面的复振幅。将三维多光束相位全息图加载至空间光调制器，经过 3D 傅里叶变换过程可以得到三维多焦点光束。但是传统的 3D-GS 算法往往容易陷入局部最值，得不到最优解，利用此算法得到的多焦点光束的焦斑能量分布均匀性较差。

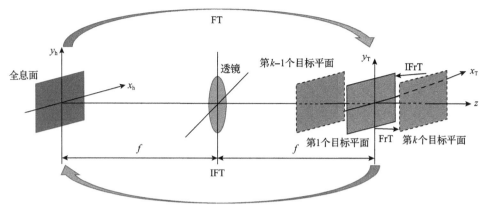

图 5.15 3D 傅里叶变换过程

为了提高多光束能量分布的均匀性，研究了一种改进的 3D-GS 算法，即反馈加权 3D-GS 算法。与传统的 3D-GS 算法相比，该算法利用 CCD 相机对菲涅耳衍射后的光场分布进行实时数据采集，然后将监测到的多焦点能量与位置信息传递给计算机，计算机程序通过对多光束相关参数信息进行及时处理，不断优化多光束的计算机全息图，从而得到高均匀性的三维目标多焦点光束。反馈加权 3D-GS 算法的流程如图 5.16 所示，在传统 3D-GS 算法的基础上，加入了 CCD 相机进行反馈调节。CCD 相机能够实时采集菲涅耳衍射后的光场分布信息，然后判断采集到的实际能量值 I_i 和实际位置坐标 P_i 是否满足预设匹配条件，若满足，则输出目标相位 $\varphi_h = \varphi_{h,n}$，预设匹配条件为

$$\Delta I_i = I_i - I_{i\text{-targ}} \tag{5.30}$$

$$\Delta P_{xi} = P_{xi} - P_{xi\text{-targ}} \tag{5.31}$$

$$\Delta P_{yi} = P_{yi} - P_{yi\text{-targ}} \tag{5.32}$$

$$\Delta I_i < I_\varepsilon \tag{5.33}$$

$$\Delta P_{xi} < P_{\varepsilon x} \tag{5.34}$$

$$\Delta P_{yi} < P_{\varepsilon y} \tag{5.35}$$

式中，I_i 为第 i 束激光的实际能量值；$I_{i\text{-targ}}$ 为第 i 束激光的期望能量值；P_{xi} 和 P_{yi} 分别为第 i 束激光在 x 轴和 y 轴的实际位置坐标；$P_{xi\text{-targ}}$ 和 $P_{yi\text{-targ}}$ 分别为第 i 束激光在 x 轴和 y 轴的期望位置坐标；ΔI_i 为第 i 束激光的实际能量值与期望能量值之间的能量偏差值；ΔP_{xi} 和 ΔP_{yi} 分别为第 i 束激光的实际位置坐标与期望位置坐标

在 x 轴和 y 轴的位置坐标偏差值；I_ε 为预设能量偏差阈值；$P_{\varepsilon x}$ 和 $P_{\varepsilon y}$ 为预设在 x 轴和 y 轴的位置坐标偏差阈值。

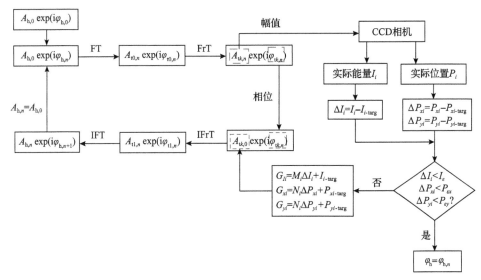

图 5.16　反馈加权 3D-GS 算法流程图

否则，根据能量偏差值和位置坐标偏差值对目标光场进行修正，然后继续进行迭代循环。具体修正公式为

$$G_{Ii} = M_i \Delta I_i + I_{i\text{-targ}} \tag{5.36}$$

$$G_{xi} = N_i \Delta P_{xi} + P_{xi\text{-targ}} \tag{5.37}$$

$$G_{yi} = N_i \Delta P_{yi} + P_{yi\text{-targ}} \tag{5.38}$$

式中，M_i 为第 i 束激光的能量权重系数；N_i 为第 i 束激光的位置坐标权重系数；G_{Ii} 为第 i 束激光束修正后的能量值；G_{xi} 和 G_{yi} 分别为第 i 束激光修正后在 x 轴和 y 轴的位置坐标值，i 的取值范围为 $[1, h]$，h 为激光束的总数。

将修正后的目标平面光场振幅与菲涅耳衍射后的相位相结合继续进行迭代循环，直到得到满足要求的目标相位。利用此算法，可以得到期望的多光束数量和位置，并且能够对多光束的能量均匀性进行实时优化。

5.3.2　空间三维多焦点调控实验

1. 实验系统与装置

为了验证利用反馈加权 3D-GS 算法实现高均匀性三维多焦点的可行性，搭建了如图 5.17 所示的实验光路系统。由于 CCD 相机只能检测到二维平面上的光场分布，因此将 CCD 相机固定在一个线性平移载物台（导轨）上，通过移动载物台，从而改变相机位置，可以观察到空间光调制器加载目标三维结构相位全息图（由所提出的算法迭代计算所得）后所产生的三维空间内三维多焦点不同平面的光场分布。

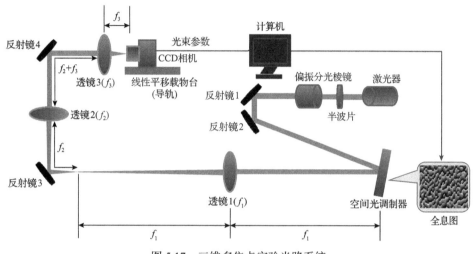

图 5.17　三维多焦点实验光路系统

偏振分光棱镜将原始激光束调制为水平偏振光与垂直偏振光，半波片与偏振分光棱镜相结合可以调节激光束的功率，再利用反射镜使水平偏振光入射到空间光调制器。通过空间光调制器加载全息图对入射光束进行调制，另外对于空间光调制器，它的入射光与反射光之间的夹角要求小于 10°。光路采用透镜 1(f_1 =500mm)与透镜 2(f_2=300mm)组成 4f 成像系统，空间光调制器位于透镜 1 的前焦面，即透镜 2 的后焦面与空间光调制器分别位于 4f 成像系统的输出面和输入面。由于总光束直径超出了 CCD 相机瞳孔直径，因此利用透镜 3(f_3=75mm)聚焦光束，将光束聚焦至 CCD 相机内。

反馈过程中相机将实时采集到的光束参数信息传递给计算机，从而优化全息图，然后将优化后的全息图再次加载至空间光调制器进行反馈计算。

2. 目标三维多焦点结构模型

为验证通过反馈加权 3D-GS 算法生成的三维多焦点全息图加载至空间光调制器产生目标三维多焦点的可行性，设计了两种目标三维结构：一种是"多点少面"型，分别将由 47 个点组成的 H、B、U、T 四个字母放置在 4 个不同 z 轴平面上，它们的 z 坐标依次为 z_1=1380μm，z_2=740μm，z_3=100μm，z_4=-540μm，它们在二维平面上的具体点阵位置如图 5.18 所示；另一种是"多面少点"型，即将 15 个点组成的三维螺旋结构中的每个点分别放置在 15 个不同 z 轴平面，相邻两点之间的 z 间距为 550μm，其中第 8 个点位于 z=0 的平面。螺旋结构俯视图及三维模型如图 5.19 所示，其中螺距为 5120μm。

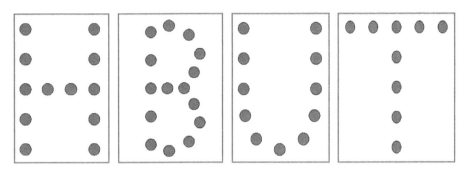

图 5.18　H、B、U、T 在二维平面内的点阵位置

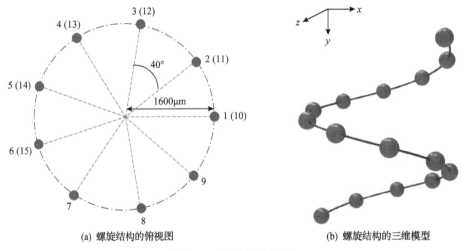

(a) 螺旋结构的俯视图　　　　　　　　　　(b) 螺旋结构的三维模型

图 5.19　螺旋结构模型

3. 实验结果

设置了关于不同 z 轴平面上期望三维结构的相关坐标参数，分别计算了反馈加权 3D-GS 算法与传统 3D-GS 算法计算情况下的三维多焦点光束的能量分布均匀度。结果显示，通过 CCD 相机反馈调节得到的目标三维结构全息图能产生高均匀度多光束。利用反馈加权 3D-GS 算法，经过多次反馈迭代计算，多光束的能量分布均匀度能达到最大值。

多光束的均匀度可以由相关反馈参数计算所得，对于 H、B、U、T 期望三维结构，通过反馈加权 3D-GS 算法，经过 20 次反馈迭代计算，三维目标多焦点均匀度达到最大值，此时计算机程序显示多光束最大均匀度的相关反馈参数如下所示：Max =1.037μJ，Min =0.967μJ，(Max–Min)/Mean×100% = 7%。其中 Mean= 1μJ，为焦斑预设期望平均能量值。已知(Max–Min)/Mean 值的情况下，可以利用式(5.39)快速粗略计算多焦点均匀度。通过多光束均匀度公式进一步计算焦斑能量分布的均匀度，均匀度计算公式为

$$U_1 = 1 - \frac{I_{\max} - I_{\min}}{2\text{Mean}} \tag{5.39}$$

$$U_2 = 1 - \frac{I_{\max} - I_{\min}}{I_{\max} + I_{\min}} \tag{5.40}$$

式中，$I_{\max}$、$I_{\min}$ 为三维多焦点中光斑强度的最大值与最小值，分别对应程序反馈参数中的 Max、Min。相关反馈参数的变化过程如图 5.20 所示。将通过传统 3D-GS 算法计算所得的目标多焦点均匀度的相关参数定义为反馈调节计算过程的第 0 次迭代，从变化图表中可以看出，从第 0 次反馈迭代计算开始，(Max–Min)/Mean 值快速下降，即多焦点均匀度提高，经过 20 次反馈迭代，4 个不同平面上 47 个衍射点的均匀度从最初的 47%提高到了最大值 96%。由于激光光源的不稳定性、CCD 相机移动过程中的晃动、光学设备本身存在的制造误差以及搭建光路实验系统时人为造成的光路系统误差等因素，光斑能量分布存在振荡情况。

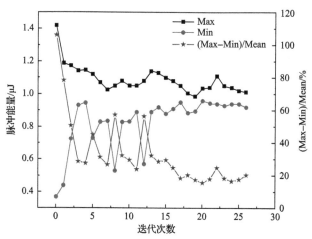

图 5.20　最大、最小脉冲能量与(Max–Min)/Mean 值随迭代次数变化曲线 1

通过 CCD 相机分别在 z_1 = 1380μm、z_2 = 740μm、z_3 = 100μm 和 z_4 = –540μm 位置检测到的 H、B、U、T 多焦点光场分布如表 5.5 所示。即通过线性平移载物台改变相机位置，从而使相机能够在 H、B、U、T 的各自焦平面位置检测到相应的目标光场分布，该光场分布是通过空间光调制器加载两种不同算法计算得到的目

标结构全息图再利用光路系统所产生的。需要指出的是，由于 CCD 相机放在 $4f$ 成像系统后面，激光通过 $4f$ 成像系统，物像坐标会产生翻转，所以用 CCD 相机采集到的多焦点分布与实际结构相比是翻转的结构，因此为了观察到正立的焦点分布，设置三维目标结构原始坐标时要按照翻转的像设置。

表 5.5　不同算法计算后的 H、B、U、T 多焦点光场分布对比

z 位置坐标	采用传统 3D-GS 算法计算的目标光场分布	采用反馈加权 3D-GS 算法计算的高均匀度目标光场分布
z_1=1380μm		
z_2=740μm	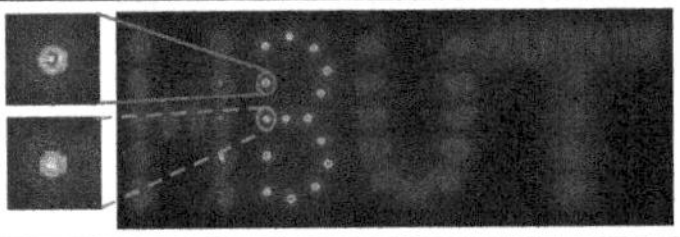	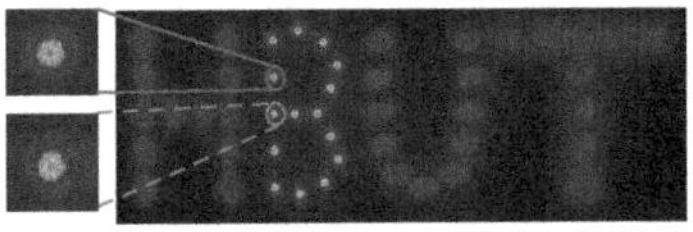
z_3=100μm	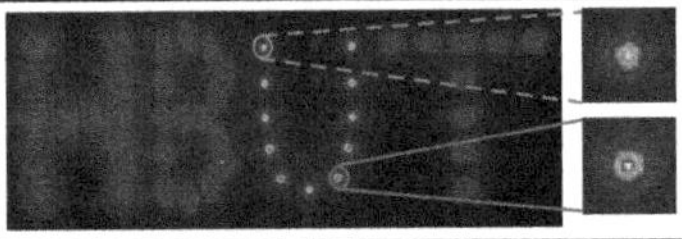	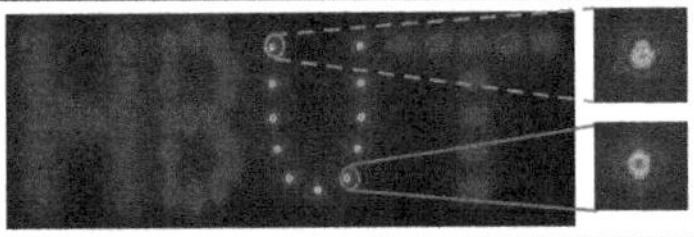
z_4=−540μm	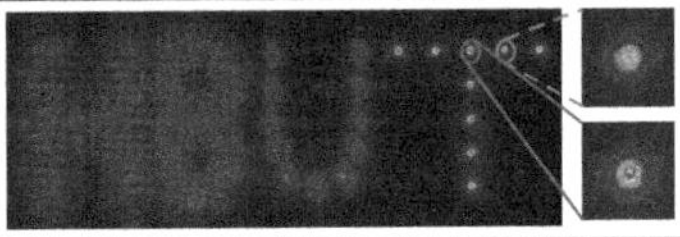	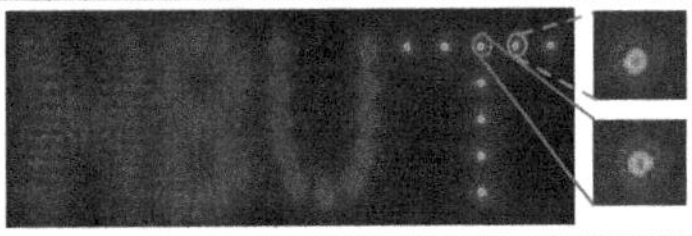

由表 5.5 可知，利用传统 3D-GS 算法计算所得的三维多焦点能量分布均匀性较差，存在一些过曝（表中已用实线标出）或强度不明显的光斑（表中已用虚线标出），并给出了相应光斑的放大图。利用反馈加权 3D-GS 算法，经过 20 次迭代反馈计算后多焦点能量分布均匀度达到 96%，给出了与传统 3D-GS 算法计算后光场分布的相同位置的光斑放大图。

同理，对于三维螺旋结构，通过反馈加权 3D-GS 算法，经过 5 次反馈迭代计算，三维目标多焦点均匀度达到较好的结果，此时 Max =1.047μJ，Min =0.927μJ，(Max−Min)/Mean×100% =12%。通过式(5.39)、式(5.40)计算焦斑能量分布的均匀度，计算结果表示目标多光束均匀度 U_b 达到了 94% 左右。

迭代计算过程中相关反馈参数的变化过程如图 5.21 所示。从变化图中可以看出，从第 0 次反馈迭代计算开始，(Max−Min)/Mean 值快速下降，即多焦点均匀度提高，经过 5 次反馈迭代计算，15 个不同平面上的 15 个衍射点的均匀度从最初的 47% 改善到了最大值 94%。由于多焦点数量大幅度减少，利用反馈加权 3D-GS 算法迭代计算过程中螺旋结构的光斑能量分布振荡幅度小于 H、B、U、T 的振荡幅度，达到多光束能量分布均匀度最大值所需的迭代次数也明显减少。

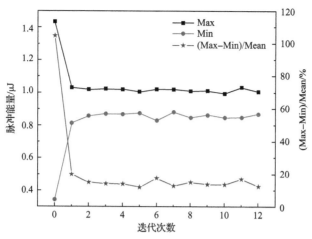

图 5.21 最大、最小脉冲能量与(Max–Min)/Mean 值随迭代次数变化曲线 2

利用 CCD 相机分别在 $z_1 = -3840\mu m$、$z_2 = -3291\mu m$、$z_3 = -2743\mu m$、$z_4 = -2194\mu m$、$z_5 = -1645\mu m$、$z_6 = -1096\mu m$、$z_7 = -548\mu m$、$z_8 = 0\mu m$、$z_9 = 548\mu m$、$z_{10} = 1096\mu m$、$z_{11} = 1645\mu m$、$z_{12} = 2194\mu m$、$z_{13} = 2743\mu m$、$z_{14} = 3291\mu m$ 和 $z_{15} = 3840\mu m$ 的 15 个不同 z 轴位置检测聚焦光斑能量分布，根据螺旋结构三维模型将对应位置的光斑进行填充，利用传统 3D-GS 算法与通过反馈加权 3D-GS 算法 5 次反馈迭代计算后的三维螺旋结构光斑能量分布情况如图 5.22 所示。由图 5.22 可知，通过传统 3D-GS 算法计算后的三维多焦点能量分布均匀性较差，如图5.22(a)所示，其中存在一些过曝或强度不明显的点；利用反馈加权 3D-GS 算法，经过 5 次迭代反馈计算后的多焦点能量分布均匀度达到 94%，高均匀度三维螺旋结构光斑能量分布如图5.22(b)所示。其中分别用实线圆圈和点画线圆圈标出了两种算法情况下的能量最大、最小光斑，并分别给出了各个光斑的具体光强值。

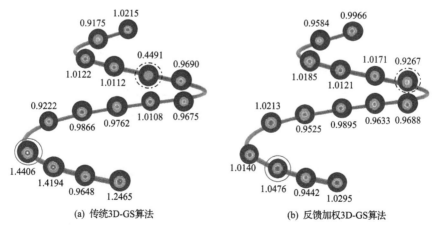

(a) 传统3D-GS算法　　　　　　　　(b) 反馈加权3D-GS算法

图 5.22 不同算法计算后的螺旋结构多焦点光斑能量分布情况及对应光强值(单位：μJ)

分别使用两种不同算法对两种不同期望三维结构重建光场多焦点能量分布均匀度的计算以及所得光斑能量分布情况的对比，由以上实验结果可知，反馈加权3D-GS算法对提高三维多焦点能量分布均匀度具有明显的效果。

5.4　焦线与多焦点共光路设计

利用贝塞尔光束的线焦特性进行激光加工，与高斯光束相比，贝塞尔光束具有极长的焦深，近年来在激光加工等领域引起了人们的广泛关注，且目前主要用轴锥镜产生贝塞尔光束，但这种方法只适用于轴向线加工的场合，当有不同方向和位置加工需求时，则难以满足，如在玻璃倒角加工中，如图 5.23 所示。目前还没有同时具备多焦点和线焦特性的加工系统和加工方法，图 4.24 中给出了产生轴向焦线的光路，图 5.17 为多焦点产生光路，这两个光路存在一定的差异。针对上述现有技术存在的缺陷，本节提出一种激光多焦点和焦线组合加工系统及加工方法，提高了反馈的可靠性，加工适应性更广，实现了焦线长度的可调性，还实现了焦线位置的可移动性。

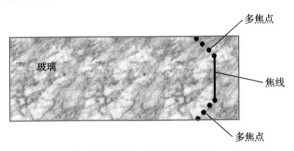

图 5.23　玻璃倒角多焦点与焦线组合加工示意图

利用空间光调制器模拟可变焦线透镜，由计算机程序生成由轴锥镜和菲涅耳透镜对应相位模型叠加而成的相位全息图，且将该全息图加载至空间光调制器上，通过改变轴锥镜和菲涅耳透镜参数，可以实现焦线长度和位置的调控。

通过空间光调制器加载多焦点全息图，得到多束激光束。利用 CCD 相机依次采集焦点在不同空间位置的所有激光束的参数信息。通过计算机程序对多焦点能量进行精准控制，在已有产生多光束的全息图的基础上，叠加具有焦点偏移功能的菲涅耳透镜相位全息图，组合成焦点可变的复合透镜全息图，将所述焦点可变的复合透镜全息图加载至空间光调制器上，根据每个焦点目标位置，调节菲涅耳透镜的参数，将对应激光束的焦点调节至 CCD 相机所在平面上，将对应焦点的能量采集反馈到计算机程序，形成闭环控制。

根据多焦点的目标位置和能量分布，逐次反馈迭代计算多焦点能量分布，直到各焦点的能量分布均达到预期的误差范围内，将此时的相位全息图固定并保存至计算机。若目标多焦点过多，则可将多焦点进行分组，分别保存这些多焦点全息图。将上述过程中的多焦点全息图加载至空间光调制器中，利用三维运动工作台进行加工。根据设计的多焦点数量，计算机依次加载对应的相位全息图至空间光调制器中，依次实现多组多焦点的准确加工。

根据焦线的加工需求，利用空间光调制器模拟焦线可变透镜，焦线可变透镜由轴锥镜和菲涅耳透镜组合而成，轴锥镜用于产生焦线，菲涅耳透镜用于移动焦线位置，两种透镜均由相位全息图模拟而成，将两种全息图进行叠加就可实现位置可变的焦线，改变轴锥镜和菲涅耳透镜的相位全息图参数，使得焦线的深度和位置满足加工要求，保存此时的焦线全息图至计算机。将上述过程中的焦线全息图依次加载至空间光调制器中，将在被加工样品内设定位置处进行焦线加工。根据实际加工需求，多焦点与焦线的加工顺序可以互换。

该技术实现了在同一光路系统中多焦点和焦线组合加工，这种加工系统和加工方法兼顾了多焦点和多焦线的优点，能够应用于现有激光加工难以满足的场合，加工适应性更广。利用空间光调制器，通过在多光束相位全息图上叠加不同参数的菲涅耳透镜，将不同焦面的焦点移动到 CCD 相机中，不但克服了利用机械运动方式进行反馈的运动误差和耗时长的缺点，还提高了反馈的可靠性。利用空间光调制器模拟焦线可变的透镜，综合了轴锥镜和菲涅耳透镜的优点，不仅实现了焦线长度的可调，还实现了焦线位置的可移动，如图 5.24 所示。

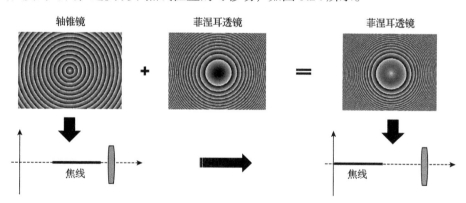

图 5.24　可变焦线透镜原理图

5.5　多焦点球差校正

利用空间光调制器生成的多焦点可用于半导体晶圆切割加工工序中。前面分析的多焦点技术是在空气介质中形成的，当将这些多焦点应用于半导体材料(Si、SiC 等)加工时，由于光在材料中的折射率与空气中的折射率不一样(折射率不匹配），激光入射到材料后聚焦锥的轴向射线和边缘射线收敛在不同的轴向位置，导致聚焦点的位置和形状发生变化，如图 5.25 所示，由于材料的折射率一般大于空气的折射率，实际的焦点将会移到更深的位置，且焦点沿着轴向被拉长。因此，在这类应用中，需要在全息图设计时考虑加入像差校正。

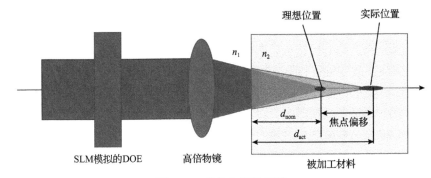

图 5.25　球差位置示意图

当进入球面透镜不同点的光线未聚焦到光轴的同一点时，就会发生球差（SA），对于高数值孔径（NA），球差非常明显。在物镜光瞳平面后，单位轴向位移的离焦相位可定义为

$$D_{n1}(r) = \frac{2\pi}{\lambda_0 f}\left(\sqrt{f^2 n_1^2 - r^2}\right) \tag{5.41}$$

式中，f 为物镜焦距；n_1 为空气中的折射率；λ_0 为空气中的波长；r 为极半径。当入射到折射率为 n_2 的材料中时，球差补偿函数为[16]

$$\begin{aligned}\phi_{SA}(r) &= D_{n1}(r) - D_{n2}(r) \\ &= \frac{-2\pi}{\lambda_0 f}\left(\sqrt{f^2 n_2^2 - r^2} - \sqrt{f^2 n_1^2 - r^2}\right)\end{aligned} \tag{5.42}$$

对物镜光瞳平面进行归一化处理有

$$\rho = \frac{r}{NA \cdot f} \tag{5.43}$$

式中，NA 为物镜的数值孔径。

$$\phi_{SA}(\rho) = \frac{-2\pi d_{nom}}{\lambda_0}\left(\sqrt{n_2^2 - (NA \cdot \rho)^2} - \sqrt{n_1^2 - (NA \cdot \rho)^2}\right) \tag{5.44}$$

式中，d_{nom} 为焦点的理论位置。消除离焦影响的球差相位函数为[17]

$$\hat{\phi}_{SA}(\rho) = \phi_{SA}(\rho) - \frac{\left\langle \phi'_{SA}, D'_{n2} \right\rangle}{\left\langle D'_{n2}, D'_{n2} \right\rangle} D_{n2} \tag{5.45}$$

式中，$\langle \cdot, \cdot \rangle$ 表示内积。

$$\phi'_{SA} = SA(\rho) - \frac{1}{N}\sum_{\rho} SA(\rho) \tag{5.46}$$

$$D'_{n2} = D_{n2}(\rho) - \frac{1}{N}\sum_{\rho} D_{n2}(\rho) \tag{5.47}$$

为了进一步分析，引入变量 s：

$$\frac{1}{s} = 1 + \frac{\left\langle \phi'_{SA}, D'_{n2} \right\rangle}{\left\langle D'_{n2}, D'_{n2} \right\rangle} \tag{5.48}$$

可求出球差补偿前的聚焦光斑位置为

$$d_{act} = \frac{d_{nom}}{s} = d_{nom}\left(1 + \frac{\left\langle \phi'_{SA}, D'_{n2} \right\rangle}{\left\langle D'_{n2}, D'_{n2} \right\rangle}\right) \tag{5.49}$$

消除离焦影响的球差相位函数进一步表示为

$$\hat{\phi}_{SA}(\rho) = \frac{2\pi d_{nom}}{s\lambda_0}\left(s\sqrt{n_1^2 - (NA \cdot \rho)^2} - \sqrt{n_2^2 - (NA \cdot \rho)^2}\right) \tag{5.50}$$

图 5.26 给出了 $n_1 = 1$、$n_2 = 3.515$、$\lambda_0 = 1064nm$、$NA = 0.75$ 且 d_{nom} 分别为 $100\mu m$、$200\mu m$、$300\mu m$ 时，归一化的球差校正相位全息图，利用这些图能补偿相应位置的球差影响。

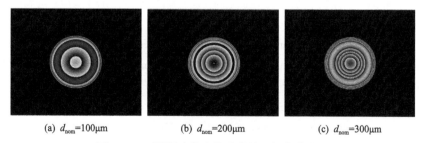

(a) $d_{nom} = 100\mu m$ (b) $d_{nom} = 200\mu m$ (c) $d_{nom} = 300\mu m$

图 5.26　不同深度焦点的球差校正相位全息图

参 考 文 献

[1] Mahlab U, Shamir J, Caulfield H J. Genetic algorithm for optical pattern recognition. Optics

Letters, 1991, 16(9): 648-650.

[2] Brooks S P, Morgan B J T. Optimization using simulated annealing. The Statistician, 1995, 44(2): 241-257.

[3] Yang G Z, Dong B Z, Gu B Y, et al. Gerchberg-Saxton and Yang-Gu algorithms for phase retrieval in a nonunitary transform system: A comparison. Applied Optics, 1994, 33(2): 209-218.

[4] Meister M, Winfield R J. Novel approaches to direct search algorithms for the design of diffractive optical elements. Optics Communications, 2002, 203(1-2): 39-49.

[5] Leach J, Wulff K, Sinclair G, et al. Interactive approach to optical tweezers control. Applied Optics, 2006, 45(5): 897-903.

[6] Gerchberg R. A practical algorithm for the determination of phase from image and diffraction plane pictures. Optik, 1972, 35: 237-246.

[7] Bengtsson J. Kinoform design with an optimal-rotation-angle method. Applied Optics, 1994, 33(29): 6879-6884.

[8] Thomson R R, Kar A K, Allington-Smith J. Ultrafast laser inscription: An enabling technology for astrophotonics. Optics Express, 2009, 17(3): 1963-1969.

[9] di Leonardo R, Ianni F, Ruocco G. Computer generation of optimal holograms for optical trap arrays. Optics Express, 2007, 15(4): 1913-1922.

[10] 杨亮. 基于空间光调制器的飞秒激光并行加工技术研究. 合肥: 中国科学技术大学, 2015.

[11] Zhu L W, Yang R, Zhang D W, et al. Dynamic three-dimensional multifocal spots in high numerical-aperture objectives. Optics Express, 2017, 25(20): 24756-24766.

[12] Kuang Z, Liu D, Perrie W, et al. Parallel diffractive multi-beam laser surface micro-structuring. Applied Surface Science, 2009, 255(13): 6582-6588.

[13] Bengtsson J. Kinoform design with an optimal-rotation-angle method. Applied Optics, 1994, 33(29): 6879-6884.

[14] 周源, 李润泽, 于湘华, 等. 基于液晶空间光调制器的光场调控技术及应用进展(特邀). 光子学报, 2021, 50(11): 9-40.

[15] Yu L F, Kim M K. Wavelength-scanning digital interference holography for tomographic three-dimensional imaging by use of the angular spectrum method. Optics Letters, 2005, 30(16): 2092-2094.

[16] Jesacher A, Booth M J. Parallel direct laser writing in three dimensions with spatially dependent aberration correction. Optics Express, 2010, 18(20): 21090-21099.

[17] Salter P S, Baum M, Alexeev I, et al. Exploring the depth range for three-dimensional laser machining with aberration correction. Optics Express, 2014, 22(15): 17644-17656.

第 6 章　光束整形方法

激光光束整形实质上是将激光器发出的高斯光束光强重新分配，得到所需光束形态以及能量分布的过程，同时光强均匀分布的平顶光束在现代工业制造以及科学研究中有着重要的研究及应用价值。

超快激光在材料加工中有着广泛的应用[1,2]。整形光束作为一种非常规光束，在超高功率激光装置中需求量很大[3,4]，且在高精度激光加工中有时比高斯光束更有优势[5-8]。空间光调制器作为一种可编程的衍射光学器件，可以灵活地调控光束的强度、相位和振幅等参数，因此许多研究人员将其应用于光束整形中[9-11]。

目前，一些研究人员已经尝试将不同光束整形技术应用于各种超快激光加工中。Thomson 等[12]利用可变形镜将整形后的超快激光用于光波导的刻写；Sanner 等[13]利用非像素化光学寻址光阀获得焦面处的平顶、圆环、正方形和三角形光束；Kuang 等[14]将特定形状的几何掩膜加载到空间光调制器上，成功地在像面上获得了相似形状的光束，并通过在空间光调制器之后放置灰度渐变几何掩膜和偏振分析器来改善强度均匀性[15]，他们还用两个并行处理的空间光调制器实现了多个形状的光束整形[16]。文献[17]和[18]提出的方法，整形光斑的均匀性及能量利用率取决于几何掩膜的尺寸，几何掩膜尺寸越大能量利用率越高，但是均匀性越差。只有在掩膜面积较小的情况下才能获得均匀性较好的平顶光束，但均匀性较好时，能量利用仅为 10%左右，能量利用率非常低。如何同时实现高能量利用率和高均匀性的整形方法是值得研究的内容。

6.1　光束整形方法概述

目前光束整形方法主要分为折射整形和衍射整形两大类。折射整形是通过折射器件利用等光程的原理对高斯光束的光强重新分配，从而获得光强均匀分布的目标区域的等光强分布，目前基于折射整形的方法有非球面透镜组系统、微透镜阵列系统和双折射透镜组系统；衍射整形是通过衍射元件利用光波的衍射原理改变高斯光束的相位分布，从而达到目标光强均匀分布的目的，目前衍射元件有传统的衍射光学元件(DOE)、新型的衍射元件空间光调制器。本书主要基于空间光调制器研究光束整形方法，因此下面简要介绍折射整形系统，详细介绍目前基于空间光调制器的光束整形方法。

6.1.1　折射整形方法

1. 非球面透镜组

1965 年 Frieden[19]首次提出利用如图 6.1 所示的非球面透镜组进行光束整形；2013 年 Feng 等[20]使用双自由曲面数值设计的方法进行光束整形，该方法同时考虑了输出光束的辐照度分布和波前，在使用变量分离法进行数值计算获得输入-输出光线映射关系后，可以同时逐点构造两个自由曲面。2016 年，彭亚蒙等[21]提出一种自由曲面透镜的设计方法，该方法可以对存在发散角的高斯光束进行光束整形。20 世纪 80 年代以前，受限于非球面透镜的加工水平，采用非球面透镜组进行光束整形的技术一度发展缓慢。近年来，随着加工技术的不断发展以及计算机仿真技术的不断完善，非球面透镜组光束整形技术也在不断进步。非球面透镜系统结构简单，能量转换效率高，适用于大功率激光束整形等，但是仅仅适用于单模激光束，因此应用场合受到了限制。

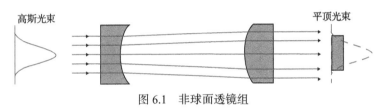

图 6.1　非球面透镜组

2. 微透镜阵列

为了解决入射光束为多模高斯光束的整形问题，2000 年，Dickey 等[22]提出了如图 6.2 所示的微透镜阵列系统。2020 年，周叶等[23]提出了采用柱面微透镜阵列的光束整形方法，该方法可以获得顶部能量均匀分布且长度可控的线光斑。微透镜阵列系统由微透镜阵列和聚焦透镜组成，入射高斯光束通过微透镜阵列后分为很多子光束，这些子光束经过傅里叶透镜聚焦在透镜后焦面组合起来。微透镜阵列系统对入射光束的模式不敏感，因此既适用于单模激光，也适用于多模激光束整形。但是存在能量损失较大的缺点，子光束阵列叠加带来的干涉影响还会影响平顶光束的能量分布。

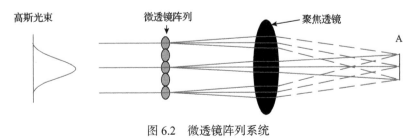

图 6.2　微透镜阵列系统

3. 双折射整形透镜组

劳伦斯利弗莫尔国家实验室提出了如图 6.3 所示的双折射整形系统，称为双折射透镜组系统[24]。该系统的优点在于透过率函数可以根据入射光束灵活控制，缺点是入射光束需要是线偏振光，同时透镜的加工难度很大。

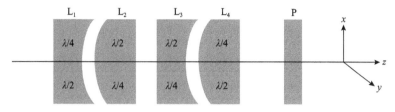

图 6.3　双折射整形系统

总体来说，双折射整形系统通常适用于大功率激光束整形，但是存在适用性差、透镜加工难度大等缺点。

6.1.2　衍射整形方法

DOE 是基于光波的衍射原理，通过计算机编码技术和集成电路制造工艺，在片基上刻蚀相位信息的衍射型元件[25]。DOE 由于具有体积小、衍射效率高、能够进行任意波前变换的特点，在光存储、光计算、激光束整形等领域得到了广泛应用。但 DOE 的缺点是不能进行实时的光束整形，当光学参数发生变化时只能重新制造 DOE。

液晶空间光调制器是一种实时、可编程控制的新型衍射光学元件[17,18,26,27]，通过控制液晶分子的偏转对激光束进行整形，分子的偏转与外加电场有关，利用计算机编码出相位全息图，加载到空间光调制器即可动态地控制液晶分子外加电场大小，从而实现实时的光束整形[28-31]。因此，空间光调制器不仅具有衍射效率高、能够进行任意波前变换的特点，同时还具备实时、可编程的特点，所以本节使用空间光调制器作为衍射光学元件进行光束整形。下面详细介绍基于空间光调制器的光束整形方法。

1. GS 算法

Gerchberg 和 Saxton 在 1972 年提出 GS 算法，通过傅里叶迭代不断使初始相位与目标相位靠近，最终获得目标相位的近似相位[32,33]。GS 算法用来解决光束整形问题的思路是，已知输入高斯光束和输出平顶光束的复振幅分布，经过傅里叶正逆变换循环迭代，循环至输出光束与目标光束之间差异不能再减小(收敛)时循环结束，此时输出的相位即所需的相位。

GS 算法的相位全息图及整形结果如图 6.4(a) 和 (b) 所示，虽然 GS 算法的能量利用率很高，但是光束均匀性很差，顶部受散斑噪声影响，能量分布非常不均匀。针对此问题，国内外许多学者展开了研究。

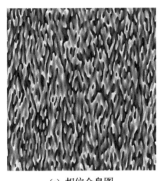 

(a) 相位全息图　　　　　　　　　　　　(b) 整形结果

图 6.4　GS 算法的相位全息图及整形结果

2009 年 Golan 等[34]提出了一种高速全息投影消除散斑的方法，该方法通过计算多幅全息图高速投影来降低散斑对比度，很好地抑制了散斑，但是对计算机的计算速度要求非常高，没有超级计算机支撑的情况下，很难达到抑制散斑的效果。2015 年 Chang 等[35]提出了一种双约束 GS 算法，采样点的振幅和相位同时被约束，散斑同样得到了抑制，但是能量利用率下降非常严重。

2016 年 Deng 等[36]指出这些散斑噪声产生的一部分原因是相邻采样点之间的破坏性干扰。在全息图设计中，只有振幅受到约束，相位总是随机的。由于全息图的孔径尺寸有限，这些点被扩展为相互重叠的斑点区域，相邻点之间会发生干涉，因此存在许多斑点噪声；另一原因是 GS 算法是一种局部搜索算法，当初始相位远离最优相位时输出相位会陷入局部最优，因此初始相位与最优相位越接近，输出相位也会与最优相位越接近。

2019 年 Pang 等[37]提出一种全局搜索最优初始相位进行 GS 迭代的算法，获得了均匀性及能量利用率都很高的圆形、方形平顶光束，由于该方法是基于全局搜索最优初始相位的方法，存在搜索过程漫长、运算量很大的缺点，并且整形结果的好坏依赖于初始相位的准确性。

基于 GS 算法有许多改进算法，这里不进行一一列举，总体来说抑制散斑会带来能量利用率的降低；寻找最优初始相位存在运算量大、搜索过程漫长等缺点。

2. MRAF 算法

为了得到均匀性很高的平顶光束，Pasienski 等[38]于 2008 年提出了 MRAF（mixed-region amplitude freedom）算法，MRAF 算法将目标光束区域分为信号区

（signal region, SR）和噪声区（noise region, NR），对信号区和噪声区施加不同的限制条件，以获得均匀性很高的平顶光束。图 6.5(a) 为 MRAF 算法的相位全息图，图 6.5(b) 为 MRAF 算法的整形结果，可以看出，信号区的光束分布很均匀，但是存在噪声区，造成大量的能量损耗。

(a) 相位全息图   (b) 整形结果

图 6.5　MRAF 算法的相位全息图及整形结果

3. 光栅掩膜法

2015 年 Kuang 等[14]提出了如图 6.6 所示的孔径光阑法，获得了三角形、圆形、方形等平顶光束，由于小孔存在衍射效应，因此结果周围存在许多杂散光。

(a) 方形光阑   (b) 孔径光阑法实验结果

图 6.6　孔径光阑法

2018 年作者所在课题组[39]提出了如图 6.7 所示的光栅掩膜法，在孔径光阑法的基础上于孔径外部增加闪耀光栅，该方法很好地解决了小孔的衍射效应，有效抑制了杂散光，获得了边缘陡峭的三角形、环形、正方形平顶光束。

光栅掩膜法基于孔径光阑法，借助空间光调制器实时、可编程的特点，由光栅和几何掩膜形成混合全息图，进行光束整形。与空间光调制器相结合，光栅掩膜法可以根据整形结果，实时调整光栅周期，提高整形质量，可以改变掩膜形状获得任意所需的光束形态。但是光栅掩膜法存在一些潜在的问题，由于掩膜内部

(a) 方形相位全息图　　　　　　　(b) 光栅掩膜法实验结果

图 6.7　光栅掩膜法

没有采取任何措施，获得光束顶部的能量分布实际仍为高斯分布，只有掩膜很小时看起来像平顶光束。

6.1.3　光束整形方法总结

上述光束整形方法对比归纳结果如表 6.1 所示，本书针对 GS 算法及 MRAF 算法不能同时保证光束能量利用率和光束均匀性的问题，将稳相法运用在光束整形技术上，获得了能量利用率及光束均匀性都很高的圆形、方形平顶光束。

表 6.1　光束整形方法对比

光束整形方法		优点	缺点
折射整形	非球面透镜组	结构简单，能量转换效率高，适用于大功率激光束整形	仅适用于单模激光束
	微透镜阵列	既适用于单模激光整形，也适用于多模激光束整形	能量损失较大，子光束阵列叠加带来的干涉会影响整形效果
	双折射整形透镜组	透过率函数可以根据入射光束灵活控制	入射光束需为线偏振光束，透镜加工难度较大
衍射整形	GS 算法	收敛速度快、迭代过程简单、能量利用率高	存在大量散斑噪声，均匀性不高
	MRAF 算法	信号区均匀性很高	分为噪声区和信号区，噪声区用光阑阻挡，能量利用率低
	光栅掩膜法	方法简单、边缘陡峭、状态良好，可获得任意形状的光束	均匀性不高

6.2　光束整形质量评价指标

对于平顶光束，评价输出光束整形质量的指标有能量利用率 η 及均匀度 δ，其中能量利用率 η 表示为

$$\eta = \frac{\iint I_{\text{out}} \mathrm{d}s}{\iint I_{\text{in}} \mathrm{d}s} \times 100\% \tag{6.1}$$

式中，$\iint I_{\text{in}} \mathrm{d}s$ 为入射光束光强分布的积分；$\iint I_{\text{out}} \mathrm{d}s$ 为整形区域光强分布的积分。光束均匀度 δ 可表示为

$$\delta = \left(1 - I_{\text{RMSE}}\right) \times 100\% \tag{6.2}$$

整形光束不均匀度 I_{RMSE} 定义为

$$I_{\text{RMSE}} = \sqrt{\frac{\sum\limits_{(u,v)\in S}\left(\dfrac{I(u,v)-\overline{I}}{\overline{I}}\right)^2}{n-1}} \tag{6.3}$$

式中，$I(u,v)$ 为取样区 S 中 (u,v) 的强度；$\overline{I}$ 为 S 中的平均光强；n 为 S 中的取样点数。I_{RMSE} 的值越小表示输出光束的均匀度越高。

6.3　几何稳相法光束整形

6.3.1　几何稳相法光束整形原理

图 6.8 为几何稳相法光束整形的理论模型，光束整形的实质是已知输入光束、输出光束光场分布，求解中间相位变化的过程，复振幅分布为 $U_{\text{in}}(x,y)$ 的高斯光束入射到空间光调制器，进行 $\varphi(x,y)$ 的相位调制后，经过傅里叶透镜进行傅里叶变换，于后焦面处聚焦，得到近似的复振幅分布为 $U_{\text{out}}(u,v)$ 的平顶光束，从而达到光束整形的目的，因此问题的关键就在于相位 $\varphi(x,y)$ 的计算。

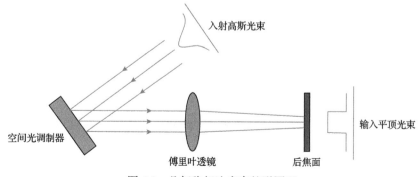

图 6.8　几何稳相法光束整形原理

根据菲涅耳衍射理论以及傅里叶透镜的变换性质[40-42]，可以建立入射光场复振幅 $U_{in}(x,y)$、调制相位 $\varphi(x,y)$ 与输出光场复振幅 $U_{out}(u,v)$ 三者之间的数学关系，数学表达式为

$$U_{out}(u,v) = \frac{1}{i\lambda f}\exp(ikf)\exp\left(i\frac{k}{2f}\left(u^2+v^2\right)\right)$$

$$\cdot \iint U_{in}(x,y)\exp(i\varphi(x,y))\exp\left(-i\frac{k}{f}(ux+vy)\right)dxdy \qquad (6.4)$$

式中，(x,y) 为空间光调制器处(前焦面)的物面坐标；(u,v) 为后焦面的像面坐标；λ 为入射高斯光束的波长；k 为波数。

根据波动光学理论，光场的光强由光场的复振幅决定，且与复振幅的平方成正比，因此可以根据输出光场的复振幅分布得到输出光场的光强分布与相位 $\varphi(x,y)$ 之间的数学关系，数学表达式为

$$I_{out}(u,v) = \left|U_{out}(u,v)\right|^2$$

$$= \frac{1}{(\lambda f)^2}\left|\iint U_{in}(x,y)\exp(i\varphi(x,y))\exp\left(-i\frac{k}{f}(ux+vy)\right)dxdy\right|^2 \qquad (6.5)$$

由式(6.5)可知，输出目标光束的光强由输入光束的波长 λ、透镜焦距 f、输入光束复振幅 $U_{in}(x,y)$ 以及调制相位 $\varphi(x,y)$ 四个参数共同决定。在输入光束及透镜确定已知的条件下，求解出调制相位 $\varphi(x,y)$ 即可得到近似的目标输出光束的光强。求解调制相位 $\varphi(x,y)$ 的方法主要有数值近似法以及迭代算法。本节采用数值近似法中的几何稳相法求解调制相位 $\varphi(x,y)$。下面详细介绍用几何稳相法求解式(6.5)的过程。

6.3.2 几何稳相法求解调制相位

几何稳相法是用来计算形式符合式(6.6)积分表达式的数值近似法，当被积函数迅速振荡时，只有在稳相点附近的积分对积分结果有贡献，其余部分积分都趋近于零。纯相位调制技术的积分表达式符合几何稳相法对积分形式的要求，再根据方形平顶光强分布的数学特性，即可得到调制相位 $\varphi(x,y)$ 的微分或偏微分方程。通过求解方程，进一步调制相位的近似数学表达式。几何稳相法由 Lord Kelvin 首次运用于光学积分近似运算，随后由 G. N. Watson 和 J. Focke 进行了详细的数学证明得以完善。几何稳相法适用的积分表达式为

$$u = \int g(z)\exp(ikf(z))dz \qquad (6.6)$$

式中, $g(z)$ 和 $f(z)$ 的数学表达式与 k 的取值无关, 并且 k 本身取值很大。为了使得被积函数中指数因子的振幅是常数, 需要选择虚部 $f(z)$ 是常数的积分路线, 从而使得相位部分迅速振荡, 使得积分路线中只有稳相点附近才对积分结果占据主要作用。选择积分路线为自 z_0 处开始某一稳相点沿 $f(z)$ 虚部为常数, 且到无穷远处都不与其他稳相点重合的积分路线, 此时复杂的积分运算即可转变成普通数学运算, 式 (6.6) 积分渐近近似为

$$U = \sqrt{-\frac{\pi}{2kf''(z_0)}} g(z_0) \exp(-\mathrm{i}\pi/4) \exp\left(\mathrm{i}kf(z_0)\right) \tag{6.7}$$

观察式 (6.5) 可知, 式 (6.5) 的积分部分符合式 (6.6) 的特征, 因此可用几何稳相法来求解调制相位。方形、圆形调制相位具体求解过程如下。

1. 方形调制相位求解过程

由于方形的特殊数学特性, 输出光束光场分布既可以使用超高斯模型, 也可以使用几何模型来表示, 为了方便计算, 可以采用几何模型来表示, 方形目标光强的边长为 $2L$, 将输出光场的 u、v 分离, 可得

$$I_{\mathrm{square}}(u,v) = I_{\mathrm{square}}(u)I_{\mathrm{square}}(v) \tag{6.8}$$

$$I_{\mathrm{square}}(s) = \begin{cases} 1, & |s| \leqslant L \\ 0, & \text{其他} \end{cases} \tag{6.9}$$

由于入射光场 $U_{\mathrm{in}}(x,y)$ 的 x 和 y 也是可分离的, 可变换成

$$U_{\mathrm{in}}(x,y) = U_{\mathrm{in}}(x)U_{\mathrm{in}}(y) \tag{6.10}$$

$$\exp\left(\mathrm{i}\varphi(x,y)\right) = \exp\left(\mathrm{i}\varphi(x)\right)\exp\left(\mathrm{i}\varphi(y)\right) \tag{6.11}$$

因此根据式 (6.9) ～式 (6.11) 可对式 (6.5) 做以下数学变形:

$$I_{\mathrm{square}}(s) = \mu \left| \int U_{\mathrm{in}}(t) \exp\left(\mathrm{i}\frac{k}{f}\left(\frac{f}{k}\varphi(t) - st \right) \right) \mathrm{d}t \right|^2 \tag{6.12}$$

式中, $(s,t)=(u,x)$ 或 (v,y), 为了保证输入与输出的能量守恒, 引入能量守恒因子 μ。

将式 (6.12) 与几何稳相法需满足的积分类型即式 (6.6) 对比, 发现其满足几何稳相法的使用条件, 因此通过几何稳相法将式 (6.12) 近似为

$$I_{\text{square}}(s) \approx \frac{\pi\mu}{2}\frac{U_{\text{in}}^2(t)}{\varphi''(t)} \tag{6.13}$$

在运用几何稳相法的过程中，存在隐式

$$\phi'(t) = \frac{k}{f}s \tag{6.14}$$

入射光束为高斯光束，其复振幅用下列数学表达式表示为

$$U_{\text{in}}(x,y) = \exp\left(-\frac{x^2+y^2}{2\omega_0^2}\right) \tag{6.15}$$

根据能量守恒定律，可得到能量守恒因子 μ 的数学表达式为

$$\mu = \frac{2L}{\sqrt{\pi}\lambda f\omega_0} \tag{6.16}$$

根据方形输出光束的定义式(6.9)及式(6.10)、入射光束复振幅定义式(6.6)、能量守恒因子 μ、输出光强几何稳相法的近似式(6.14)，可以列出如下关于调制相位 $\varphi(x,y)$ 的二阶微分方程：

$$\varphi''(t) = \frac{\sqrt{\pi}L}{\lambda f\omega_0}\exp\left(-\frac{t^2}{\omega_0^2}\right) \tag{6.17}$$

求解该微分方程可得

$$\varphi(t) = \frac{\sqrt{\pi}L}{\lambda f}\left(\frac{\sqrt{\pi}t}{2\omega_0}\text{erf}\left(\frac{t}{\omega_0}\right) + \frac{1}{2}\exp\left(-\frac{t^2}{\omega_0^2}\right) - \frac{1}{2}\right) \tag{6.18}$$

$$\text{erf}(q) = \frac{2}{\sqrt{\pi}}\int_0^q \exp\left(-p^2\right)\mathrm{d}p \tag{6.19}$$

至此，方形调制相位 $\varphi(x,y)$ 用几何稳相法求解完毕，即

$$\varphi(x,y) = \varphi(x) + \varphi(y) \tag{6.20}$$

2. 圆形调制相位求解过程

圆形平顶光束的光场分布用几何模型在笛卡儿坐标系的表达式为

$$I_{\text{circle}(u,v)} = \begin{cases} 1, & \sqrt{u^2 + v^2} \leqslant R \\ 0, & \text{其他} \end{cases} \tag{6.21}$$

与方形同理，入射光束光场分布、调制相位和圆形输出光束的光场分布为

$$I_{\text{circle}}(u,v) = \mu \left| \iint U_{\text{in}}(x,y) \exp\left(-\mathrm{i}\frac{k}{f}(ux+vy)\right) \mathrm{d}x\mathrm{d}y \right|^2 \tag{6.22}$$

式 (6.22) 同样满足几何稳相法使用条件，用几何稳相法对式 (6.22) 进行近似积分运算可得

$$I_{\text{circle}}(u,v) \approx 4\pi^2 u \frac{U_{\text{in}}^2(x,y)}{J(x,y)} \tag{6.23}$$

$$J(x,y) = \frac{\partial^2 \phi(x,y)}{\partial x^2}\frac{\partial^2 \phi(x,y)}{\partial y^2} - \frac{\partial \phi(x,y)}{\partial x \partial y} \tag{6.24}$$

$$\mu = \frac{R^2}{\lambda^2 f^2 \omega_0^2} \tag{6.25}$$

式 (6.24) 中参数较多，难以直接求解，因此需要将 (x,y) 从直角坐标系转换到柱坐标系，其中 $r^2 = \left(x^2 + y^2\right)\big/\omega_0^2$，则式 (6.24) 可改写为[42,43]

$$J(x,y) = \frac{1}{r}\frac{\partial^2 \phi(r)}{\partial r^2}\frac{\partial \phi(r)}{\partial r} \tag{6.26}$$

求解该偏微分方程可得圆形平顶光束调制相位的表达式为

$$\varphi(r) = \frac{4\sqrt{\pi}\omega_0 R}{\lambda f}\int_0^r \sqrt{1 - \exp\left(-\rho^2\right)}\,\mathrm{d}\rho \tag{6.27}$$

6.3.3　编码相位全息图

求解出来的调制相位 $\varphi(x,y)$ 需要编码成相位全息图才能加载到纯相位液晶空间光调制器进行光束整形，设置的流程如图 6.9 所示。

首先设置式 (6.18) 的各个参数，然后在空间光调制器平面建立物平面 (x,y) 坐标系，根据能量守恒因子 μ 建立像平面 (u,v) 坐标参考系，输入求解出来的调制相位 $\varphi(x,y)$ 进行数值运算，将运算出的相位矩阵 256 阶离散化成灰度矩阵，得到调制相位全息图。图 6.10 (a) 和 (b) 分别为方形和圆形输出光束对应的相位全息图。

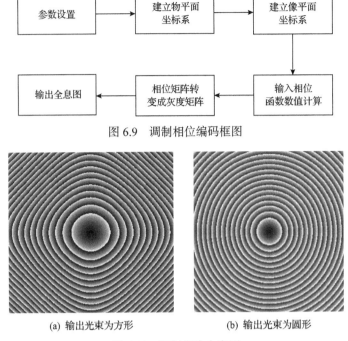

图 6.9　调制相位编码框图

(a) 输出光束为方形	(b) 输出光束为圆形

图 6.10　调制相位全息图

　　将相位全息图加载到空间光调制器，通过透镜进行傅里叶变换，即可在透镜的后焦面获得所需的平顶光束。

6.3.4　仿真模拟

　　为了检验几何稳相法在理想系统下的整形效果，进行了圆形平顶光束、方形平顶光束的模拟仿真实验，通过傅里叶变换，计算出理想系统下输出平顶光束的光强分布。当输入光束为如图 6.11 所示的理想高斯光束时，模拟仿真结果如表 6.2 所示。

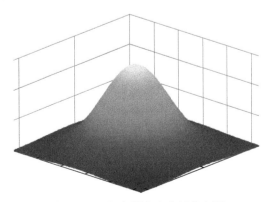

图 6.11　理想高斯光束光场分布图

表 6.2　几何稳相法光束整形仿真结果

仿真结果	方形	圆形
相位全息图		
光束表面轮廓		
剖面强度曲线		
光束均匀度/%	98.3	98.6
能量利用率/%	98.9	98.7

　　表 6.2 的第二行给出了进行仿真实验的圆形、方形相位全息图，方形、圆形输出光束的表面轮廓如第三行所示。第四行给出了输出光束的剖面强度曲线，可以看出几何稳相法光束整形输出光束的强度曲线边缘陡峭，并且顶部能量很均匀。根据式(6.1)、式(6.2)给出的能量利用率、光束均匀度的计算方法，计算出了理想系统下几何稳相法光束整形的能量利用率及光束均匀度，结果如表 6.2 第六、五行所示，几何稳相法光束整形技术在理想系统下输出光束的能量利用率及光束均匀度都在 98%以上。但是理想系统下的结果只具有参考意义，实际整形系统存在诸多因素会影响实际的光束整形质量，例如，实际输入的高斯光束与理想的高斯光束存在差异、空间光调制器的衍射性能、实际透镜的傅里叶变换能力、光束整形系统存在像差等因素都会对实际整形结果产生影响，因此还需要在实际光束整形系统下进行光束整形实验，对比分析实际系统下的整形结果与理想系统下的整形结果。

　　在表 6.3 中，仿真结果与实验结果进行了对比，输出观察表 6.3 第三行可知，方形、圆形输出光束实验结果的光束表面轮廓上存在亮点，这个点是零级光。观察剖面强度曲线可知，零级光对输出光束的能量分布影响很大。实验结果的能量利用率为 91%左右，与仿真结果 98%左右的能量利用率相差 7 个百分点左右，这部分能量损耗主要是由空间光调制器的衍射效率引起的，属于不可避免的系统误差。由于零级光会影响输出光束均匀性，实验结果中圆形、方形输出光束的均匀度在 83%

左右，与仿真结果 98%光束均匀度相差较大，因此需要分析零级光产生的原因。

表 6.3　几何稳相法光束整形实验结果与仿真结果对比

结果	仿真结果		实验结果	
整形形状	方形	圆形	方形	圆形
相位全息图				
光束表面轮廓				
剖面强度曲线				
光束均匀度/%	98.3	98.6	83.9	83.2
能量利用率/%	98.9	98.7	91.3	91.2

1. 零级光移除方法

对于实验结果中出现的零级光，可以通过叠加闪耀光栅直接移除，几何稳相法获得的调制相位 φ 与闪耀光栅相位 φ_{blazed} 叠加的表达式如下：

$$\varphi_2 = \text{mod}_{2\pi}\left(\varphi + \varphi_{\text{blazed}}\right) \tag{6.28}$$

相位叠加结果如图 6.12 所示。

图 6.12　叠加闪耀光栅

2. 移除零级光的实验结果

表 6.4 展示的是移除零级光后的实验结果，并与不移除零级光的实验结果进

行了对比。移除零级光后输出光束的均匀性得到显著改善，方形输出光束的均匀度为 97.2%，圆形输出光束的均匀度为 96.8%，理想系统下的光束均匀度非常接近。由于零级光无法从根本上避免，只能移除，因此能量利用率的降低是不可避免的，移除零级光后，圆形、方形输出光束的能量利用率分别为 72.5%和 72.3%。尽管与理想系统下的能量利用率有所差异，但 72%的能量利用率相比组合光栅掩膜法已经很高了。

表 6.4　移除零级光与不移除零级光的实验结果对比

实验结果	移除零级光		不移除零级光	
整形形状	方形	圆形	方形	圆形
相位全息图	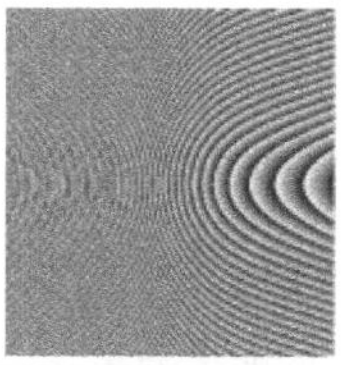		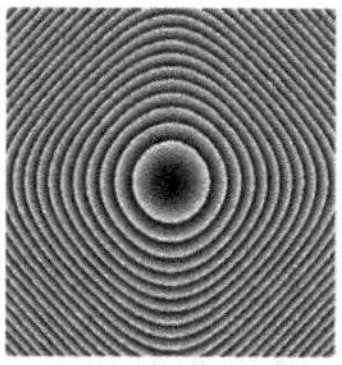	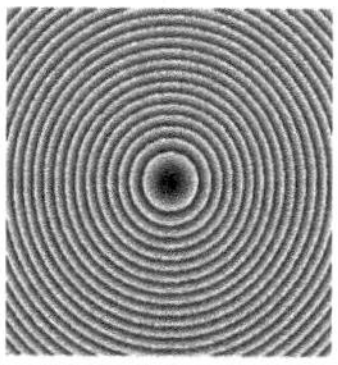
光束表面轮廓			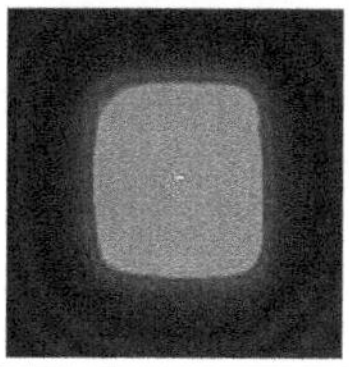	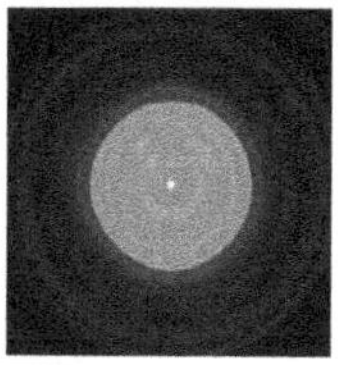
剖面强度曲线	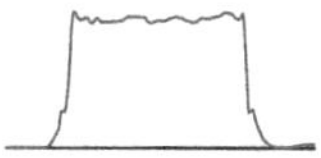	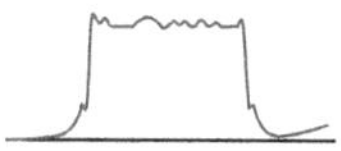	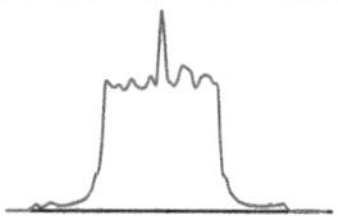	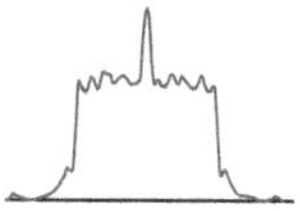
光束均匀度/%	97.2	96.8	83.9	83.2
能量利用率/%	72.3	72.5	91.3	91.2

6.3.5　影响几何稳相法光束整形质量的因素分析

上述实验结果是经过若干次实验，寻找到最优参数，才呈现出来的最佳结果。在寻找最优参数的过程中，总结了三个会影响几何稳相法光束整形质量的因素，分别是全息图与入射光束重合度、离焦及入射光束束腰半径。接下来将从这三个方面，结合实验现象展开分析。

1. 全息图与入射光束重合度对整形质量的影响

全息图加载到空间光调制器时，默认在液晶表面的中心，因此入射光束也需要在空间光调制器中心。图 6.13 为入射光束与全息图错位时的输出光斑能量分布图，入射光束与全息图中心重合时，输出光斑能量才是对称分布的，当入射光束偏离全息图中心时，输出光束的能量分布也会随入射光束偏离。例如，入射光束在全息图左侧时，输出光斑就会呈现左边能量高、右边能量低的能量分布。

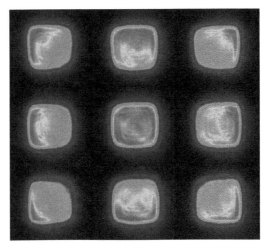

图 6.13　入射光束与全息图错位时输出光斑的能量分布

因此，在搭建几何稳相法光束整形实验平台时，需要将入射光束调整至空间光调制器液晶表面中心，从而避免输出光斑能量分布不对称的问题。

2. 离焦对几何稳相法光束整形质量的影响

根据图 6.8 几何稳相法光束整形原理，高斯光束在空间光调制器进行相位调制后，经过透镜进行傅里叶变换，会在透镜的后焦面获得平顶光束。而在实验过程中，通常无法准确找到焦平面所在位置，因此本小节给出离焦时输出光束的变化规律，结果如图 6.14 所示。

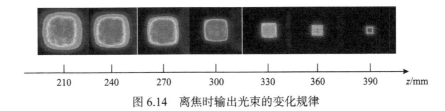

图 6.14　离焦时输出光束的变化规律

在图 6.14 中，z 轴坐标表示该平面与透镜的距离，实验采用焦距为 300mm 的透镜，因此 z=300mm 处为焦平面。观察图 6.14 可总结出离焦时输出光束的变化规律为：在焦平面左边，输出光束顶部能量逐渐凸起，并且光斑尺寸变大；在焦平面右边，输出光束顶部能量逐渐下凹，并且光斑尺寸逐渐变小。

在实验过程中，可根据离焦时输出光束的变化规律，准确快速地找到焦平面所在位置。

3. 入射束腰半径不准确对整形质量的影响

几何稳相法光束整形的全息图是根据入射光束的束腰半径来计算的，当计算全息图的束腰半径与实际入射束腰半径相匹配时才能达到理想的整形效果。当实际入射束腰半径为 3.6mm，计算全息图的束腰半径从 3.0mm 变化到 4.2mm 时，输出光束的表面轮廓与剖面强度曲线如表 6.5 所示。

表 6.5　入射束腰半径不匹配对整形质量的影响

整形质量	束腰半径				
	3.0mm	3.3mm	3.6mm	3.9mm	4.2mm
光束表面轮廓					
剖面强度曲线					

观察表 6.5 的第二行可知，计算全息图的束腰半径从 3.0mm 变化到 4.2mm 时，输出光束顶部能量呈现由下凹逐渐分布均匀，再从分布均匀到凸起的变化规律，第三行剖面强度曲线的变化更为直观。在实验过程中，可将输出光束的能量分布与表 6.5 第三行对比，从而判断计算全息时的束腰半径与实际束腰半径的大小，然后有方向地调整计算全息图时的束腰半径，使之准确而快速地与实际束腰半径相匹配，从而得到最佳的整形效果。

6.4　光栅掩膜法光束整形

6.4.1　光栅掩膜法光束整形原理

根据液晶光栅的衍射特性与空间光调制器的调制原理，设计出如图 6.15 所示的混合全息图。该混合全息图由两部分组成，分别为二元光栅和几何掩膜。二元光栅包括两个不同的灰度等级（2π 的相位调制深度对应的灰度等级为 210），将这两个灰度等级分别设置为 $G_1=0$，$G_2=105$，以达到 π 相位转换的要求。几何掩膜区域为光束整形区域，可以为任何形状，这里以方形为例。将几何掩膜的灰度设置为 0，不产生相位延迟，在加载到纯相位平行排列的向列型液晶空间光调制器上后，该区域的作用与反射镜一致。将入射光束设置为水平偏振，光束在经过空间光调制器反射后被衍射为多束光。

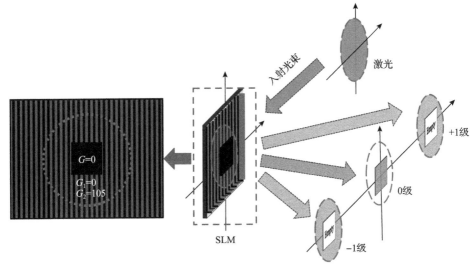

图 6.15　混合全息图的整形原理图

在各级光束中，能量主要分布在±1 级和 0 级光中。其中±1 级光为非整形光，需要进行分离，通过在光路中加入窄缝遮挡去除。0 级光中包含两部分，一部分为几何掩膜区域反射的高斯光束中心能量分布较为均匀的光束，这部分光束能量分布均匀，近似于平顶光，为整形光束。另一部分 0 级光是由于空间光调制器内部结构限制，导致二元光栅的衍射效率降低，从而产生了部分 0 级光。这部分 0 级光为非整形光束，同时无法去除，若能量较高则会影响整形光束的质量。但非整形 0 级光的大小与光栅的周期和种类有关，通过调节参数可以有效地将这部分光束能量降低，使其强度远远低于材料的损伤阈值，不影响整形光束的质量。

为了获得高斯光束中心区域能量分布均匀的部分，将混合全息图中的几何掩膜设置为 2mm×2mm。在通向 CCD 相机的 4f 成像系统中，平凸透镜 1 和平凸透镜 3 的焦距均为 f=1000mm，因此相机中检测到的整形光束大小与混合全息图中的几何掩膜大小一致。为了研究二元光栅周期 T 对整形光束的影响，以方形的几何掩膜为例，进行了不同周期的实验。图 6.16 为不同周期下二元光栅的整形实验效果图。混合全息图中的二元光栅周期分别取 T 为 160μm、320μm、400μm 和 500μm，在 CCD 相机中观察到的光束成像效果，且在抛光不锈钢样品上的加工结果如图 6.16 示。入射光束作用在空间光调制器上的单脉冲能量为 25μJ，作用时间为 0.5s 即 5000 个脉冲。

当 T=160μm 时，CCD 相机中观测到的方形平顶光斑能量分布均匀，光束轮廓清晰且背景散射极低。随着二元光栅周期 T 的增加，衍射角度减小，部分±1 级的衍射光无法被窄缝完全去除，与 0 级光重合在一起，导致如图 6.16 所示的干涉现象。为了定量地分析二元光栅周期对整形光束质量的影响，引入局部能量比 ξ 这一概念[44]，其测量计算原理如图 6.17 所示。

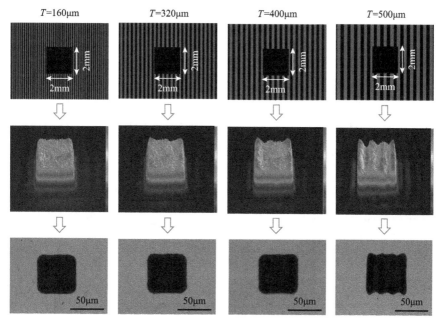

图 6.16　不同周期下二元光栅的整形实验效果图

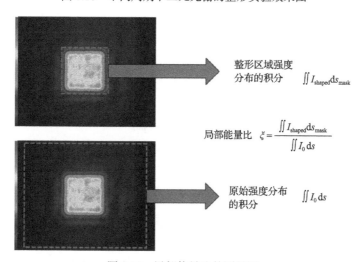

图 6.17　局部能量比的测量图

局部能量比 ξ 的计算公式可以表示为

$$\xi = \frac{\iint I_{\text{shaped}} \mathrm{d}s_{\text{mask}}}{\iint I_0 \mathrm{d}s} \tag{6.29}$$

式中，$\iint I_0 \mathrm{d}s$ 为在 A'' 处测量得到的原始光强度分布的积分。局部能量比 ξ 代表光束质量，ξ 越高，光束质量也就越好。如图 6.18 所示，当二元光栅周期从 120μm 上升到 500μm 时，局部能量比 ξ 也发生了相应的变化，由 72% 上升到 85%。这意味着在当前区域范围内，整形光束区域与非整形光束区域之间有着十分明显的分界。同时，本书利用纯相位的混合全息图获得的整形光束的局部能量比 ξ 要远大于通过调整入射光束的振幅获得整形光束。当二元光栅周期上升到 320μm 后，局部能量比 ξ 基本保持不变，这是由于高阶光没完全去除影响到了整体的效率。对比二元光栅周期 160μm 和 320μm，前者的局部能量比要比后者低 7%。但是在 4f 成像系统的频谱面上，周期 160μm 时 +1 级光与 0 级光之间的距离是周期 320μm 对应距离的 2 倍。综合考虑衍射角度与局部能量比的影响，二元光栅周期选取 160μm 作为最优参数。此时，+1 级光与 0 级光在窄缝处的距离为 5mm，且局部能量比高达 77.67%。

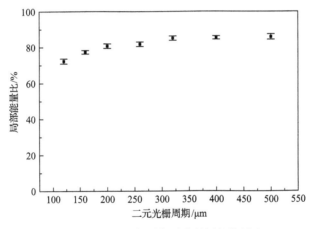

图 6.18　二元光栅周期对应的局部能量比

6.4.2　整形光束的成像范围

入射光束在经过空间光调制器后，会在空间光调制器近场形成整形光束的像，经过 4f 成像系统的传递后会在成像面 A' 上对整形光束进行重塑。整形光束的重塑范围对加工有重大影响，范围越大越利于加工。由于透镜 1 和透镜 2 之间的焦距不同（f_1=1000mm，f_2=30mm），在光束的传递过程中产生了球面像差，导致在透镜 2 之后整形光束不能始终保持整形后的形状。为了测量整形光束的重塑成像范围，在抛光不锈钢样品上进行了方形平顶光束的加工实验。在样品上加工出的消融痕迹是在靠近成像面不同位置产生的。如图 6.19 所示，光斑在 Δ=0.3mm 的平面上并不是理想的整形光束形状，伴随有变形现象产生。随着距离的增加，光束形状成功地重塑并且光束尺寸维持在 55μm。但在 $\varDelta$=-0.4mm 平面上，光束再次发生了变形。实验结果表明，整形光束的理想轮廓可以在成像面 0.5mm（0.2～-0.3mm）范围内重塑。

图 6.19 方形平顶光束在成像面 A' 不同距离处的加工结果

6.4.3 高质量整形光束的动态转换

如图 6.20 所示，通过在空间光调制器上加载不同的混合全息图，位于成像面 A'' 处的 CCD 相机可以观察到圆形的高斯光束被整形为环形、三角形、五边形和六边形的平顶光束。同时在位于加工面 A' 处的抛光不锈钢表面上也加工出了相应的消融痕迹。

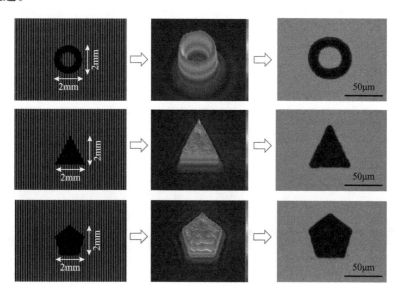

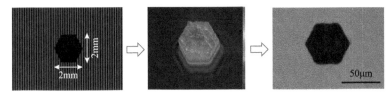

图 6.20　CCD 相机检测的不同整形光束形状及在抛光不锈钢表面上的加工效果

图 6.21 显示了分别利用混合全息图和简单的小孔(光阑法)进行光束整形的实验结果对比。利用多形态的物理小孔代替空间光调制器，产生不同的形状如三角形、五边形、六边形。实验发现，利用小孔形成的光束具有严重的边缘衍射效应，而用混合全息图产生的光束可以有效地减少这种效应并呈现均匀的平顶强度分布。

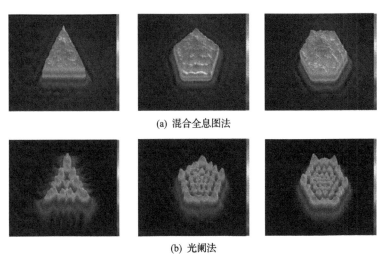

(a) 混合全息图法

(b) 光阑法

图 6.21　整形效果对比

图 6.22 显示了利用四张全息图(三角形、方形、五边形及六边形)的循环切换实现整形光束动态转换的过程。入射光束作用在空间光调制器上单脉冲能量为 40μJ。由于液晶装置固有的刷新率低，当前的动态加工速率被限制为 25Hz。如果采用高速 MEMS(微机电系统)类型的空间光调制器，则可以实现更高的动态加工速率。

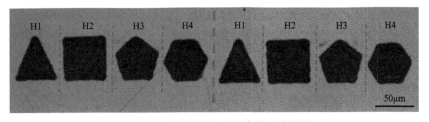

图 6.22　不同形态整形光束的动态转换

6.4.4　不同光栅对整形光束质量的影响

为了研究不同光栅对整形光束质量的影响，将混合全息图中的二元光栅替换为闪耀光栅和正弦光栅。利用相同的实验系统，分别得到如图 6.23 和图 6.24 所示的整形结果。入射光束的单脉冲能量均为 25μJ，单次加工时间为 0.5s。

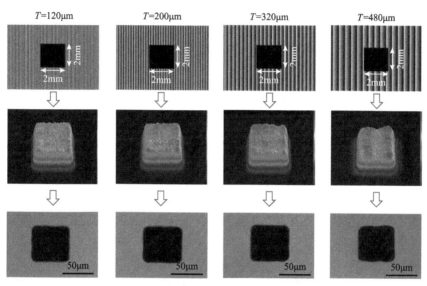

图 6.23　不同周期下闪耀光栅的整形实验效果图

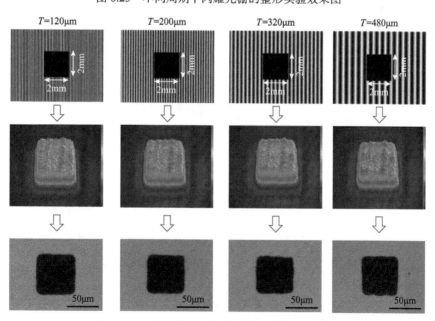

图 6.24　不同周期下正弦光栅的整形实验效果图

将图 6.16、图 6.23 和图 6.24 相互对比可知，采用不同的光栅均可以实现对光束的整形，但整形效果却不一致。随着周期的增大，整形光束都会受到高阶光的影响而发生变形。从整体效果上来看，采用闪耀光栅获得的光束质量明显优于采用二元光栅得到的整形光束质量，而正弦光栅的光束质量最差。为了进一步分析光束的均匀性问题，以光束均匀性 RMSE（均方根误差）来衡量光束的一致性，其表达式为

$$\text{RMSE} = \frac{1}{E_\eta} \sqrt{\frac{1}{A_\eta^i} \iint \left(E(x,y) - E_\eta \right)^2 \text{d}x\text{d}y} \tag{6.30}$$

式中，E_η 为有效平均功率/能量密度；$E(x,y)$ 为目标区域功率/能量密度；A_η^i 为目标区域面积。光束均匀性 RMSE 同样代表着光束的质量，RMSE 越小，光束的均匀性越高。根据实验结果分别作出三种光栅整形结果的局部能量比 ξ 与光束均匀性 RMSE 随周期变化的曲线图，如图 6.25 和图 6.26 所示。从图 6.25 中可以看出，在较小的光栅周期下，利用闪耀光栅和纯掩膜组成的混合全息图就可以获得极高的局部能量比。这是由于相同周期下，闪耀光栅的衍射效率要高于二元光栅和正弦光栅。闪耀光栅的刻槽面与光栅面不平行，两者之间存在闪耀角，使得单个刻槽面衍射的中央极大和诸槽面间干涉零级主极大分开，将光能量转移并集中到某一级光谱上去，实现该级光谱的闪耀[44]。当闪耀光栅周期为 120μm 时，其对应的局部能量比达到最高 91.86%。由于闪耀光栅的衍射级能量主要集中在 +1 级光中，而二元光栅衍射级能量主要集中在 ±1 级光中，因此在光路系统的窄缝处，闪耀光栅的衍射级更加容易去除。从图 6.26 中可以看出，此时光束的均匀性 RMSE 达到最低值 0.039，因此在混合全息图的设计中，以周期为 120μm 的闪耀光栅作为最优结果。

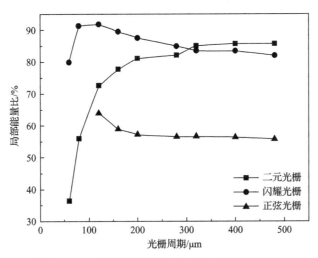

图 6.25　三种光栅随周期变化对应的局部能量比

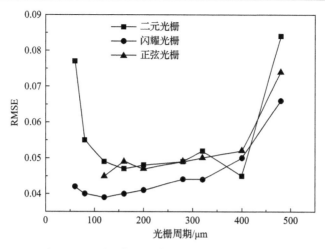

图 6.26 三种光栅随周期变化对应的光束均匀性

6.5 组合光栅掩膜法光束整形

6.5.1 组合光栅掩膜法实验分析

组合光栅掩膜法实验装置如图 6.27 所示。激光束经过衰减器、定时器快门和半波片后，以 10° 入射进空间光调制器并反射至透镜 1 上。两个焦距不同的正透

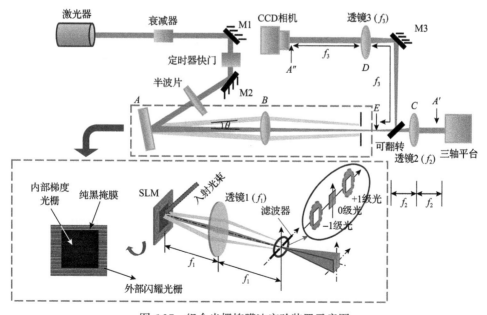

图 6.27 组合光栅掩膜法实验装置示意图

镜 1 和 2 构成 4f 成像系统。在透镜 2 后焦平面 A′ 处安装三轴平台，将抛光的不锈钢样品安装在工作台表面，进行激光加工；在光阑后放置分束镜，使光束通过透镜 3，与透镜 1 组成另一个 4f 成像系统，在 A″ 面上放置 CCD 相机，观察光束形状。加载在空间光调制器上的混合全息图由预期形状的几何掩膜和不同种类的光栅组合而成。激光束经过空间光调制器后，被分成零级光束和非零级光束（±1 级，±3 级，…），非零级光束被光阑阻挡，零级光束将形成预期的形状。

在图 6.27 中，假设入射光为高斯光束，若空间光调制器中加载全黑全息图，则相当于一个反射镜，输出光束强度分布将保持高斯分布，如图 6.28(a) 所示。由轮廓可知，高斯光束由 a、b、c、d 四个部分组成，b 区域为预期的平顶光束。若将所需几何掩膜设置为零灰度等级，并利用掩膜与外部闪耀光栅（external blazed grating，EBG）相结合的方法，则 c 和 d 部分可以被闪耀光栅衍射并被光阑阻挡，如图 6.28(b) 所示。该方法可增大光束边缘强度分布的陡度，从而改变光束形状，但此种方法产生的整形光束边缘陡度较高，且均匀性会随着掩膜尺寸的增加而变差，能量利用率较低。因此，为了提高能量利用率和光强分布的均匀性，在几何掩膜与外部闪耀光栅相结合的基础上，在掩膜内部加入渐变光栅（internal gradient grating，IGG），用于改变入射光的能量分布，将光束中心高能部分 a 分布到周围形成平顶，如图 6.28(c) 所示，从而提高能量利用率，获得边缘陡峭、均匀度高的整形光束。

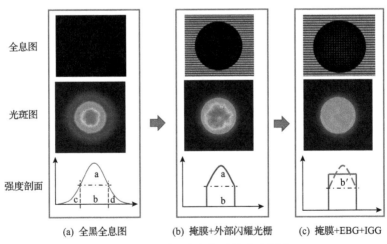

(a) 全黑全息图　　　　(b) 掩膜+外部闪耀光栅　　　(c) 掩膜+EBG+IGG

图 6.28　不同相位全息图整形示意图

6.5.2　外部光栅的影响

由图 6.28 的整形原理可知，外部光栅的作用是将期望的光束形状外部的能量衍射到非零级上（±1 级,±3 级,…），零级光为需要保留的部分，在外部光栅的作用下，零级光将会形成陡峭的边缘。为了便于非零级光被光阑拦住，需要将零级光和非零级光分开，因而需要选择合适的衍射角度，如图 6.29 中 θ 所示；同时为了最大限度地提高能量利用率，即提高零级光的能量占比，需要选择合适衍射效率的光栅。

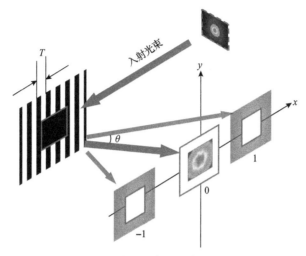

图 6.29　外部光栅的衍射示意图

1. 衍射角度

根据光栅的衍射特性，可知衍射角 θ 和入射角 α 有如下关系：

$$T(\sin\alpha + \sin\theta) = m\lambda \tag{6.31}$$

式中，m 为衍射级次；T 为光栅周期。由式（6.31）可进一步推导出如下关系：

$$\theta = \arcsin\left(\frac{m\lambda}{2} - \sin\alpha\right) \tag{6.32}$$

在实际光路中，α 为定值（一般小于 10°），由式（6.32）可以看出，衍射角 θ 将随光栅周期 T 的改变而变化，为了将零级光和非零级光分开，需要选择合适的 T 值。

2. 衍射效率

外部光栅常可用正弦光栅、二元光栅和闪耀光栅，这些光栅的衍射公式如表 6.6 所示[45-47]。

在前期的研究中，比较了三种光栅不同周期对衍射效率的影响规律[47]，并结合衍射角的限制条件，发现闪耀光栅作为外部光栅效果综合性能最好，因此在实验中外部光栅选用闪耀光栅。

表 6.6　外部光栅衍射效率对比

类型	m 级衍射效率公式
正弦光栅	$\eta_{\text{s-}m} = J_m^2\left(\dfrac{q}{2}\right)$，J 为贝塞尔函数，$q$ 为振幅
二元光栅	$\eta_{\text{b-}m} = \text{sinc}^2\left(\dfrac{m\pi}{2}\right)$
闪耀光栅	$\eta_{\text{g-}m} = \text{sinc}^2\left(\dfrac{m\pi}{g}\right)$，$g$ 为步数

6.5.3　内部光栅的影响

使用外部光栅可以获得任意形状的整形光束，但由于掩膜内部光强呈高斯分布，仅使用外部光栅无法改善掩膜内部的能量分布。掩膜尺寸越大，整形光束的均匀性越差。为了改善掩膜内部能量分布，考虑在几何掩膜内部加载渐变光栅，可以采用以下两种。

1. 渐变二元光栅(IGBG)

由于空间光调制器的可编程性，其模拟的数字二元光栅可以实现多参数的改变。图 6.30 为不同灰度等级的二元光栅特性，图中的 h_1、h_2 和 h_3 的灰度等级分别为 38、127 和 166，对于相位调制型的空间光调制器，不同灰度等级对应不同的相位值。

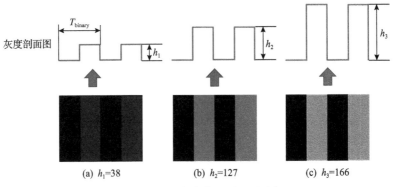

(a) $h_1=38$　　　　　　(b) $h_2=127$　　　　　　(c) $h_3=166$

图 6.30　不同灰度等级的二元光栅

图 6.31(a)为高斯光束剖面强度轮廓。将高斯光束分为 I、II、III 和 IV 四部分。部分 IV 是预期的平顶光束，部分 II 和 III 通过闪耀光栅衍射去除，并被滤波器阻挡。在灰度等级 0~127 范围内，灰度越高，衍射能量占比越大，而第一部分是高斯能量分布区域，可以通过灰度高斯渐变二元光栅去除。

灰度渐变二元光栅的剖面相位轮廓如图 6.31(b)所示，相位变化呈高斯分布，

灰度高斯渐变二元光栅的灰度函数可表示为

$$f(r) = \left(I_{\max} - I_{\text{flat}}\right)\exp\left(-\frac{r^2}{\sigma^2}\right) + C \tag{6.33}$$

式中，$I_{\max}$ 为入射高斯光束的峰值强度；I_{flat} 为期望平顶光束的强度；r 为几何掩膜的半径；σ 和 C 为实验确定的参数。

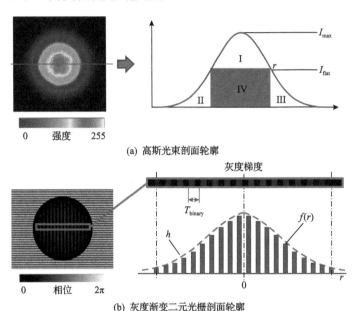

(a) 高斯光束剖面轮廓

(b) 灰度渐变二元光栅剖面轮廓

图 6.31　高斯光束及灰度渐变二元光栅的剖面轮廓

2. 渐变正交光栅(IGOG)

使用二元光栅，能量可以衍射到非零级，其能量只会在一维的方向上衍射开，但这种方法不能实现能量在二维方向上的扩散，而正交光栅具有将能量向二维平面衍射的能力。图 6.32(a) 和(b) 分别为正交光栅和渐变正交光栅全息图，图 6.32(c) 为入射光经过正交光栅后的衍射情况，可以发现，中心能量被分成多个部分，其中除中心零级外，有 8 个是一级的。因此，采用正交光栅可以改善整个平面的能量分布。

正交光栅的相位表达式为

$$\varphi(x,y) = \begin{cases} h, & 0 \leqslant x \leqslant \dfrac{T_x}{2}, 0 \leqslant y \leqslant \dfrac{T_y}{2}, \varphi(x) = \varphi\left(x + T_x\right) \\[2mm] 0, & \dfrac{T_x}{2} < x \leqslant T_x, \dfrac{T_y}{2} < y \leqslant T_y, \varphi(y) = \varphi\left(y + T_y\right) \end{cases} \tag{6.34}$$

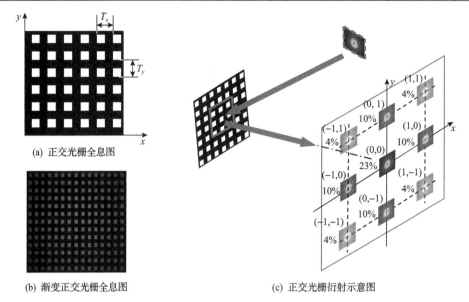

(a) 正交光栅全息图

(b) 渐变正交光栅全息图

(c) 正交光栅衍射示意图

图 6.32 正交光栅及其衍射示意图

式中，T_x 和 T_y 分别为 x 和 y 方向的光栅周期。图 6.32(c) 中零级光的衍射强度可用 $I_0 = \cos^2\left(\dfrac{h}{2}\right)$ 进行计算，另外 8 个衍射光的强度分别如下：

$$I(\pm 1, \pm 1) = \left(\frac{2}{\pi}\sin\left(\frac{h}{2}\right)\right)^2 \left(\frac{2}{\pi}\sin\left(\frac{h}{2}\right)\right)^2 \tag{6.35}$$

$$I(0, \pm 1) = I(\pm 1, 0) = \left(\frac{2}{\pi}\sin\left(\frac{h}{2}\right)\right)^2 \cos^2\left(\frac{h}{2}\right) \tag{6.36}$$

同样，为了将几何形状内部高斯分布的能量进行均匀化处理，需要设计成渐变的光栅，如图 6.32(b) 所示，其渐变包络曲线也可采用式 (6.33) 进行描述。通过寻找能够改变能量分布的最佳 T_x、T_y、h 和 $f(r)$，可以使整形光束获得较高的均匀度和能量利用率。

6.5.4 实验结果与分析

为了验证所设计组合光栅的整形质量，进行了对比实验。整形光斑的形状为六边形，利用四种方法，即 GS、EBG-only、EBG+IGBG 和 EBG+IGOG 分别设计了四种类型的相位全息图，如图 6.33 所示。

在空间光调制器上分别加载了用不同方法生成不同横向尺寸的六边形掩膜全息图，其中掩膜图形大小为 d =1mm、2mm、3mm 和 4mm，横向尺寸 d 如图 6.33(b)

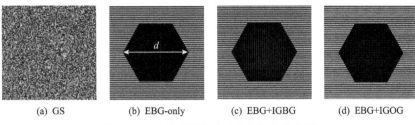

| (a) GS | (b) EBG-only | (c) EBG+IGBG | (d) EBG+IGOG |

图 6.33　四种不同方法对应的相位全息图

所示，掩膜外部光栅均采用台阶数为 $g=16$ 的闪耀光栅。同时，加载利用 GS 算法生成相应四种尺寸的六边形全息图，进行光束整形实验，并将结果与组合光栅掩膜法进行对比。GS 算法的相位全息图为迭代 50 次的结果，内部渐变光栅的周期为 $T=125\mu m$，在实验中，式 (6.33) 各参数确定方法如下：首先根据横向尺寸 d 确定 r 的大小，然后得到内部纯黑时的光斑能量分布，根据此时中心最大能量 I_{max} 和边缘最小能量 I_{min}，估算出整形后的能量均值 I_{mean}，由 $I_{max}-I_{mean}$ 再结合零级光对应的光强占比规律，而 σ 和 C 可通过观察整形效果进行优化选取。例如，当 $d=$ 4mm 时，各参数的值分别为 $C=10$、$\sigma=2.04$。

　　表 6.7 为四种不同方法对应的六边形整形结果，表 6.8 为整形光斑横向尺寸 d 的剖面能量曲线，其示意位置如图 6.33 (b) 所示。

表 6.7　不同方法的平顶六边形整形结果

方法	d=1mm	d=2mm	d=3mm	d=4mm
GS				
EBG-only				
EBG+IGBG				
EBG+IGOG				

表 6.8　不同方法整形结果的剖面能量曲线

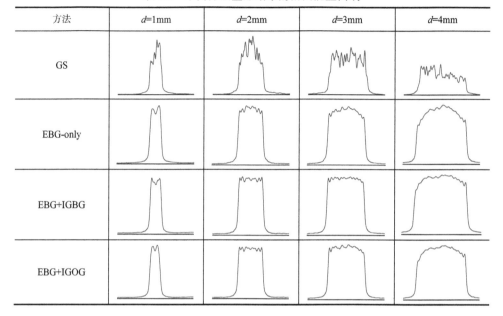

方法	d=1mm	d=2mm	d=3mm	d=4mm
GS				
EBG-only				
EBG+IGBG				
EBG+IGOG				

　　由表 6.7 和表 6.8 可知，GS 算法的整形效果较差，边缘没有其他三种方法陡峭，且均匀性差。随着几何尺寸 d 的增大，EBG-only 方法的掩膜中心能量高于边缘能量的情况越来越明显，整形光束的均匀性逐渐变差。EBG+IGBG 和EBG+IGOG 方法能够得到边缘陡峭、均匀性好的平顶光束结果，可以看出在掩膜内部加载渐变光栅，能够改善内部能量的分布。

　　由式 (6.1) 和式 (6.3)，计算出这四种整形方法对应的能量利用率和光束不均匀度，如表 6.9 和表 6.10 所示。

表 6.9　四种整形方法能量利用率　　　　　　　　　　（单位：%）

方法	d=1mm	d=2mm	d=3mm	d=4mm
GS	72.10	70.63	68.93	68.62
EBG-only	4.06	14.09	28.70	46.49
EBG+IGBG	3.42	12.35	25.97	42.90
EBG+IGOG	3.71	12.99	26.90	43.71

　　由表 6.9 和表 6.10 可知，GS 算法虽能获得较高的能量利用率，但其光束均匀性最差，无法获得高质量的平顶光束。EBG-only 方法的能量利用率稍高于EBG+IGBG 和 EBG+IGOG，但均匀性比这两种方法差，掩膜内部采用渐变正交光栅能够获得比渐变二元光栅更高的能量利用率，且能量利用率随着掩膜尺寸的增大而提高，d=4mm 时达到最大值 43.71%；但掩膜内部采用渐变二元光栅相较于

表 6.10　四种整形方法光束不均匀度　　　　　　（单位：%）

方法	d=1mm	d=2mm	d=3mm	d=4mm
GS	19.57	18.97	12.79	21.50
EBG-only	4.71	4.35	4.17	9.94
EBG+IGBG	3.59	2.21	2.12	4.71
EBG+IGOG	3.72	3.61	3.50	5.26

渐变正交光栅能够实现更好的光束均匀性，且光束不均匀性在掩膜尺寸 d=3mm 时达到最小值 2.12%。

因此，相较于 EBG-only 方法，本书所述基于组合光栅的光束整形方法能够获得边缘陡峭、均匀性好的平顶光束。

本节提出了一种基于组合光栅的光束整形方法，能够获得均匀性很好的平顶光束。利用可编程空间光调制器显示由几何掩膜、外部闪耀光栅和内部光栅组合而成的全息图。其中，内部光栅可选用渐变正交光栅和渐变二元光栅，这类光栅能将入射高斯光束衍射为多个非零级光束，从而改变能量分布，获得均匀性好的平顶光束。同时，还将所述组合光栅掩膜法与 GS 整形方法进行对比。实验结果表明，虽然传统 GS 方法获得整形光斑的能量利用率很高，但是均匀性很差，仅仅适用于对均匀性没有要求的领域，如激光加工通孔等。而本节提出的方法可以获得边缘陡峭、均匀性好的整形光束，主要用于对均匀性及边缘陡度很高的领域，如对镀膜材料（膜很薄，同时不能伤害基底）进行划线去膜、半导体材料（如 Low-K）刻槽等。由此可见，本节提出的方法在对平顶光束均匀性要求较高的激光加工领域具有广泛的应用前景。

6.6　不同方法整形质量的比较

6.6.1　几何稳相法和组合光栅掩膜法整形结果

为了对比组合光栅掩膜法和几何稳相法光束整形的效果，表 6.11 展示了组合光栅掩膜法和几何稳相法生成圆形、方形平顶光束的结果。其中输入高斯光束的束腰半径为 3.6mm，组合光栅掩膜法与几何稳相法生成圆形、方形平顶光束的直径、边长均为 3.5mm。

表 6.11 的第四行给出了两种方法生成圆形、方形平顶光束的表面轮廓，对比可知，组合光栅掩膜法获得圆形、方形平顶光束的光束形状更好；而几何稳相法获得方形平顶光束的四角并不锐利，圆形平顶光束略微变椭，初步判断是由透镜像差引起的，这也是几何稳相法光束整形还需要进一步深入研究的地方。对比两种方法的光束均匀性可以发现，组合光栅掩膜法与几何稳相法的光束均匀度都很

表 6.11　组合光栅掩膜法与几何稳相法整形结果对比

结果	组合光栅掩膜法		几何稳相法	
整形形状	方形	圆形	方形	圆形
相位全息图				
光束表面轮廓				
剖面强度曲线				
光束均匀度/%	97.7	96.4	97.2	96.8
能量利用率/%	48.4	55.4	72.3	72.5

高，在 97% 左右。对比两种方法的能量利用率可以发现，几何稳相法的能量利用率在 72% 左右，组合光栅掩膜法的能量利用率在 50% 左右，同时几何稳相法的能量利用率不受其他因素影响，而组合光栅掩膜法的能量利用率与全息图的掩膜尺寸有关，因此几何稳相法的能量利用率明显高于组合光栅掩膜法的能量利用率。

其中能量利用率的计算方法为：使用功率计测得初始光斑的能量以及输出光束的能量，再通过计算即可得到能量利用率，结果如表 6.12 所示。

表 6.12　几何稳相法与组合光栅掩膜法的能量利用率(初始光斑能量为 1.6W)

结果	组合光栅掩膜法		几何稳相法	
整形形状	方形	圆形	方形	圆形
输出光束能量/W	0.774	0.886	1.15	1.16
能量利用率/%	48.4	55.4	72.3	72.5

6.6.2　几何稳相法和组合光栅掩膜法与传统光束整形方法对比

根据 GS 方法流程图编码出 GS 方法生成方形平顶光束的相位全息图、根据 MRAF 方法流程图编码出 MRAF 方法生成方形平顶光束的相位全息图，GS 方法、MRAF 方法与几何稳相法在实验过程中都存在零级光，实验结果中均通过叠加闪耀光栅移除，方形平顶光束的边长均为 3.5mm，实验结果如表 6.13 所示。

表 6.13 五种方法生成方形平顶光束实验结果

结果	GS 方法	MRAF 方法	几何稳相法	光栅掩膜法	组合光栅掩膜法
相位全息图					
光束表面轮廓					
剖面强度曲线					
光束均匀度/%	83.6	87.2	97.2	89.1	97.7
能量利用率/%	69.2	61.2	72.3	53.3	48.4

从光束均匀度上分析，GS 方法的光束均匀度为 83.6%、MRAF 方法的光束均匀度为 87.2%，光栅掩膜法的光束均匀度为 89.1%，而本书提出的组合光栅掩膜法及几何稳相法的光束均匀度高达 97% 左右，因此本书提出的两种方法在均匀性上是明显优于传统方法的。从能量利用率上分析，几何稳相法的能量利用率与 GS 算法的能量利用率均在 70% 左右，是目前光束整形方法中能量利用率最高的两种算法。组合光栅掩膜法的能量利用率在 50% 左右，与光栅掩膜法的能量利用率相差不大。其中，能量利用率的计算数据如表 6.14 所示。

表 6.14 方形平顶光束的能量利用率（初始光斑能量为 1.6W）

结果	GS 方法	MRAF 方法	几何稳相法	光栅掩膜法	组合光栅掩膜法
输出光束能量/W	1.11	0.979	1.15	0.853	0.774
能量利用率/%	69.2	61.2	72.3	53.3	48.4

另外还使用组合光栅掩膜法与 GS 方法、MRAF 方法及光栅掩膜法生成了边长为 1.75mm 的六边形平顶光束，整形结果如表 6.15 所示，其中表 6.15 中能量利用率的计算数据如表 6.16 所示。

由于几何稳相法在数学上难以实现六边形，将 GS 方法、MRAF 方法、光栅掩膜法与组合光栅掩膜法进行了比较。从表 6.15 中的光束表面轮廓、剖面强度曲线和光束均匀度可以看出，组合光栅掩膜法的光束均匀度最高，其值为 97.3%。因此在光束均匀性上，本书提出的组合光栅掩膜法是明显高于 GS 方法、MRAF 方法、光栅掩膜法的。

表 6.15　六边形平顶光束整形结果对比

结果	GS 方法	MRAF 方法	光栅掩膜法	组合光栅掩膜法
相位全息图				
光束表面轮廓				
剖面强度曲线				
光束均匀度/%	83.3	86.1	89.7	97.3
能量利用率/%	71.5	66.3	49.4	44.5

表 6.16　六边形平顶光束的能量利用率(初始光斑能量为 1.6W)

结果	GS 方法	MRAF 方法	光栅掩膜法	组合光栅掩膜法
输出光束能量/W	1.14	1.06	0.791	0.712
能量利用率/%	71.5	66.3	49.4	44.5

　　本节首先对提出的组合光栅掩膜法和几何稳相法进行了对比,分析了两种方法的优势与不足之处。组合光栅掩膜法的优势在于光束均匀性高、轮廓清晰、边缘陡峭并且能实现任意光束形状的整形,不足之处在于能量利用率不高且受掩膜尺寸的影响;几何稳相法的优点在于光束均匀度与能量利用率都很高,但是光束形状不如组合光栅掩膜法。

参 考 文 献

[1] von der Linde D, Sokolowski-Tinten K. The physical mechanisms of short-pulse laser ablation. Applied Surface Science, 2000, 154-155: 1-10.

[2] Sundaram S K, Mazur E. Inducing and probing non-thermal transitions in semiconductors using femtosecond laser pulses. Nature Materials, 2002, 1(4): 217-224.

[3] Bailly-Grandvaux M, Santos J J, Bellei C, et al. Guiding of relativistic electron beams in dense matter by laser driven magnetostatic fields. Nature Communications, 2018, 9(1): 102.

[4] Sakata S, Lee S, Morita H, et al. Magnetized fast isochoric laser heating for efficient creation of ultra-high-energy-density states. Nature Communications, 2018, 9(1): 3937.

[5] Mauclair C, Pietroy D, DiMaïo M Y, et al. Ultrafast laser micro-cutting of stainless steel and PZT using a modulated line of multiple foci formed by spatial beam shaping. Optics and Lasers in Engineering, 2015, 67: 212-217.

[6] Qian D S, Zhong X L, Yan Y Z, et al. Microstructures induced by excimer laser surface melting of the SiC p/Al metal matrix composite. Applied Surface Science, 2017, 412: 436-446.

[7] Xue Z W, Guo Y D, Chen Z Z, et al. Actively compensation of low order aberrations by refractive shaping system for high power slab lasers. Optics & Laser Technology, 2015, 75: 71-75.

[8] Duocastella M, Arnold C B. Bessel and annular beams for materials processing. Laser & Photonics Reviews, 2012, 6(5): 607-621.

[9] Yang L, El-Tamer A, Hinze U, et al. Parallel direct laser writing of micro-optical and photonic structures using spatial light modulator. Optics and Lasers in Engineering, 2015, 70: 26-32.

[10] Dev K, Asundi A. Polarization modulation study of transmissive liquid crystal spatial light modulator using digital holographic polariscope. Optics & Laser Technology, 2013, 47: 323-328.

[11] Shibukawa A, Okamoto A, Takabayashi M, et al. Spatial cross modulation method using a random diffuser and phase-only spatial light modulator for constructing arbitrary complex fields. Optics Express, 2014, 22(4): 3968-3982.

[12] Thomson R R, Bockelt A S, Ramsay E, et al. Shaping ultrafast laser inscribed optical waveguides using a deformable mirror. Optics Express, 2008, 16(17): 12786-12793.

[13] Sanner N, Huot N, Audouard E, et al. Direct ultrafast laser micro-structuring of materials using programmable beam shaping. Optics and Lasers in Engineering, 2007, 45(6): 737-741.

[14] Kuang Z, Li J N, Edwardson S, et al. Ultrafast laser beam shaping for material processing at imaging plane by geometric masks using a spatial light modulator. Optics and Lasers in Engineering, 2015, 70: 1-5.

[15] Li J N, Kuang Z, Edwardson S, et al. Imaging-based amplitude laser beam shaping for material processing by 2D reflectivity tuning of a spatial beam modulator. Applied Optics, 2016, 55(5): 1095-1100.

[16] Li J N, Tang Y, Kuang Z, et al. Multi imaging-based beam shaping for ultrafast laser-material processing using spatial beam modulators. Optics and Lasers in Engineering, 2019, 112: 59-67.

[17] Zhu J C, Zhou J K, Shen W M. Polarisation-independent diffraction grating based on dielectric metasurface. Electronics Letters, 2019, 55(13): 756-759.

[18] Liu J S, Taghizadeh M R. Iterative algorithm for the design of diffractive phase elements for laser beam shaping. Optics Letters, 2002, 27(16): 1463-1465.

[19] Frieden B R. Lossless conversion of a plane laser wave to a plane wave of uniform irradiance. Applied Optics, 1965, 4(11): 1400-1403.

[20] Feng Z X, Huang L, Gong M. L, et al. Beam shaping system design using double freeform optical surfaces. Optics Express, 2013, 21(12): 14728-14735.

[21] 彭亚蒙, 苏宙平. 用于发散激光光束整形的自由曲面透镜设计. 光学学报, 2016, 36(5): 225-235.

[22] Dickey F M, Holswade S C. Laser Beam Shaping: Theory and Techniques. New York: Marcel Dekker Inc., 2000.

[23] 周叶, 祝启欣, 黄中亚, 等. 基于柱面微透镜阵列的激光匀化系统设计及实验研究. 激光与红外, 2020, 50(4): 486-492.

[24] 龚华平, 吕志伟, 林殿阳. 激光束空间整形的研究现状. 激光与光电子学进展, 2005, 42(9): 2-5.

[25] 林勇. 用于激光光束整形的衍射光学元件设计. 大连: 大连理工大学, 2009.

[26] 杨慧珍, 李新阳, 姜文汉. 自适应光学系统随机并行梯度下降控制算法仿真与分析. 光学学报, 2007, 27(8): 1355-1360.

[27] Saleh B E A, Lu K H. Theory and design of the liquid crystal TV as an optical spatial phase modulator. Optical Engineering, 1990, 29(3): 240.

[28] Qi Y J, Chang C L, Xia J. Speckleless holographic display by complex modulation based on double-phase method. Optics Express, 2016, 24(26): 30368-30378.

[29] Song H, Sung G, Choi S, et al. Optimal synthesis of double-phase computer generated holograms using a phase-only spatial light modulator with grating filter. Optics Express, 2012, 20(28): 29844-29853.

[30] Nakata Y, Osawa K, Miyanaga N. Utilization of the high spatial-frequency component in adaptive beam shaping by using a virtual diagonal phase grating. Scientific Reports, 2019, 9: 4640.

[31] Chen C Y, Deng Q L, Wu P J, et al. Speckle reduction by combination of digital filter and optical suppression in a modified Gerchberg-Saxton algorithm computer-generated hologram. Applied Optics, 2014, 53(27): G163-G168.

[32] Andy R, Anatoly E, David H R. Pulse shaping with Gerchberg-Saxton algorithm. Journal of the Optical Society of America B, 2002, 19(10): 2468-2478.

[33] Memmolo P, Miccio L, Merola F, et al. Investigation on specific solutions of Gerchberg-Saxton algorithm. Optics and Lasers in Engineering, 2014, 52: 206-211.

[34] Golan L, Shoham S. Speckle elimination using shift-averaging in high-rate holographic projection. Optics Express, 2009, 17: 1330-1339.

[35] Chang C L, Xia J, Yang L, et al. Speckle-suppressed phase-only holographic three-dimensional display based on double-constraint Gerchberg-Saxton algorithm. Applied Optics, 2015, 54: 6994-7001.

[36] Deng Y, Chu D. Effect of masking phase-only holograms on the quality of reconstructed images. Applied Optics, 2016, 55: 3158-3164.

[37] Pang H, Liu W J, Cao A X, et al. Speckle-reduced holographic beam shaping with modified Gerchberg-Saxton algorithm. Optics Communications, 2019, 433: 44-51.

[38] Pasienski M, Demarco B. A high-accuracy algorithm for designing arbitrary holographic atom traps. Optics Express, 2008, 16(3): 2176-2190.

[39] Liu D, Wang Y T, Zhai Z S, et al. Dynamic laser beam shaping for material processing using hybrid holograms. Optics & Laser Technology, 2018, 102: 68-73.

[40] 金国藩. 衍射光学元件的理论模型和优化设计. 中俄衍射光学技术高端研讨会, 2007: 58-79.

[41] 吕乃光. 傅里叶光学. 2 版. 北京: 机械工业出版社, 2006.

[42] Romero L A, Dickey F M. Lossless laser beam shaping. Journal of the Optical Society of America A, 1996, 13(4): 751-760.

[43] Dickey F M, Holswade S C. Gaussian laser beam shaping. Optical Engineering, 1996, 35(11): 3285-3295.

[44] 张发国, 喻洪麟. 闪耀光栅原理及其应用. 重庆文理学院学报(自然科学版), 2008, 27(1): 48-51.

[45] 华家宁. 各种光栅的衍射效率. 大学物理, 1990, (4): 26-27.

[46] 秦绪玲, 孙炳全. 二元光学元件衍射效率的分析与计算. 辽宁师专学报(自然科学版), 2002, A(3): 8-9, 48.

[47] 汪于涛. 基于混合全息图的光束形态及质量控制. 武汉: 湖北工业大学, 2018.

第7章 光束偏振态控制方法

7.1 光束偏振态的基本理论

7.1.1 理论分析

偏振态是激光光束的重要参数之一，偏振态的控制在激光加工领域具有重要作用。本节提出利用空间光调制器，结合 $\lambda/2$ 波片和 $\lambda/4$ 波片，实现线偏振、圆偏振、径向偏振和角向偏振四种偏振态的控制方法，并利用琼斯矩阵，从理论上分析四种偏振态与波片的角度、灰度图像的对应关系。利用检偏器和 CCD 相机采集径向偏振和角向偏振的实验图像，结果表明该方法结构简易，能够通过改变波片角度参数和空间光调制器中图像实现四种不同偏振态的控制。

偏振态是光束的重要特征参数之一，可应用于成像、编码[1,2]等。近年来，偏振态在激光加工领域备受关注，研究者发现加工效果和效率除了受激光束能量分布状态、脉冲频率影响外，还在很大程度上取决于激光光束偏振态的类型[3-6]。除了传统的线偏振、圆偏振、椭圆偏振三种类型，研究者提出了另外两种偏振态，即径向偏振与角向偏振，其中径向偏振方向沿径向呈放射状排列，而角向偏振方向沿角向排列。传统的三种偏振态在与其传播方向垂直的横截面空间上是均匀分布的，是标量光场，而后两种偏振态的光束空间分布在其光波横截面上并不均匀，是具有柱对称偏振分布的矢量光场[7]。

矢量偏振态的偏振方向相对一般光束，在空间中的矢量方向分布有很好的对称性，表现出的独特特性明显。在诸多偏振态中，尤其径向偏振和角向偏振研究已经逐渐引起人们的广泛关注。偏振方向轴对称分布和大孔径的聚焦特点，使得径向偏振和角向偏振在光学成像、光学捕捉和多种材料表面加工等领域呈现显著优势。

因径向偏振光和角向偏振光的光场偏振方向具有中心对称的特性，与线偏振光和圆偏振光相比，它们有着许多显著优点[8]。当这两种对称的矢量光场经过聚焦后将得到与传统偏振态不同的电场分布，其中径向偏振光束可以得到纵向电场分布，而角向偏振光束得到一个横向环状焦斑[9]，这两种电场分布与物质相互作用时将产生许多不同于标量光场的新颖特性[10]。

因径向偏振和角向偏振的众多优点和新特性，其产生方法是当前研究的热点。

Phua 等[11]利用两个正交偏振光束 TEM_{10} 和 TEM_{01} 水平分量和垂直分量叠加分别产生径向偏振和角向偏振，研究者还用螺旋型相位延迟器件[12]、空间变亚波金属条纹光栅[13]和圆锥形布鲁斯特棱镜产生径向偏振光[14]，利用多个线型偏振器件构成的同心圆环装置产生角向偏振光束[15]。但是这些产生径向偏振光和角向偏振光的方法，需要搭建专门的光学器件或光学系统，不但光路复杂，且产生的径向偏振连贯性和稳定性也有待提高。本节利用空间光调制器，结合 $\lambda/2$ 波片和 $\lambda/4$ 波片，通过改变入射光线与两种波片快轴的夹角和加载到液晶空间光调制器的图像，能够得到四种不同偏振态的光束，该方法能简单、快捷地得到径向偏振光和角向偏振光。

7.1.2　光束的四种偏振态

当光传播方向一定时，光矢量的振动方向对某一方向有了偏振性，即产生了偏振现象。光常见的偏振态主要有线偏振、圆偏振和椭圆偏振。现有激光的出射光很多是线偏振态的，线偏振光结合偏振片和波片很容易得到圆偏振光和椭圆偏振光。在激光微加工领域，除了这几种传统的偏振态，还常用径向和角向偏振光进行打孔、切割等加工。图 7.1 给出了四种不同偏振态的矢量光场。

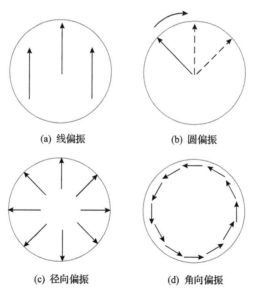

(a) 线偏振　　　　　　　　(b) 圆偏振

(c) 径向偏振　　　　　　　(d) 角向偏振

图 7.1　四种偏振态的电场

任何一种偏振光，都可以用两个振动方向互相垂直，相位有关联的线偏振光来表示。对于图 7.1 中的四种偏振态，可以用琼斯矩阵表示为[16]

$$E = \begin{cases} \begin{bmatrix} 1 \\ 0 \end{bmatrix}, & \text{线偏振} \\[2ex] C_1 \begin{bmatrix} 1 \\ i \end{bmatrix}, & \text{圆偏振} \\[2ex] C_2 \begin{bmatrix} \cos\theta \\ \sin\theta \end{bmatrix}, & \text{径向偏振} \\[2ex] C_3 \begin{bmatrix} -\sin\theta \\ \cos\theta \end{bmatrix}, & \text{角向偏振} \end{cases} \tag{7.1}$$

式中，θ 为光波横截面的极角；C_1 为常数；C_2 和 C_3 中包含常量和相位因子，都不会改变光场的偏振态。由图 7.1(c) 径向偏振电场图可以看出，该光波横截面上任意一点的光矢量的振动方向与该点在极坐标系下的极半径矢量平行，偏振方向总体呈辐射状分布；而角向偏振光波的横截面上任意一点的光矢量振动方向与该点在极坐标系下的极半径矢量垂直，因此偏振方向总体呈环状分布。

7.1.3　基于空间光调制器的光束偏振态控制方法

　　光束偏振态的改变常用偏振片和晶体的组合实现。偏振片因其强烈的二向色性，常用于光束的起偏和检偏，而波片是晶体薄片，通过对 e 光的相位延迟实现偏振方向的改变。本节设计的激光光束偏振态控制方法如图 7.2 所示，激光发出的线偏振光，经过 $\lambda/2$ 波片、液晶空间光调制器和 $\lambda/4$ 波片三个关键器件，其中 $\lambda/2$ 波片和 $\lambda/4$ 波片的快轴与 x 轴的夹角分别为 α_1、α_2，空间光调制器中将加载不同的灰度图像。

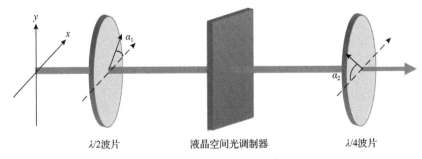

图 7.2　多种偏振态控制示意图

对于波片，当其快轴与 x 轴平行时（慢轴与 y 轴平行），对应的琼斯矩阵为

$$J_w = \begin{bmatrix} \exp(iG/2) & 0 \\ 0 & \exp(-iG/2) \end{bmatrix} \tag{7.2}$$

也可以表示为

$$J_{\mathrm{w}} = \begin{bmatrix} 1 & 0 \\ 0 & \exp(-\mathrm{i}G) \end{bmatrix} \tag{7.3}$$

式中，$G = \dfrac{2\pi}{\lambda}(n_{\mathrm{e}} - n_{\mathrm{o}})d$，当 G 为 π 和 π/2 时，分别为 λ/2 波片和 λ/4 波片。波片在实际使用中，其快轴往往与水平方向(或垂直方向)有一定的夹角 α，通过传播光束的旋转矩阵 $R(\alpha) = \begin{bmatrix} \cos\alpha & -\sin\alpha \\ \sin\alpha & \cos\alpha \end{bmatrix}$ 可知，此时琼斯矩阵为

$$J_{\mathrm{w}R} = \begin{bmatrix} \cos\alpha & -\sin\alpha \\ \sin\alpha & \cos\alpha \end{bmatrix}\begin{bmatrix} 1 & 0 \\ 0 & \exp(-\mathrm{i}G) \end{bmatrix}\begin{bmatrix} \cos\alpha & \sin\alpha \\ -\sin\alpha & \cos\alpha \end{bmatrix} \tag{7.4}$$

　　液晶空间光调制器利用液晶对光的特定效应能够对光进行调制，一般由独立的像素单元组成矩阵阵列，如图 7.3 所示，矩阵的每个像素单元都可以独立地接收电信号(或光信号)的控制，并按此信号改变空间光调制器介质本身相应的光电参数(透过率、折射率等)从而达到对入射到其单元上的光学参数(振幅、相位、偏振态等)进行调制的目的。采用纯相位调制型的空间光调制器能对通过的光束的相位进行调制，可以改变其中任一像素点 (x, y) 的灰度等级，使得经过该点光束相位 $\exp(\mathrm{i}\phi(x, y))$ 发生变化。

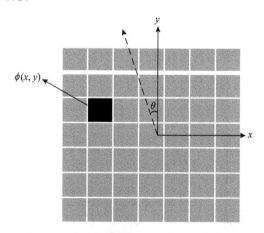

图 7.3　液晶空间光调制器相位调制示意图

　　而且空间光调制器一般只对某方向(垂直液晶长轴)有相位调制作用，而对另一方向(平行液晶长轴)没有相位调制作用，图 7.3 中，对应的琼斯矩阵为

$$J_{\mathrm{SLM}} = \begin{bmatrix} 1 & 0 \\ 0 & \exp(\mathrm{i}\phi(x, y)) \end{bmatrix} \tag{7.5}$$

根据光束的旋转和波片以及空间光调制器的琼斯矩阵，输出光束的琼斯矩阵为

$$J_{\text{out}} = J_Q R(\alpha_2) J_{\text{SLM}} R(-\alpha_1) J_H R(\alpha_1) J_{\text{in}} \tag{7.6}$$

式中，J_Q、J_H 和 J_{SLM} 为分别 $\lambda/4$ 波片、$\lambda/2$ 波片和空间光调制器的琼斯矩阵；J_{in} 为入射光的矩阵，设

$$J_{\text{in}} = \begin{bmatrix} 1 \\ 0 \end{bmatrix} \tag{7.7}$$

根据式(7.3)，可得 $\lambda/4$ 波片、$\lambda/2$ 波片的琼斯矩阵分别为

$$J_Q = \begin{bmatrix} 1 & 0 \\ 0 & \exp\left(i\dfrac{\pi}{2}\right) \end{bmatrix} \tag{7.8}$$

$$J_H = \begin{bmatrix} 1 & 0 \\ 0 & \exp(i\pi) \end{bmatrix} \tag{7.9}$$

由式(7.6)可以看出，出射光的偏振态受 α_1、α_2 和加载到空间光调制器中的灰度图像影响，不同的组合能得到不同偏振态的出射光。为了得到四种不同的偏振光，空间光调制器加载的图像如图 7.4 所示，图 7.4(a)为纯黑色的图像，对经过的光束没有相位调制作用，图 7.4(b)和(c)以中心为原点，灰度等级随着极角的变化而逐渐变化，角度变化范围为 $0 \sim 4\pi$，且图 7.4(c)可看成图 7.4(b)加上常量 π 的结果。

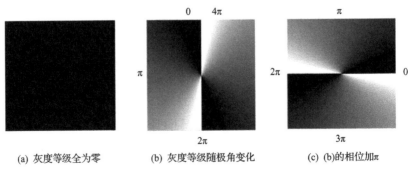

(a) 灰度等级全为零　　(b) 灰度等级随极角变化　　(c) (b)的相位加π

图 7.4　加载到空间光调制器中的灰度图

(1)当 $\alpha_1 = 0$、$\alpha_2 = 0$，空间光调制器加载图像为图 7.4(a)时，由式(7.6)可得

$$J_{\text{out}} = \begin{bmatrix} 1 & 0 \\ 0 & \exp\left(\mathrm{i}\dfrac{\pi}{2}\right) \end{bmatrix} \begin{bmatrix} \cos 0 & \sin 0 \\ -\sin 0 & \cos 0 \end{bmatrix} \begin{bmatrix} 1 & 0 \\ 0 & \exp(\mathrm{i}0) \end{bmatrix}$$

$$\cdot \begin{bmatrix} \cos 0 & -\sin 0 \\ \sin 0 & \cos 0 \end{bmatrix} \begin{bmatrix} 1 & 0 \\ 0 & \exp(-\mathrm{i}\pi) \end{bmatrix} \begin{bmatrix} \cos 0 & \sin 0 \\ -\sin 0 & \cos 0 \end{bmatrix} \begin{bmatrix} 1 \\ 0 \end{bmatrix}$$

$$= \begin{bmatrix} 1 \\ 0 \end{bmatrix} \tag{7.10}$$

由式 (7.10) 可知，输出光为线偏振光。

(2) 当 $\alpha_1 = 0$、$\alpha_2 = \pi/4$，空间光调制器加载图像为图 7.4 (a) 时，代入式 (7.6) 可得圆偏振态为

$$J_{\text{out}} = \begin{bmatrix} 1 & 0 \\ 0 & \exp\left(-\mathrm{i}\dfrac{\pi}{2}\right) \end{bmatrix} \begin{bmatrix} \cos\dfrac{\pi}{4} & \sin\dfrac{\pi}{4} \\ -\sin\dfrac{\pi}{4} & \cos\dfrac{\pi}{4} \end{bmatrix} \begin{bmatrix} 1 & 0 \\ 0 & \exp(\mathrm{i}0) \end{bmatrix}$$

$$\cdot \begin{bmatrix} \cos 0 & -\sin 0 \\ \sin 0 & \cos 0 \end{bmatrix} \begin{bmatrix} 1 & 0 \\ 0 & \exp(-\mathrm{i}\pi) \end{bmatrix} \begin{bmatrix} \cos 0 & \sin 0 \\ -\sin 0 & \cos 0 \end{bmatrix} \begin{bmatrix} 1 \\ 0 \end{bmatrix}$$

$$= \frac{\sqrt{2}}{2} \begin{bmatrix} 1 \\ \mathrm{i} \end{bmatrix} \tag{7.11}$$

在这种情况下，出射光为圆偏振态。

(3) 当 $\alpha_1 = \pi/8$、$\alpha_2 = -\pi/4$，空间光调制器加载图像为图 7.4 (b) 时，代入式 (7.6) 可得输出光束的矩阵为

$$J_{\text{out}} = J_{\text{Q}} R\left(-\frac{\pi}{4}\right) J_{\text{SLM}} R\left(-\frac{\pi}{8}\right) J_{\text{H}} R\left(\frac{\pi}{8}\right) J_{\text{in}} \tag{7.12}$$

展开后可得

$$J_{\text{out}} = \begin{bmatrix} 1 & 0 \\ 0 & \exp\left(-\mathrm{i}\dfrac{\pi}{2}\right) \end{bmatrix} \begin{bmatrix} \cos\dfrac{\pi}{4} & \sin\dfrac{\pi}{4} \\ -\sin\dfrac{\pi}{4} & \cos\dfrac{\pi}{4} \end{bmatrix} \begin{bmatrix} 1 & 0 \\ 0 & \exp(\mathrm{i}\phi(x,y)) \end{bmatrix}$$

$$\cdot \begin{bmatrix} \cos\dfrac{\pi}{8} & -\sin\dfrac{\pi}{8} \\ \sin\dfrac{\pi}{8} & \cos\dfrac{\pi}{8} \end{bmatrix} \begin{bmatrix} 1 & 0 \\ 0 & \exp(-\mathrm{i}\pi) \end{bmatrix} \begin{bmatrix} \cos\dfrac{\pi}{8} & \sin\dfrac{\pi}{8} \\ -\sin\dfrac{\pi}{8} & \cos\dfrac{\pi}{8} \end{bmatrix} \begin{bmatrix} 1 \\ 0 \end{bmatrix}$$

$$= \exp\left(\mathrm{i}\,\frac{\phi(x,y)}{2} \right) \begin{bmatrix} \cos\dfrac{\phi(x,y)}{2} \\[2mm] \sin\dfrac{\phi(x,y)}{2} \end{bmatrix} \tag{7.13}$$

由式(7.13)可以看出，出射光的垂直偏振分量和水平偏振分量在同一平面内，大小与 $\phi(x,y)/2$ 有关，而 $\phi(x,y)/2$ 又与图像的灰度等级有关，由图 7.4(b)可以看出，灰度等级随着径向线性变化，$\phi(x,y)$ 变化范围为 $0\sim4\pi$，则 $\phi(x,y)/2$ 为 $0\sim2\pi$，从而出射光为径向偏振，其示意图如图 7.1(c)所示。

(4)当 $\alpha_1=\pi/8$、$\alpha_2=-\pi/4$，空间光调制器加载图像为图 7.4(c)时，因该图像可看成图 7.4(b)加上常量 π 的结果，由式(7.13)可得

$$J_{\mathrm{out}} = \exp\left(\mathrm{i}\,\frac{\phi(x,y)+\pi}{2} \right) \begin{bmatrix} \cos\dfrac{\phi(x,y)+\pi}{2} \\[2mm] \sin\dfrac{\phi(x,y)+\pi}{2} \end{bmatrix} = \exp\left(\mathrm{i}\,\frac{\phi(x,y)+\pi}{2} \right) \begin{bmatrix} -\sin\dfrac{\phi(x,y)}{2} \\[2mm] \cos\dfrac{\phi(x,y)}{2} \end{bmatrix} \tag{7.14}$$

此时，出射光束为角向偏振。

由上述分析可知，$\lambda/2$ 波片、$\lambda/4$ 波片的快轴与水平方向的夹角取不同的角度，以及空间光调制器加载不同的图像，能够得到四种不同偏振态的出射光，具体结果如表 7.1 所示。

表 7.1　四种不同偏振态的产生原理

$\lambda/2$ 波片	SLM	$\lambda/4$ 波片	电场分布	偏振态类型
0°		0°		线偏振
0°		−45°		圆偏振
22.5°		−45°		径向偏振
22.5°		−45°		角向偏振

　　为了验证上述的理论分析,采用如图 7.5 所示的原理图搭建实验系统,相比图 7.2 加入了 4f 成像系统,并且为了证实出射光束偏振态的变化,在 λ/4 波片后加入检偏器,再利用 CCD 相机进行图像采集。

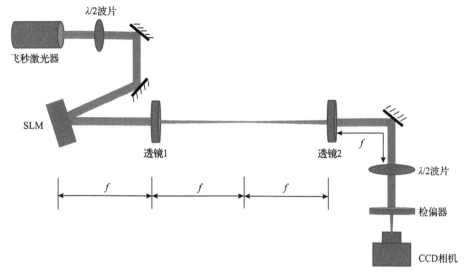

图 7.5　偏振态调控实验原理图

　　实验中需要将入射光中心与空间光调制器中加载的灰度图的中心重合,以实现偏振态的控制。图 7.6 为利用表 7.1 所给参数依次进行的实验图像,实验中检偏器的偏振方向为垂直方向,由图 7.6(a)和(b)可以看出,经过检偏器后,线偏振态和圆偏振态光的光强分布仍为圆形的高斯光(光学元器件的差异,导致光斑有些变形),但圆形的径向偏振和角向偏振的光束经过垂直方向的检偏器后,图像如图 7.6(a)和(b)所示。对于垂直方向的检偏器,使得经过其光束的水平方向偏振分量被阻隔,径向偏振水平方向两侧的光强被衰减,而角向偏振光场的垂直方向两端的光强被衰减。

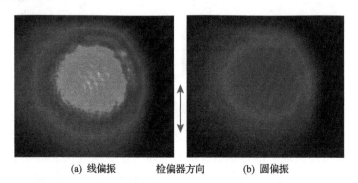

(a) 线偏振　　　检偏器方向　　　(b) 圆偏振

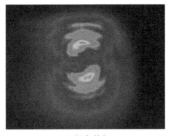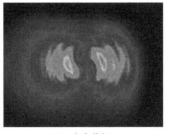

(c) 径向偏振　　　　　　　　　　(d) 角向偏振

图 7.6　CCD 相机采集不同偏振光光强分布实验图

　　为了进一步验证该方法的有效性,图 7.7 给出了图 7.6 中各种偏振光对应的三维光强分布,由图 7.6 和图 7.7(a)、(b)可以看出,采集的线偏振光的光强要比圆偏振光的高,该结果可由式(7.9)和(7.10)得到验证;图 7.7(c)和(d)的光强分布证实了圆形径向偏振光和角向偏振光经检偏器后,部分光强分布被抑制,从而证明了利用本书的方法能控制光束的四种不同偏振态。还可以看出图 7.6 和图 7.7(c)、(d)中有明显的衍射环,该现象由空间光调制器中加载的连续变化的灰度图产生的旋转光束所引起[17]。

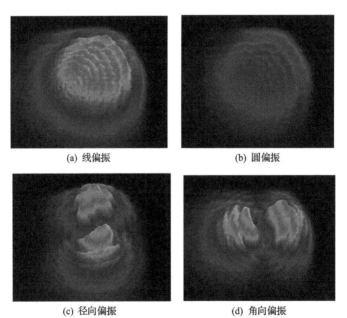

(a) 线偏振　　　　　　　　　　　　(b) 圆偏振

(c) 径向偏振　　　　　　　　　　(d) 角向偏振

图 7.7　图 7.6 中不同偏振光对应的三维光强图

　　偏振态的控制在激光加工中有着广泛的应用,本节利用液晶空间光调制器、$\lambda/4$ 波片和 $\lambda/2$ 波片实现了四种偏振态简易获取方法,从理论上推导了光束经过波片、空间光调制器后的琼斯矩阵,并给出了通过改变两波片快轴与 x 轴的夹角以及加载到空间光调制器上的灰度图像的四种不同情况下出射光束的矩阵。通过实验采集了四种不同偏振态的二维和三维光强分布图像，实验结果与理论分析相吻合。

7.2　不同偏振态在飞秒激光柔性电路板打孔的实验分析

柔性电路板(flexible printed circuit board，FPC)因具有良好的挠折性、极佳的耐热性、厚度薄、重量轻而尺寸小的特点，极其适应信息电子产品微型化的发展趋势，因此近几年在印刷电路板产业中占有率逐渐增长，而且增速连续上升[18]。利用柔性电路板可以极大限度地缩小电子产品的体积，能满足电子产品向高密度、小型化、高可靠度方向发展。因此，柔性电路板在航天、笔记本电脑、移动通信等领域有着大量应用[19]。柔性电路板产品如图 7.8 所示。

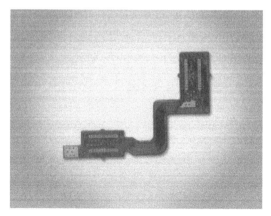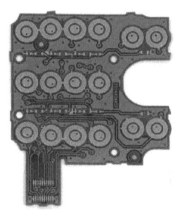

图 7.8　柔性电路板产品

电路板的大量使用，促使加工出挠性电路板使用的材料发生了翻天覆地的变化，其中使用的挠性基材从黏结性到无黏结性的覆铜箔转变。另外为了后续电子器材更好地焊接，可弯折的覆盖膜材料由从前的冲孔后热压向感光显影型与液态感光组焊膜转变。正是这两种重要材料的显著性改进，很大程度上减少了人工加工的工作量，使得柔性电路板在实际应用中自动化程度越来越高，生产效率提升显著。

柔性电路板一般按照层数来划分，包括单面板、双面板、多层板以及软硬结合板。柔性电路板结构如图 7.9 所示，多层板只是铜、胶黏剂和基材的叠加。铜箔基本分为电解铜与压延铜两种，基本厚度尺寸有 35μm、17.5μm 与 11.67μm，作用是导电，连通电路达到电子产品应有的效果。胶黏剂主要有半固化片、胶纸类、银浆膜类，依次起到组装、粘贴和抗干扰的作用。厚度依实际客户要求而决定，常见的是 13μm 和 20μm。而基材材质基本使用的物质包括聚酰亚胺、聚酯、芳香族聚酰胺和氟碳化合物，主要起到支撑作用。

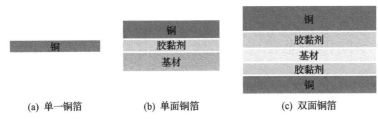

$$(a) \text{ 单一铜箔} \qquad (b) \text{ 单面铜箔} \qquad (c) \text{ 双面铜箔}$$

图 7.9　柔性电路板剖面结构图

目前来说，挠性基材材质之所以使用没有胶黏剂掺杂的覆铜簿，是因为能改进使用胶黏剂的很多缺陷，最重要的是厚度尺寸更薄。这样对于电路板微孔的加工更加合适且导热性更好。首先基材的厚度尺寸越薄，越有利于加工过程中热量的散发；其次使用掺杂胶黏剂的材质之后导热性能会大大降低。因此，改进后的基材具备很好的成品质量，对电路板的可靠性增加，性价比也相比之前增加很多。

柔性电路板种类定义及技术说明如表 7.2 所示。

表 7.2　柔性电路板种类定义及技术说明

产品	英语名称	技术说明
单面板	single sided FPC	连接电路时利用单面板上铜材料
双面板 （普通双面板、 双面分层板 B-B）	double sided FPC	连接电路时利用双面板上铜材料，能够达到双面电气连通的目的
镂空板	bare-back flex	采用纯铜制成，但是能够满足双面焊接
多层板 （分层板）	multi-layer flexible board	采用单面板或者双面板多层叠放制成，但是每一层必须实现电气连通
软硬结合版	rigid-flex board	电路板由软板与硬板采用特殊方法制成
覆晶薄膜（COF）	chip on film	为实现极密且新兴科技，在柔性电路板上植入有驱动作用的集成电路芯片，柔性电路板的基材必须能够长期直接承载集成电路芯片

正是因为柔性电路板的结构如此复杂，包括金属与非金属材料，所以要在柔性电路板上利用飞秒激光打孔，那么分析激光作用材料的特性是加工的基础。

本节主要研究飞秒激光下不同偏振态光束对柔性电路板打孔特性的研究，采用的是高倍物镜的冲击打孔法，可以实时观测到打孔出来的真实效果。因此，在控制参数方面，激光波长、脉冲宽度、焦距控制在相同条件下，在脉冲能量即能量密度不同的情况下，研究不同偏振态光束对柔性电路板打孔特性的影响。

7.2.1 柔性电路板单脉冲飞秒激光损伤阈值实验结果与分析

根据上述理论推导，设计本实验中激光基本参数为波长 800nm，脉宽 100fs，频率 10kHz，扫描速度 1000mm/s，激光功率分别为 102mW、151mW、202mW、252mW、303mW、354mW、403mW 和 464mW，八组功率都在飞秒激光器扫描振镜的正下方工作台上方利用功率计测量，以尽量保证数据的准确性。

做单脉冲损伤阈值时，在软件控制面板上画一条直线，调整激光重复频率 10kHz，速度设置为 300mm/s，就会使得光斑搭接率较小，在柔性电路板上加工出的凹坑就会分离开来。具体柔性电路板烧蚀现象及测量方式如图 7.10 所示。

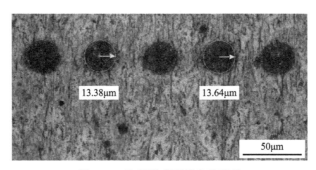

图 7.10 飞秒激光画线实验测量

由图 7.10 可以看到，由于飞秒激光原始光斑是椭圆形，利用单脉冲激光进行画线时，光斑分开之后，所烧蚀的形态也是椭圆形。因此，在显微镜下测量时选择短轴作为烧蚀半径，然后折算成烧蚀直径。图示是脉冲能量为 202mW 的烧蚀形貌。每组能量用此方法随机选择 8 个椭圆进行测量，之后取平均值作为在各个能量下的烧蚀直径。其余能量依次按此步骤得到 8 组数据，然后按照公式换算出能量密度以及对能量密度取对数的数据。

对得到的数据整理计算，得到单脉冲下烧蚀柔性电路板的孔的测量直径与单脉冲能量关系如图 7.11 所示。而后将单脉冲能量折算为激光的能量密度的对数与所得损伤直径的平方关系如图 7.12 所示。

通过最小二乘法拟合损伤直径与能量密度的对数($\ln\varphi_0$)满足线性关系，线性关系为 $D^2=627.33\ln\varphi_0-2030.41$，其斜率为 $k=627.33$，根据拟合曲线，当 $D=0$ 时，推算出柔性电路板在飞秒激光下单脉冲损伤阈值为 25.44J/cm^2。此值可以作为后续飞秒激光加工柔性电路板的指导依据。

在每控制出一种偏振态之后，结合损伤阈值进行实验，参数设置与测量损伤阈值相同，打孔实验时一般选择能量密度在损伤阈值的 3～5 倍，在经过多次实验之后，为了更好地进行分析，也为实验方便，采用的仍然是功率参数。找到利用高倍物镜在 10 组入射功率为 150mW、160mW、170mW、180mW、190mW、200mW、

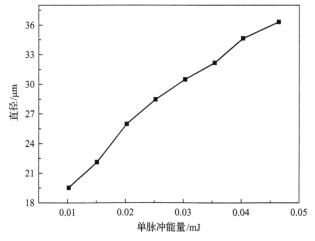

图 7.11　烧蚀孔径与单脉冲能量的变化关系

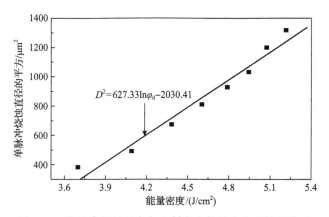

图 7.12　烧蚀直径的平方与入射激光能量密度对数的关系

250mW、300mW、350mW、380mW 的能量在三维工作台上加工柔性电路板材料。冲击性打孔时间是 0.5s，加工完成后用酒精超声波清洗仪清洗 10min，晾干之后在显微镜和布鲁克轮廓仪下测量然后分析。

7.2.2　不同偏振光能量对孔径大小的影响

　　利用上述参数在柔性电路板上打孔，加工多个孔之后，测得孔径然后取平均值，得出不同偏振态在材料上加工时不同能量与烧蚀孔的直径的关系如图 7.13 所示。

　　对柔性电路板利用不同脉冲能量进行加工之后的测量数据可得，随着输出脉冲能量的加大，其加工后的孔径也变大。过高的能量密度使得在激光打孔时会有大量的气相物质产生，接着会有极其猛烈的冲击波，即瞬时产生的高压蒸气夹带

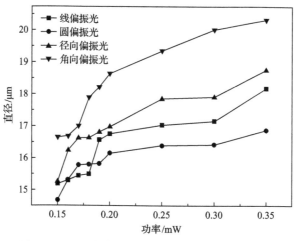

图 7.13　飞秒脉冲能量(功率)对孔径影响关系曲线

熔融状物质以很快的速度从孔的底端喷射而出，像小区域的爆炸。这个现象在使用激光功率越大时，爆炸声音越响，从而能够被发现。因此在加工过程中，控制输出的激光功率越大，与材料作用时蒸气压力会越强，从而夹带流失的液相物质越多，那么得到的微孔径与孔入口的尺寸越大。于是如果实际加工指标是较大的孔径或较深的孔，或者在考虑材料的硬度、熔点与导热性时，应该增加脉冲能量。然而，使用的脉冲能量加大时，加工出的孔锥度也会增加，且孔周围烧蚀严重。而且可以看出轴对称矢量的径向偏振光和角向偏振光所加工出来的孔径稍稍大于线偏振光和圆偏振光。

7.2.3　不同偏振光对烧蚀程度的影响

选择 150mW 能量对柔性电路板的作用的结果，选出有代表性的图片进行分析，图 7.14 给出了四种偏振光对材料加工正面烧蚀的结果，图 7.15 给出了对应孔的反面图像。

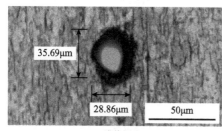

(a) 线偏振光

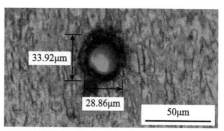

(b) 圆偏振光

(c) 径向偏振光　　　　　　　　　　(d) 角向偏振光

图 7.14　四种偏振态光在柔性电路板上打孔结果（上表面）

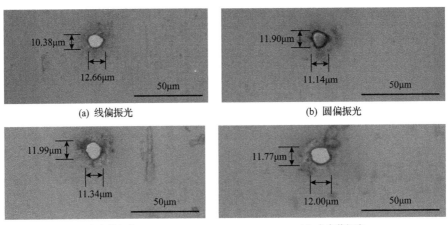

(a) 线偏振光　　　　　　　　　　(b) 圆偏振光

(c) 径向偏振光　　　　　　　　　　(d) 角向偏振光

图 7.15　四种偏振态光在柔性电路板上打孔结果（下表面）

在经过酒精超声波清洗之后，由图 7.14 可以看出，线偏振的微孔烧蚀坑比较严重，没有规律性，在上方的烧蚀很严重，下方的稍微缓和点。线偏振光的电矢量在单位圆中是随机的，局部能量会存在突变性，因此烧蚀会呈现如此状态。在四种比较中，圆偏振光的烧蚀比其他三种烧蚀更浅，相对也较均匀。圆偏振光的振动方向会随时间改变，光矢量在垂直于光的传播方向的平面内以一定的速度旋转，在激光与材料作用时间 0.5s 内类似于旋切打孔，孔的内壁烧蚀较为均匀。另外，径向偏振光相对角向偏振光而言，在传播过程中会经过透镜的聚焦系统，然后传输到最后会在加工材料的表面产生唯独只有一个非常小的聚焦光斑，但是角向偏振光会产生若干个。因此，径向偏振光加工孔形状更均匀，角向偏振光加工孔周围烧蚀更加严重。

7.2.4　不同偏振光对圆度的影响

飞秒激光器的入射光斑为椭圆形，因此在测试微孔圆度时可以用微孔的长轴与短轴之比作为指标。入射光斑长短轴之比为 1.2～1.3。

四种偏振态在加工柔性电路板后上表面的长短轴数据及比值如表 7.3 所示。

表 7.3 不同偏振态打孔损伤数据（上表面）

偏振态	纵向尺寸/μm	横向尺寸/μm	长短轴比
线偏振	35.69	28.86	1.24
圆偏振	33.92	28.86	1.18
径向偏振	36.95	36.46	1.01
角向偏振	36.45	34.94	1.04

加工柔性电路板后下表面的长短轴数据及比值如表 7.4 所示。

表 7.4 不同偏振态打孔损伤数据（下表面）

偏振态	纵向尺寸/μm	横向尺寸/μm	长短轴比
线偏振	10.38	12.66	1.22
圆偏振	11.90	11.14	1.07
径向偏振	11.99	11.34	1.06
角向偏振	11.77	12.00	1.02

由表 7.3 和表 7.4 可以看出，线偏振光加工的孔圆度要比其他三种偏振态的差，径向偏振和角向偏振圆度较好。由于线偏振光在垂直于光波传播方向的平面内，光矢量只沿一个固定的方向振动。光斑聚焦在柔性电路板上烧蚀椭圆形貌内，长轴与短轴比值比较大，而且在孔内某一区域能量集中导致圆度很难把握，而圆偏振光的矢量特点易使得其能量均匀。另外，角向偏振光和径向偏振光具有电矢量轴对称特性，不会发生电场矢量串扰的现象[20]。因此可以看出，利用径向偏振光与角向偏振光加工出来的孔长短轴之比相比前两种要低，说明圆度更好。在两者之间比较径向偏振光加工孔形状更加均匀。

7.2.5 偏振光加工实例分析

柔性电路板在飞秒激光下的损伤阈值更小，加工微孔的能量就更小，综合在不同脉冲能量下不同偏振态对微孔孔径、圆度、烧蚀情况对比可知，径向偏振光对柔性电路板加工微孔质量更好，烧蚀小、圆度高，可以很好地适应柔性电路板微孔加工的发展。

由不同偏振态能量对孔径影响可知，使用线偏振光和圆偏振光加工出的孔径更小，目前在实验中采用的能量为 10mW，机械快门时间为 0.5s，加工出的微孔如图 7.16 所示。

可以看出线偏振加工出的微孔尺寸为 2.9μm，圆偏振加工的尺寸为 4.9μm。线偏振能加工出更小的孔，但是孔的圆度很差，而圆偏振加工的孔的圆度更好，

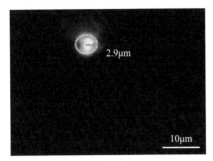
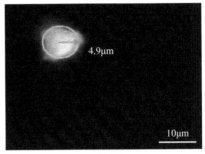

(a) 线偏振　　　　　　　　　　　　　(b) 圆偏振

图 7.16　线偏振与圆偏振微孔加工

在继续研究的过程中是可以达到要求的，因此使用圆偏振光加工微孔更为合理。因为在项目中追求打孔速度时，采用多光束打孔，对孔径并无要求，目前测得平均直径大于 30μm。因此，考虑综合因素，偏振态选用总结如表 7.5 所示。

表 7.5　偏振态选用总结

微孔指标	选用偏振态	备注
打孔速度	径向偏振	所需能量小，效率高，圆度好，烧蚀浅
10μm<孔径<30μm	径向偏振	圆度好，烧蚀浅
	角向偏振	所需能量小，圆度与烧蚀适中
孔径<10μm	线偏振	同等能量下，孔径更小
	圆偏振	孔径适中，圆度更好

7.3　超连续光谱产生的条件及理论分析

7.3.1　自相位调制原理

　　飞秒激光具有极高的峰值功率，与透明材料相互作用时会出现多光子吸收，在传输过程中会出现强烈的非线性效应。飞秒激光脉冲在介质中传播时，折射率随光强的变化而变化，调制激光强度在时域上的改变，也会导致折射率在时域上的不均匀分布，这将反过来导致激光光谱中新的频率出现[21]，这种由光场本身引起的相移称为自相位调制(self-phase modulation, SPM)，具有以下关系：

$$n = n_0 + n_2 I(r,t) \tag{7.15}$$

式中，n 为介质折射率；n_0 为线性折射率；n_2 为非线性折射率；r 为极坐标；$I(r,t)$ 为激光强度 I 关于空间与时间 (r,t) 的变量。当强激光在介质中传播时，强激光引起的非线性折射率 $n_2 I(r,t)$ 不能忽略，非线性折射率 n_2 大小和能量分布与激光光强有关。SPM 在飞秒激光产生的超连续光谱形成过程中起到了关键作用。

7.3.2　超连续光谱产生理论

当一束高强度飞秒激光脉冲通过透明介质材料时，由于超快激光具有较高的峰值功率密度，在传输过程中会产生非线性效应，使得出射光谱中产生新的频率成分，各种不同频率相互作用产生新频率的光束，出射光束的频谱被展宽，如图 7.17 所示。这种相互作用越强，产生的频谱展宽越宽，从而生成一定波长范围的宽带光谱，这种光谱展宽的范围可以覆盖从紫外到红外较长的波段，从而产生超连续光谱[22]。

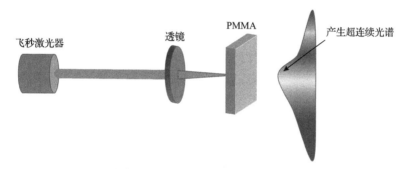

图 7.17　线偏振与圆偏振微孔加工

当飞秒激光在空气这种非线性介质中传输时，会产生超连续光谱。与此同时，会引起丝状物的产生，超连续光谱频谱的展宽将伴随着丝状物的出现[23]，由高强度自陷的飞秒激光光束诱导而产生。激光通过克尔自聚焦使得激光光束聚焦，能量密度变强从而电离了空气。电离空气之后产生的等离子体会导致激光脉冲的散焦，通过等离子体散焦和自聚焦的共同作用[24]，会出现如图 7.18 所示的空间动态补偿模型。

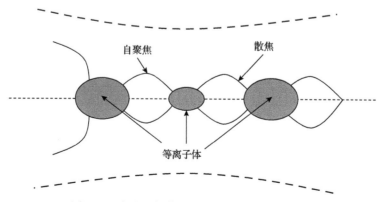

图 7.18　自聚焦与散焦空间动态补偿模型示意图

图 7.18 所示的模型是一个聚焦—散焦—聚焦不断循环的过程，一直存在于光束的传输中，循环将持续到脉冲的功率不足以形成自聚焦为止。光谱展宽是由很多非线性效应共同作用产生的，其中包括自相位调制、脉冲自陡峭以及介质电离等引起的在时域上脉冲分布的改变。不同材料产生超连续光谱的阈值不同，且偏振态也会影响阈值的大小。目前对透明 PMMA 材料产生超连续光谱的特性研究较少。

7.3.3　实验设计与实验装置

为了探究 PMMA 材料在线偏振光和圆偏振光及不同能量下产生超连续光谱的变化规律，搭建了如图 7.19 所示的实验系统，飞秒激光器来自美国相干公司，中心波长为 780nm，脉冲宽度为 120fs，重复频率为 1kHz，从激光器中出射的激光为线偏振光。通过调整$\lambda/2$波片、$\lambda/4$波片和检偏器的角度，可获得 TE、TM 和圆偏振三种偏振光。将这三种偏振光利用聚焦透镜（$f=50$mm）进行聚焦。加工样品为 PMMA 材料，加工前材料侧面进行研磨和抛光处理，加工时单脉冲能量控制在 0.18~1.05μJ 范围内，在 PMMA 后端接光谱仪测量产生的超连续光谱。为了区分两种光，从激光器中出射的光称为激发光。

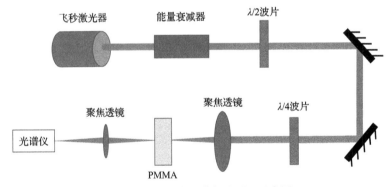

图 7.19　超连续光谱实验原理示意图

7.3.4　实验结果与分析

实验中激光器出射的是线偏振光，通过如图 7.19 所示的原理图控制入射激光的偏振态：线偏振（TE 和 TM）和圆偏振，将三种偏振态的激光分别经过透镜聚焦到透明材料 PMMA 内部，利用光纤光谱仪接收拓宽后的超连续光谱。图 7.20 给出了单脉冲能量分别为 0.281μJ、0.460μJ、0.674μJ、0.850μJ 和 1.00μJ 的五组光谱图结果。

由图 7.20(a)和(b)可以看出五种不同能量下的 TE 光和 TM 光均产生了超连

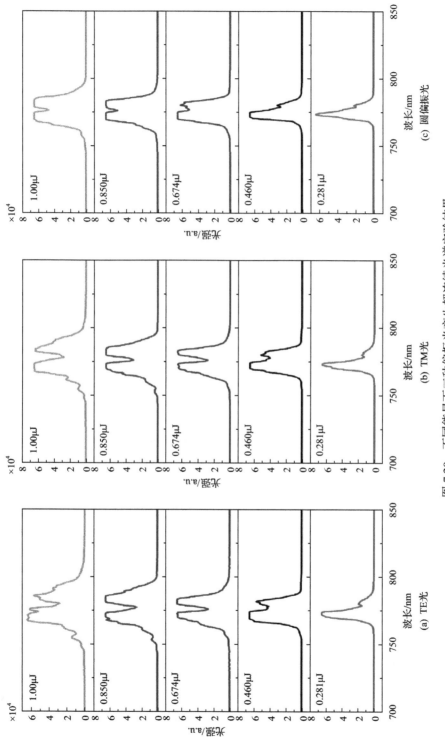

图 7.20 不同能量下三种偏振光产生超连续光谱实验结果

续光谱现象，超连续光谱谱宽覆盖了 745～812nm 的谱区，对比观察五组数据，可以将超连续光谱描述为：谱宽受 SPM 的影响，能量越高，光谱的谱宽越宽。产生的超连续光谱沿 780nm（激发光波长）向两边展宽，780nm 对应的光强处于饱和状态（激发光能量过强造成）。图 7.20(c) 为圆偏振飞秒激光在不同能量下采集的超连续光谱图。

　　由图 7.20 可以看出，TE 光、TM 光和圆偏振光产生的超连续光谱有一些共同规律，低能量时，主要是激发光（对应波长为 780nm）的光谱。随着能量的增加，当能量超过一定值（阈值）时，接收到的光谱范围不断增宽，出现超连续光谱现象，而且随着能量的进一步增大，光谱宽度不断展宽。

　　为了获得 TE、TM 和圆偏振三种偏振态下的超连续光谱阈值，本节将激发光能量从 0.182μJ 开始，再依次增大至 0.215μJ、0.281μJ、0.313μJ、0.345μJ、0.416μJ、0.46μJ、0.505μJ、0.586μJ、0.631μJ、0.674μJ、0.764μJ、0.808μJ、0.85μJ、0.943μJ、1.00μJ，共得到 16 组不能能量对应的超连续光谱数据。对每组数据选定固定光谱范围，然后统计该范围内的面积值，当面积值发生突变时，认为此激发光能量为该偏振态产生超连续光谱的阈值。

　　根据图 7.20 的曲线特征，选取两个光谱范围进行计算，即前波段 745～758nm 和后波段 787～812nm，结果如图 7.21 所示。由图 7.21 可以观测出超连续光谱的阈值产生时对应的波长。对于圆偏振光，当激光单脉冲能量达到 0.586μJ 时，出现能量相对值增长最快，认为在此能量下达到了其产生超连续光谱的阈值；对于 TE 光，当激光单脉冲能量达到 0.46μJ 时，认为在此能量下达到了其产生超连续光谱的阈值；对于 TM 光，当激光单脉冲能量达到 0.46μJ 时，认为在此能量下达到了其产生超连续光谱的阈值。

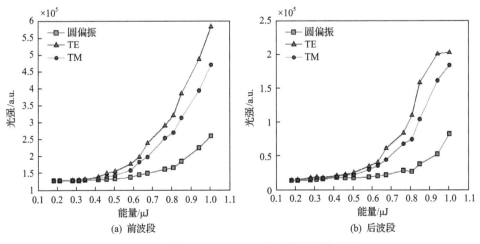

图 7.21　前后波段产生超连续光谱的阈值阶段

由以上结果可以总结出以下变化规律：

（1）针对不同的偏振光，即线偏振光和圆偏振光，分别分析了不同能量下产生超连续光谱的强度变化趋势，飞秒激光的自相位调制是导致光谱展宽的主要原因，对同一种材料 PMMA，激光能量越大，光谱宽度越宽，但有一个最大值，这个最大值取决于材料的带宽。

（2）对于不同偏振方向的线偏振光，即 TE 光和 TM 光，其产生的超连续光谱曲线类似，说明线偏振光的不同偏振方向对其超连续光谱的影响不大。

（3）在能量相同的状态下，线偏振光的谱宽比圆偏振光的宽，因此为了获得稳定、平坦、谱宽更宽的超连续光谱，宜采用较大能量的线偏振光。

7.4　不同偏振态对成丝加工的影响

7.4.1　飞秒激光成丝理论

在飞秒激光成丝的过程中，最基本的两个物理机制为克尔自聚焦效应和等离子体效应，其中克尔自聚焦效应引起的非线性折射率变化可以表示为

$$\Delta n = n_2 I \tag{7.16}$$

式中，n_2 为非线性折射率；I 为激光的光强，可进一步表示为

$$n_2 = \frac{3\eta}{n_0 \varepsilon_0} \chi^{(3)} \tag{7.17}$$

$$I = \frac{|A|^2}{2\eta} \tag{7.18}$$

A 为脉冲包络的振幅；η 为介质的阻抗，定义为 $\eta = \sqrt{\mu_0 / \varepsilon_0}/n_0$，$n_0$ 为介质的线性折射率，μ_0 和 ε_0 分别为真空的磁导率和介电常量；$\chi^{(3)}$ 为三阶电磁化率。如果光强在横截面上分布是不均匀的，它将会导致相位速度在空间上的不一致。若一个高斯激光光束，其光强由中心向边缘径向衰减，可以得出高斯光束中心的相位速度要比周围慢一些。这种相位速度的差异将会导致一个凹的波前平面，光束在传输过程中进行汇聚，即光束的自聚焦效应[25,26]。在成丝现象中还会伴随着其他一系列的非线性过程，等离子体的产生就是其中一个非常重要的现象。当入射光波发生自聚焦时，聚焦点位置的光强很高，以至于介质会被激光电离，并产生一定密度的自由电子，同时伴随着等离子体的产生。凝聚态介质中产生自由电子的主要方式是多光子激发过程，即电子由价带跃迁到导带的过程[27]。

光丝现象最早是在空气中发现的，同样飞秒脉冲在玻璃中传输时也可以形成光丝，只是成丝的内在物理过程比空气要复杂许多。激光对玻璃材料的损伤过程基于强激光对材料的电离过程，因此飞秒激光对玻璃的损伤也是以这两种方式，即雪崩电离和多光子电离进行。对于连续激光或脉冲宽度为几十皮秒的长脉冲激光，由于光强较低，多光子电离可以忽略不计；对于飞秒脉冲，由于激光的场强极高，可达到 10^{10}V/cm 量级[28]，自由电子主要由多光子电离过程产生，不依赖于初始自由电子的密度，损伤方式主要是多光子电离。

飞秒脉冲激光与玻璃的相互作用可做以下两个假设[29]：玻璃各个位置的损伤过程相互独立；玻璃的损伤阈值不会随时间发生变化。由于玻璃中多光子电离产生的自由电子密度比空气中的自由电子密度要高两个数量级以上，脉冲传播过程能量消耗比较大，因此在玻璃中形成的光丝在长度上要远远小于空气中的光丝长度。

考虑一沿 z 轴方向传播的线偏振飞秒激光，电场包络为

$$E = \varepsilon \cos(kz - \gamma_0 t) \tag{7.19}$$

式中，波数

$$k = \frac{n_0 \gamma_0}{c} \tag{7.20}$$

n_0 为玻璃的线性折射率；γ_0 为脉冲的中心频率。

假设标量 $\varepsilon(r, t, z)$ 是一随时间、传播距离变化的缓变函数，则满足传播方程：

$$\frac{\partial \varepsilon}{\partial z} = \frac{i}{2k}\left(\frac{\partial^2}{\partial r^2} + \frac{1}{r}\frac{\partial}{\partial r}\right)\varepsilon - i\frac{k^*}{2}\frac{\partial^2 \varepsilon}{\partial \tau^2} + ik_0 n_2 |\varepsilon|^2 \varepsilon - \left(\frac{\sigma}{2} + i\frac{k_0}{2\rho_0}\right)\rho\varepsilon - \frac{\beta^{(r)}}{2}|\varepsilon|^{2r-2}\varepsilon \tag{7.21}$$

式 (7.21) 等号右边各项分别表示：光束的横向衍射、玻璃的群速度色散效应、非线性自聚焦、等离子体散焦及吸收、多光子吸收。式中，n_2 为玻璃的非线性折射率；k^* 为玻璃的色散系数

$$k^* = \left.\frac{\partial^2 k}{\partial \gamma^2}\right|_{\gamma_0} \tag{7.22}$$

$$\tau = t - \frac{z}{v_\varepsilon} \tag{7.23}$$

式中，v_ε 为脉冲在玻璃中传播的群速度。式 (7.21) 中 σ 表示等离子体的吸收截面，有

$$\sigma = \frac{k\gamma_0\tau_0}{n_0^2\rho_c}\left(1+\gamma_0^2\tau_c^2\right) \tag{7.24}$$

式中，ρ_c 为等离子体电子的临界密度；τ_c 为电子的碰撞时间。式(7.21)中多光子吸收系数为

$$\beta^{(r)} = rh\gamma_0\sigma_\Gamma\rho_{at} \tag{7.25}$$

式中，r 为电子在玻璃的导带、价带之间跃迁所需吸收的光子数；σ_Γ 为多光子电离系数；ρ_{at} 为玻璃的原子密度。

上述是对飞秒激光在 PMMA 中传播的相关理论，利用脉冲在玻璃中的传播方程可以推导和估算出飞秒激光在玻璃中光丝的长度。而由于控制飞秒激光的偏振态不同，包络电场方程不一样，飞秒激光脉冲在玻璃中的传播方程就不同，呈现出的光丝长度必定会不一样。本书在单脉冲能量 1μJ 下针对不同偏振态在 PMMA 中进行成丝并且测量其长度，分析其不同。

7.4.2　实验设计与实验装置

实验装置光路原理如图 7.22 所示，飞秒激光器的型号为 Clark-MXR CPA-2010，中心波长为 775nm，脉冲宽度为 250fs，重复频率为 5kHz。激光器能量通过衰减装置进行衰减，运用 $\lambda/2$ 波片、$\lambda/4$ 波片、空间光调制器以及灰度图的原理，结合检偏器分别产生线偏振光(TE 光和 TM 光)、圆偏振光(RC 光和 LC 光)、径向偏振光以及角向偏振光；再通过聚焦透镜(f=50mm)进行聚焦，加工样品材料采用

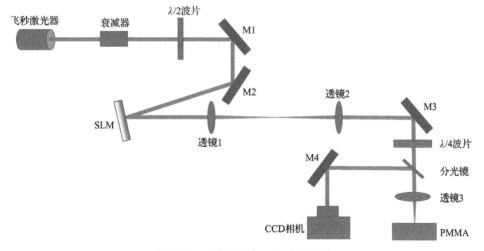

图 7.22　飞秒激光成丝实验原理图

PMMA 材料，加工前对材料侧面进行研磨和光学抛光处理，入射端接功率计测得不同偏振态单脉冲能量都是 1μJ。每一种光加工两次取得 12 个数据。加工完之后将样品放在光学显微镜下测量其光丝长度。

7.4.3　实验结果与分析

利用飞秒激光，结合四种偏振态，即线偏振（TE 和 TM）、圆偏振（RC 和 LC）、径向偏振和角向偏振，分别在透明材料 PMMA 进行加工，均发现飞秒成丝现象，并用显微镜观察测出了对应的成丝长度值。单脉冲能量为 1μJ 作用于 PMMA 上，在显微镜中观测到线偏振光（TE 光和 TM 光）光丝长度为 234.58μm，圆偏振光（RC 光和 LC 光）光丝长度为 232.75μm，径向偏振光与角向偏振光大致相同（为 262.07μm）。具体成丝现象如图 7.23 所示。

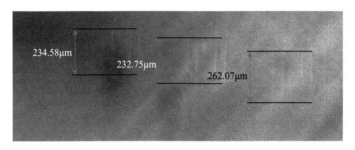

图 7.23　不同偏振光飞秒成丝图

由图 7.23 可以看出，线偏振光与圆偏振光在单脉冲能量为 1μJ 作用下，PMMA 中飞秒成丝长度差别极小，差别不超过 0.01%。而同一情况下径向偏振光与角向偏振光在 PMMA 中成丝的长度明显比前两种偏振光长。由于径向偏振光与角向偏振光属于非均匀偏振光，都具有电矢量轴对称的特性，具有完美的光束轴对称性，都是偏振本征态，它们在某切向的晶体内部传播时，不会发生电场矢量串扰现象[30]。在高数值孔径的透镜聚焦下可以产生超越衍射极限的极小聚焦光斑，比线偏振光和圆偏振光的聚焦光斑质量更好。而且径向偏振光和角向偏振光两种光束分别在径向和轴向光强很强，而相对垂直方向达到光强极小值，这样会使得飞秒脉冲在自聚焦的作用下更好地克服激光脉冲在传输过程中产生的光波线性衍射。在 PMMA 中传播过程中色散更小，因此在成丝效果上比前两种偏振态更好。

参 考 文 献

[1]　Solomon J E. Polarization imaging. Applied Optics, 1981, 20(9): 1537-1544.

[2]　Davis J A, Evans G H, Moreno I. Polarization-multiplexed diffractive optical elements with liquid-crystal displays. Applied Optics, 2005, 44(19): 4049-4052.

[3] Niziev V G, Nesterov A V. Influence of beam polarization on laser cutting efficiency. Journal of Physics D: Applied Physics, 1999, 32(13): 1455-1461.

[4] Iglesias I, Brianl V. Polarization structuring for focal volume shaping in high-resolution microscopy. Optics Communications, 2007, 271(1): 40-47.

[5] Klug U, Düsing J, Sato T, et al. Polarization converted laser beams for micromachining applications. SPIE, 2010, 7590: 756-759.

[6] 阎杰, 鲁拥华, 王沛, 等. 径向偏振光聚焦光斑研究. 光学学报, 2010, 30(12): 3597-3603.

[7] 崔祥霞, 陈君, 杨兆华. 径向偏振光研究的最新进展. 激光杂志, 2009, 30(2): 7-10.

[8] Jin Y, Allegre O J, Perrie W, et al. Dynamic modulation of spatially structured polarization fields for real-time control of ultrafast laser-material interactions. Optics Express, 2013, 21(21): 25333-25343.

[9] Youngworth K, Brown T. Focusing of high numerical aperture cylindrical-vector beams. Optics Express, 2000, 7(2): 77-87.

[10] 郭丽娇. 新型矢量光束的调控及其应用技术基础研究. 天津: 南开大学, 2013.

[11] Phua P B, Lai W J. Simple coherent polarization mainpulation scheme for generating high power radially polarized beam. Optics Express, 2007, 15(21): 14251-14256.

[12] Bomzon Z, Kleiner V, Hasman E. Formation of radially and azimuthally polarized light using space-variant subwavelength metal stripe gratings. Applied Physics Letters, 2001, 79(11): 1587-1589.

[13] 王慧东. 径向偏振光束特性理论研究. 武汉: 华中科技大学, 2009.

[14] 黄研, 叶红安. 矢量偏振光束产生新方法. 中国激光, 2012, 39(4): 1-4.

[15] Tidwell S C, Ford D H, Kimura W D. Generating radially polarized beams interferometrically. Applied Optics, 1990, 29(15): 2234-2239.

[16] 荣振宇. 基于液晶空间光调制器的矢量光场调控研究. 济南: 山东师范大学, 2014.

[17] Hamazaki J, Morita R, Chujo K, et al. Optical-vortex laser ablation. Optics Express, 2010, 18(3): 2144-2151.

[18] 王四华, 冯浪. 挠性电路板微孔钻孔技术研究. CPCA2011 春季国际 PCB 技术/信息论坛, 2011, (4): 121-124.

[19] 余德超, 谈定生. 挠性印制电路板技术及发展趋势. 上海有色金属, 2006, 27(3): 43-47.

[20] 周哲海. 轴对称偏振光束的生成、特性及应用. 北京: 清华大学, 2010.

[21] 陈国夫. 飞秒激光与透明介质的相互作用. 物理, 2005, 34(10): 725-730.

[22] 胡明列, 王清月, 栗岩峰, 等. 飞秒激光在大空气比微结构光纤中增强的非线性光谱展宽. 中国激光, 2004, 31(12): 1429-1432.

[23] 孙晓东. 飞秒激光成丝现象中多丝控制的研究. 天津: 南开大学, 2012.

[24] Mlejnek M, Wright E M, Moloney J V. Dynamic spatial replenishment of femtosecond pulses

propagating in air. Optics Letters, 1998, 23(5): 382-384.

[25] Levenson M. The Principles of Nonlinear Optics. New York: Wiley, 1985.

[26] Boyd R W. Nonlinear Optics. Boston: Academic Press, 2003.

[27] Hu Y Z, Nie J S, Ye Q, et al. Femtosecond laser filamentation with different atmospheric pressure gradients. Optik, 2016, 127(23): 11529-11533.

[28] 刘智, 李儒新, 余玮, 等. 飞秒超短脉冲激光加热金属平面靶. 光学学报, 2000, 20(10): 1297-1304.

[29] Vogel A, Nahen K, Theisen D, et al. Plasma formation in water by picosecond and nanosecond Nd: YAG laser pulses. I. Optical breakdown at threshold and superthreshold irradiance. IEEE Journal of Selected Topics in Quantum Electronics, 1996, 2(4): 847-860.

[30] 唐新春, 高健存, 王坤, 等. 径向偏振光的产生方法及应用. 激光与光电子学进展, 2013, 50(3): 4-14.

第8章 自加速光场调控技术

8.1 自加速光场原理

自加速光束是特指随着传输光场分布会产生横向自加速偏移的一类特殊光束的统称，除了自加速性，此类光束还通常具有无衍射性与自愈性。一般自加速光束可以分为两大类：傍轴域的自加速光束，其中以艾里光束作为典型代表，艾里光束也是傍轴条件下唯一的一维非衍射光束，但扩展到二维情况下，还有 Pearcey 光束、抛物线光束等自加速光束组；而在非傍轴域中，以 Mathieu 光束与 Weber 光束为代表的非傍轴自加速光束则可以具有更大角度的弯曲轨迹。在所有这些自加速光束中，艾里光束[1-6]作为最早发现的一种，也是最具代表性的一种，获得了广泛的研究。本节以艾里光束为例对自加速光束的原理特性做出详细介绍。

在傍轴近似条件下，光的传输行为遵循傍轴衍射波动方程[7]：

$$i\frac{\partial \varphi}{\partial \xi} + \frac{1}{2}\frac{\partial^2 \varphi}{\partial s^2} = 0 \tag{8.1}$$

式中，φ 为艾里光束的电场包络；$s = x/x_0$ 为横向坐标，x_0 代表任意横向尺度，会影响艾里主瓣尺寸大小；$\xi = z/(kx_0^2)$ 为传播距离，$k = 2\pi n/\lambda$ 为波数，n 为介质折射率，λ 为波长。对式(8.1)进行直接求解，可以得到艾里函数解为[8]

$$\varphi(s,\xi) = \text{Ai}\left(s - \left(\frac{\xi}{2}\right)^2\right)\exp\left(i\left(\frac{s\xi}{2} - \frac{\xi^3}{12}\right)\right) \tag{8.2}$$

式中，$\text{Ai}(\cdot)$ 为艾里函数，表达式为

$$\text{Ai}(x) = \frac{1}{\pi}\int_0^\infty \cos\left(\frac{1}{3}t^3 + xt\right)dt \tag{8.3}$$

式(8.2)作为波函数可以用来描述粒子的运动特性，在初始条件下，艾里光束的振幅分布可以描述为 $\varphi(s,\xi=0) = \text{Ai}(s)$，所以在初始条件下艾里波包为标准的艾里函数。

由于艾里波包的不可积分性，理论上的艾里光束具有无限的能量，但是给艾里函数添加截断函数[9,10]，便可获得可积分的艾里函数且结果满足薛定谔方程，

这也是研究艾里光束的基础。截断函数可表示为

$$f_{\text{trunc}} = \begin{cases} 1, & a = 0 \\ \exp(ax), & a > 0 \end{cases} \tag{8.4}$$

式中，a 为衰减程度常数，当 $a = 0$ 时，为理想艾里光束的精确解形式，当 $a > 0$ 时起到衰减作用，a 值越大衰减程度越高。则有限艾里光束的一维场分布为[11]

$$\varphi(s, \xi = 0) = \text{Ai}(s)\exp(as) \tag{8.5}$$

将式(8.5)代入式(8.1)得到有限能量的艾里函数解为

$$\varphi(s, \xi) = \text{Ai}\left(s - \left(\frac{\xi}{2}\right)^2 + ia\xi\right)\exp\left(as - \frac{a\xi^2}{2} + i\left(\frac{s\xi}{2} + \frac{a^2\xi}{2} - \frac{\xi^3}{12}\right)\right) \tag{8.6}$$

根据式(8.6)仿真了理想艾里光束和截断艾里光束的完整轨迹来分析其差异，如图 8.1 所示。设置截断因子 $a = 0.05$，可以得到，当添加截断函数时，主瓣归一化光强由 0.2864 减小到 0.2597，衰减了 9.32%，旁瓣则是越远离主瓣衰减程度越大，由开始的衰减 27.16%逐渐增加到衰减 85.74%，主瓣、旁瓣能量分布衰减非常明显。

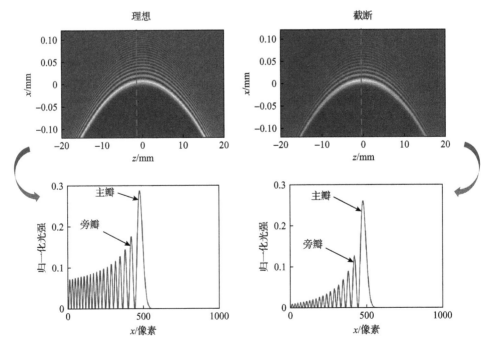

图 8.1 理想艾里光束与截断艾里光束的光场分布及归一化光强分布

进一步，可以将式(8.6)扩展到三维空间获得二维"截趾"艾里光束的光场表达式：

$$\varphi\left(\xi, s_x, s_y\right) = \mathrm{Ai}\left(s_x - \left(\frac{\xi}{2}\right)^2 + \mathrm{i}a\xi\right)\exp\left(as_x - \frac{a\xi^2}{2} + \mathrm{i}\left(\frac{s_x\xi}{2} + \frac{a^2\xi}{2} - \frac{\xi^3}{12}\right)\right)$$
$$\cdot \mathrm{Ai}\left(s_y - \left(\frac{\xi}{2}\right)^2 + \mathrm{i}a\xi\right)\exp\left(as_y - \frac{a\xi^2}{2} + \mathrm{i}\left(\frac{s_y\xi}{2} + \frac{a^2\xi}{2} - \frac{\xi^3}{12}\right)\right) \quad (8.7)$$

对"截趾"艾里光束初始光场式(8.5)做傅里叶变换，可以得到其空间频谱为

$$\Phi(k) = \exp\left(-ak_s^2\right)\exp\left(\frac{\mathrm{i}}{3}\left(k_s^3 - 3ak_s - a^3\right)\right) \quad (8.8)$$

由式(8.8)可以看出，"截趾"艾里光束的傅里叶频谱为立方相位调制的高斯函数。这意味着艾里光束可以通过对立方相位调制的高斯光束进行傅里叶逆变换实现。理想艾里光束在实际实验中无法产生，因此所有艾里光束相关实验研究中都是采用有限能量的"截趾"艾里光束，本书后续研究工作也是基于"截趾"艾里光束所进行的，简洁起见，后文中的艾里光束统一指代"截趾"艾里光束。

8.2　相位全息图位置对艾里光束的影响

2007 年，Siviloglou 等[9,10]通过在艾里函数中添加衰减因子首次在实验中观测到近无衍射艾里光束，自此艾里光束备受关注。基于艾里光束的特性在微粒操纵[12,13]、弯曲等离子通道激发、光子弹[14]、表面等离子激元[15,16]、焦点控制[17,18]和微加工[19]等领域都产生了许多新的应用。

之后，自加速弯曲光束与超快激光的结合[20]逐步走上舞台，但如何有效调制加速弯曲光束的轨迹与能量也因而成为一道难题。2011 年，Greenfield 等[21]在理论和实验上证明了沿空间中任意轨迹弯曲的光束，在光束弯曲调控的研究上踏出了重要一步。同年，Froehly 等[22]根据焦散理论成功合成四次幂曲线和对数曲线，提供了一种任意合成加速曲线的新颖手段，并结合 4f 成像系统，证明了 4f 成像系统会保留光束加速弯曲特征。2012 年和 2013 年，Mathis 等[19,23]结合艾里光束与飞秒激光，通过对高斯光进行立方相位调制，尝试了硅与金刚石材料上弯曲结构微纳加工，还研究了设计任意加速光束的方案。

目前大多数研究只取艾里光束传播轨迹的一半作为研究的标准，存在一定的局限性[9,22,24]。本书在保证完整轨迹的前提下，提出了一种通过对相位全息图几何变换调制的方法来探究艾里光束的传输特性，利用傅里叶光学得到相应的光谱公

式并进行仿真，利用液晶空间光调制器的灵活可编程性的特点进行实验验证，实现原理如图 8.2 所示。

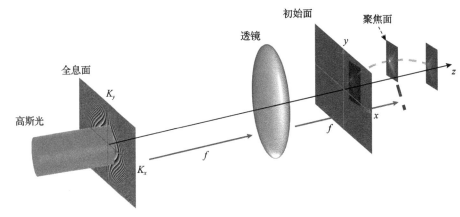

图 8.2 艾里光束实现原理

8.2.1 相位全息图水平方向移动对艾里光束的影响

对相位全息图进行几何参数变换，实际是在艾里光束中引入倾斜角[25]，其初始输入场分布表示为

$$\varphi(x) = \text{Ai}(x) f_{\text{trunc}} \exp\left(iS_m x\right) \tag{8.9}$$

式中，S_m 为引入的艾里光束的倾斜角，与全息图位置变换参数对应。

基于傅里叶光学理论对式 (8.9) 进行变换并拓展到三维空间，得到二维艾里光束空间频率为

$$\Phi_1(x,y) = \exp\left(-ak^2\right) \exp\left(i\frac{(x-\Delta x)^3 - 3a^2(x-\Delta x)}{3} - a(x-\Delta x)^2 + \frac{a^2}{3}\right)$$

$$\cdot \exp\left(i\frac{(y-\Delta y)^3 - 3a^2(y-\Delta y)}{3} - a(y-\Delta y)^2 + \frac{a^2}{3}\right) \tag{8.10}$$

式中，Δx 和 Δy 是全息图移动的距离，同时移动距离与激光入射光斑直径 D 有关，需满足：

$$(x-\Delta x)^2 + (y-\Delta y)^2 < (D/2)^2 \tag{8.11}$$

图 8.3 为水平方向移动的相位全息图及其对应的光场分布，相位全息图左右偏移为 2mm。当 $\Delta x > 0$ 时，艾里光束的轨迹向左平移且以相同弧度进行扩大；同样，

当 $\Delta x < 0$ 时，艾里光束的轨迹向右平移且保持相同弧度进行扩大。结合经验以主瓣能量效率 η 为 15%以上的位置作为有效长度，为

$$\eta = \frac{P_{\mathrm{v}}}{P_{\max}} \times 100\% \tag{8.12}$$

式中，P_{v} 为单个间隔点的峰值；$P_{\max}$ 为测量过程中出现的最大峰值。三者的能量分布相似，有效长度(图 8.3 中虚线所示)都约为 30mm 且越远离初始位置能量越弱。结果表明相位全息图的左右移动对艾里光束轨迹的调控有明显作用。

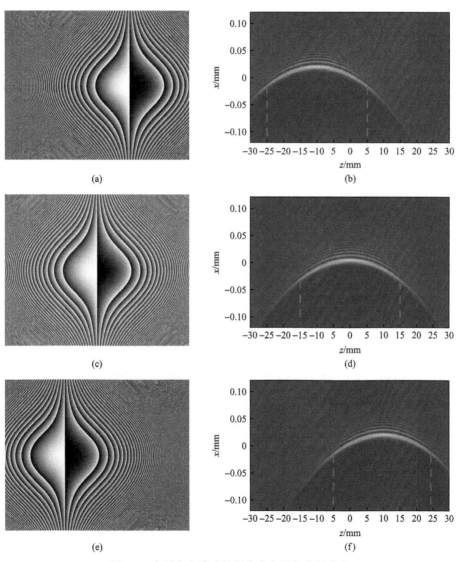

图 8.3　水平方向移动的相位全息图与光场分布

通过实时移动相机进行采点，记录电动导轨的移动距离与相机中艾里光束主瓣的移动距离及峰值大小的变化，相机中以峰值 0～255 大小代表能量强弱。图 8.4 为相位全息图水平方向移动测试结果，因艾里光束的能量主要分布在主瓣，所以只对主瓣进行分析。当 $\Delta x = -2\text{mm}$ 时，艾里光束传播轨迹向右移动；当 $\Delta x = 2\text{mm}$ 时，艾里光束传播轨迹向左移动。三者的能量分布也是一样的，传输轨迹变化与仿真近似，有效长度略短于 30mm，其是由采点或光学系统的误差造成的。

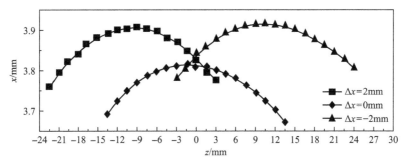

图 8.4 相位全息图水平方向移动的实验结果

8.2.2 相位全息图竖直方向移动对艾里光束的影响

图 8.5 为竖直方向移动的相位全息图及其对应的光场分布，光场分布图右上角是其三维空间分布。当相位全息图质心上下移动时，虽然艾里光束的能量没有发生变化，但是其空间传输轨迹发生了改变。当 $\Delta y = 0$ 时是在竖直平面内传播，当 $\Delta y > 0$ 时其传输轨迹在空间中沿顺时针偏转，当 $\Delta y < 0$ 时其传输轨迹在空间中沿逆时针偏转，且有效长度一样。所以相位全息图上下的偏移会使艾里光束的传播距离在空间发生偏转。

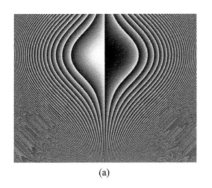
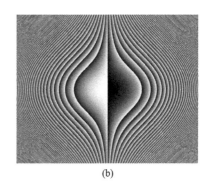

(a)   (b)

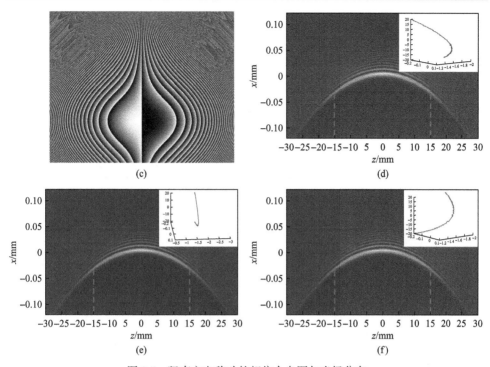

图 8.5　竖直方向移动的相位全息图与光场分布

图 8.6 为相位全息图的竖直方向移动测试结果, 表 8.1 为不同距离下艾里光束变化规律。当 $\Delta y = 0$mm 时, 艾里光束在 xz 平面传播且主瓣旁瓣是完整且垂直的;

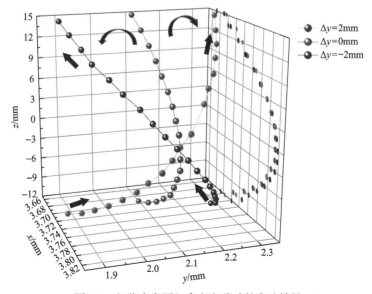

图 8.6　相位全息图竖直方向移动的实验结果

当 $\Delta y = 2$mm 时，艾里光束在空间中沿顺时针体对角线传播，且随着距离主瓣能量向旁瓣转移；当 $\Delta y = -2$mm 时，艾里光束在空间中沿逆时针体对角线传播且主瓣能量向旁边转移。随着传播距离的增加，能量由一边转移到另一边，且相位全息图上下移动艾里光束能量转移方向是相反的。由表 8.1 可知三者的能量分布是一致的，且只有在抛物线轨迹最高点处三者主瓣、旁瓣是完整且垂直的，这与相位全息图偏移量有关。

表 8.1 相位全息图竖直方向移动艾里光束随距离变化规律

Δy	z						
	−12mm	−7.5mm	−3mm	0mm	3mm	7.5mm	12mm
2mm							
0mm							
−2mm							

8.3 相位全息图偏转角对艾里光束的影响

将可控偏转角 θ 引入式 (8.8)，根据坐标旋转理论，坐标转换关系为

$$\Phi_2(x,y) = \exp\left(i\frac{(x\cos\theta - y\sin\theta)^3 + (x\sin\theta + y\cos\theta)^3}{3} \right)$$

$$\cdot \exp\left(-a\left[(x\cos\theta - y\sin\theta)^2 + (x\sin\theta + y\cos\theta)^2 \right] \right) \quad (8.13)$$

可以通过改变 θ 对艾里光束产生影响，图 8.7 为实验测试结果，表 8.2 为不同偏转角下艾里光束随距离变化规律。当相位全息图旋转时，艾里光束的传播轨迹也会跟着旋转，且偏转角是一一对应的。当 $\theta = -45°$ 时，艾里光束传播轨迹沿空间逆时针旋转 45°；同样，当 $\theta = 45°$ 时，艾里光束传播轨迹沿空间顺时针旋转 45°，两者的能量分布同样不会随之变化。由表 8.2 则可以看出，不管哪个方向旋转，艾里光束都保持完整的旁瓣包围主瓣的结构且相互垂直，另外艾里光束形状也会随相位全息图的旋转而旋转且与传播轨迹旋转方向相反。

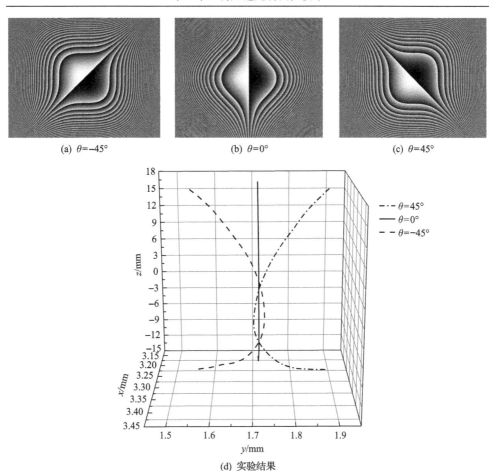

(a) θ=−45°　　　　　(b) θ=0°　　　　　(c) θ=45°

(d) 实验结果

图 8.7　相位全息图竖直方向移动艾里光束传播轨迹

表 8.2　不同偏转角艾里光束随距离变化规律

θ	z						
	−12mm	−7.5mm	−3mm	0mm	3mm	7.5mm	12mm
−45°							
0°							
45°							

8.4　光强可控艾里光束的实现方法

合理地修改立方相位,以产生能量可调谐的艾里光束,将可控相位引入式(8.8)得到

$$\Phi_3(x,y) = \exp\left(-a\left(x^2+y^2\right)\right)\exp\left(\mathrm{i}\,\frac{x^3+y^3-3a^2(x+y)-2a^3}{3}\right)$$
$$\cdot \exp\left(\mathrm{i}\,\frac{6x^2y-y^3}{12}\right)\exp\left(-\mathrm{i}\,\frac{vy^2}{2}\right) \tag{8.14}$$

令 $\Phi_r = \exp\left(\mathrm{i}\left(6x^2y-y^3\right)/12\right)$ 是对立方相位修改的相位项, $\Phi_m = \exp\left(-\mathrm{i}\left(vy^2\right)/2\right)$ 是能量调制相位项,可以通过改变 v 对艾里光束能量进行调制。

根据角谱衍射进行远场衍射仿真,可以知道随传播距离变化艾里光束能量的流向,取 $v=-2$、0、2 时的参数进行仿真,以焦平面(能量最高)为初始平面观察其不同离焦距离处艾里光束的变化规律,如图8.8所示。当 $v=0$ 时, $\Phi_m=1$ 不起调制作用, Φ_r 对立方相位调制生成调制艾里光束,在初始平面,艾里光束保持完整的相交形状且主瓣能量最高,随着远离初始平面,主瓣的能量逐渐向内部流动且产生了杂散旁瓣,随着传播距离的增加杂散旁瓣慢慢消失,不变的是各个位置的主瓣能量仍是最高的。因为调制后的全息图并不完全左右对称,所以艾里光束

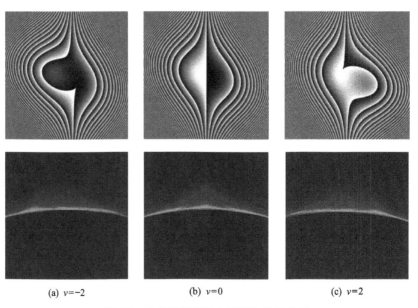

(a) $v=-2$　　　　　　　　(b) $v=0$　　　　　　　　(c) $v=2$

图 8.8　能量调制相位全息图与光场分布

在传播过程两旁瓣并不是垂直的且能量分布不是完全对称的。当 $v=2$ 时 Φ_{m} 和 Φ_{r} 均起调制作用，距离初始平面越远，能量流动越明显。在负离焦平面，主瓣能量内流，距初始平面越远主瓣能量越弱，尖锐的波前分布随着传播距离的增加逐渐演变成平滑的弧形。相反，在正离焦平面，内部能量流向主瓣，距初始平面越远主瓣能量越强，最后维持稳定。同理，当 $v=-2$ 时与当 $v=2$ 时能量流动变化情况正好相反。

为了清楚知道不同数值调制参数 v 与能量分布调制移动范围的关系，量化了它们之间的关系，这对继续向下研究也非常有意义。因为 v 值的正值与负值是对称分布的，所以选取 $v=0$、1、2 时的调制艾里光束为标准，根据角谱衍射理论仿真了其传播轨迹与光强分布，如图 8.9 所示，图中虚线椭圆框表示能量移动的方向与距离，虚线椭圆框垂直引下的虚线是映射到弦长的能量移动的位置。随着 v 值的增加，能量持续右移，以能量分布移动比为标准进行量化调制参数 v 与能量分布调制移动范围的关系，能量分布移动比 η_{pv} 为

$$\eta_{\mathrm{pv}} = \frac{|x_v|}{|x|} \times 100\% \tag{8.15}$$

式中，x_v 为不同 v 值时对应的能量移动范围坐标的中位数；x 为移动轨迹总长度的一半。通过仿真数据可知 $x=32\mathrm{mm}$，$x_1=8.8\mathrm{mm}$，$x_2=16\mathrm{mm}$，根据能量分布移动比计算可知 $\eta_{\mathrm{p1}}=27.5\%$，$\eta_{\mathrm{p2}}=50\%$。因为能量偏移是一个范围，所以量化调制参数 v 每改变单位数值，能量的移动比为 26.25%。

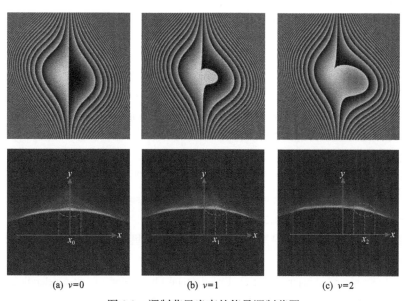

图 8.9　调制艾里光束的能量调制范围

　　当调制相位与入射光的位置不在同一质心时，会使艾里光束的传播轨迹发生变化，于是将其与之结合，选取 $v=2$ 时的全息图使其水平方向移动 $\Delta x=-2\text{mm}$、0mm、2mm，调制相位质心与入射光的位置将发生偏移，根据角谱衍射理论计算了其传播轨迹与能量分布，如图 8.10 所示。当 $\Delta x=-2\text{mm}$ 全息图水平向左偏移时，艾里光束的能量没有发生变化，传播轨迹向右进行了平移；当 $\Delta x=2\text{mm}$ 全息图水平向右偏移时，艾里光束的能量没有发生变化，传播轨迹向左进行了平移。

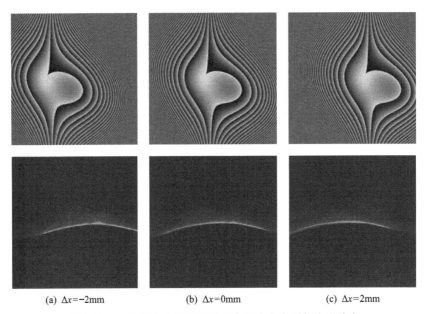

(a) $\Delta x=-2\text{mm}$　　　　　(b) $\Delta x=0\text{mm}$　　　　　(c) $\Delta x=2\text{mm}$

图 8.10　水平偏移的调制艾里光束相位全息图与光强分布

参 考 文 献

[1] Anaya-Contreras J A, Zuniga-Segúñdo A, Moya-Cessa H M. Airy beam propagation: Autofocusing, quasi-diffractional propagation and self healing. Journal of the Optical Society of America A, 2021, 38(5): 711-718.

[2] 陈志刚, 许京军, 胡毅, 等. 自加速光的调控及其新奇应用. 光学学报, 2016, 36(10): 125-144.

[3] Chu X X, Zhou G Q, Chen R P. Analytical study of the self-healing property of Airy beams. Physical Review A, 2012, 85: 013815.

[4] 代超宜, 韩洪民, 范引鹏, 等. 基于可变形透镜的可调艾里光束生成. 中国激光, 2020, 47(8): 0805002.

[5] Dolev I, Kaminer I, Shapira A, et al. Experimental observation of self-accelerating beams in quadratic nonlinear media. Physical Review Letters, 2012, 108(11): 113903.

[6] 韩洪民, 范引鹏, 杨叶城, 等. 基于变形镜的多波长艾里光束生成与传播特性. 光学学报, 2021, 41 (16): 1626001.

[7] Berry M V, Balazs N L. Nonspreading wave packets. American Journal of Physics, 1979, 47 (3): 264-267.

[8] 刘毅. 飞秒激光可控弯曲结构加工新方法及其应用. 北京: 北京理工大学, 2016.

[9] Siviloglou G A, Christodoulides D N. Accelerating finite energy Airy beams. Optics Letters, 2007, 32 (8): 979-981.

[10] Siviloglou G A, Broky J, Dogariu A, et al. Observation of accelerating Airy beams. Physical Review Letters, 2007, 99 (21): 213901.

[11] 柯熙政, 宋强强, 王姣. 衰减因子和横向尺度对 Airy 光束三大特性的影响. 红外与激光工程, 2017, 46 (9): 0922003.

[12] Schley R, Kaminer I, Greenfield E, et al. Loss-proof self-accelerating beams and their use in non-paraxial manipulation of particles' trajectories. Nature Communications, 2014, 5 (5): 5189.

[13] Zhao J Y, Chremmos I D, Song D H, et al. Curved singular beams for three-dimensional particle manipulation. Scientific Reports, 2015, 5 (1): 12086.

[14] Polynkin P, Kolesik M, Moloney J V, et al. Curved plasma channel generation using ultraintense Airy beams. Science, 2009, 324 (5924): 229-232.

[15] Libster-Hershko A, Epstein I, Arie A. Rapidly accelerating Mathieu and Weber surface plasmon beams. Physical Review Letters, 2014, 113 (12): 123902.

[16] Minovich A E, Klein A E, Neshev D N, et al. Airy plasmons: Non-diffracting optical surface waves. Laser & Photonics Reviews, 2014, 8 (2): 221-232.

[17] Zhang J G, Li Y F, Tian Z W, et al. Controllable autofocusing properties of conical circular Airy beams. Optics Communications, 2017, 391: 116-120.

[18] Li T, Zi F, Huang K K, et al. Multifocus autofocusing Airy beam. Journal of the Optical Society of America A: Optics, Image Science, and Vision, 2017, 34 (9): 1530-1534.

[19] Mathis A, Courvoisier F, Froehly L, et al. Micromachining along a curve: Femtosecond laser micromachining of curved profiles in diamond and silicon using accelerating beams. Applied Physics Letters, 2012, 101 (7): 106-678.

[20] 李佳群, 闫剑锋, 李欣, 等. 透明介质材料的超快激光微纳加工研究进展. 中国激光, 2021, 48 (2): 307-321.

[21] Greenfield E, Segev M, Walasik W, et al. Accelerating light beams along arbitrary convex trajectories. Physical Review Letters, 2011, 106 (21): 213902.

[22] Froehly L, Courvoisier F, Mathis A, et al. Arbitrary accelerating micron-scale caustic beams in two and three dimensions. Optics Express, 2011, 19 (17): 16455-16465.

[23] Mathis A, Courvoisier F, Giust R, et al. Arbitrary nonparaxial accelerating periodic beams and

spherical shaping of light. Optics Letters, 2013, 38(13): 2218-2220.

[24] Ling J Y, Yang Q Y, Zhang S X, et al. Improved generation method utilizing a modified Fourier spectrum for Airy beams with the phase-only filter technique. Applied Optics, 2017, 56(25): 7059-7066.

[25] Siviloglou G A, Broky J, Dogariu A, et al. Ballistic dynamics of Airy beams. Optics Letters, 2008, 33(3): 207-209.

第9章 多截面成像方法

全息显示技术是目前广泛关注和研究的 3D 显示技术之一[1-4]。它是一种使用波前信息来实现 3D 场重建的显示技术[5]。通过波前记录，全息图完全保留了待重建物体的振幅和相位信息，从而可以准确再现 3D 目标的强度和深度[6]。使用计算机模拟和处理光学过程，全息图的计算生成通常在空间光调制器[7]的帮助下具有大量有前途的前沿应用，如全息显示器[8,9]、原子光阱[10,11]、全息加密[12]、全息光刻[13]和全息显微镜[14,15]。

9.1 多截面成像原理

要实现不同的轴向截面聚焦成像，成像系统必须具有多个焦距，满足不同轴向截面的物像共轭关系。为了实现每个轴向成像截面都具有良好的成像质量，并避免不同成像截面间的像差补偿问题，最有效的成像方式就是保证每个成像截面都具有相同的数值孔径和成像视场。

本节采取如下方案，以无限筒长显微镜为基本结构，在物镜前组后加入可变焦距光组，形成组合透镜，如图 9.1 所示。物镜前组的焦距为 f'_{obj}，可变焦距光组的焦距为 $f'_i (i = 1, 2, \cdots, n)$，物镜前组与可变焦距光组的间距为 d，H_1 和 H'_1 为物镜前组的物方主平面和像方主平面，H_2 和 H'_2 为可变焦距光组的物方主平面和像方主平面。

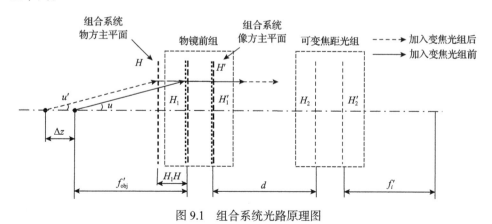

图 9.1 组合系统光路原理图

根据理想光学系统的组合法则，组合焦距可表示为

$$f' = \frac{f'_{\text{obj}} f'_i}{f'_{\text{obj}} + f'_i - d} \tag{9.1}$$

组合系统的物方主平面 H 与物镜前组的物方主平面 H_1 的距离为

$$H_1 H = \frac{d f'_{\text{obj}}}{f'_{\text{obj}} + f' - d} \tag{9.2}$$

组合系统的像方主平面 H' 与物镜前组的像方主平面 H'_1 的距离为

$$H'_1 H' = \frac{d \left(f'_{\text{obj}} - d \right)}{f'_{\text{obj}} + f' - d} \tag{9.3}$$

设 l_1 和 l'_1 分别为物镜前组的物距和像距，根据高斯公式，成像系统的放大倍率为

$$\beta_1 = \frac{l'_1}{l_1} = \frac{f'_{\text{obj}} - l'_1}{f'_{\text{obj}}} \tag{9.4}$$

为分析不需轴向扫描实现多截面同时聚焦成像的条件，对组合焦距为 f' 的成像系统，在保持与 f' 相同的像面条件下，根据高斯公式，组合成像系统新的物距 l 应满足的物、像共轭关系为

$$\frac{1}{l'_1 - H'_1 H'} - \frac{1}{l + H_1 H} = \frac{1}{f'} \tag{9.5}$$

相应地，组合成像系统的放大倍率为

$$\beta = \frac{l'_1 - H'_1 H'}{l_1 + H_1 H} = 1 - \frac{l'_1 - H'_1 H'}{f'} \tag{9.6}$$

结合式 (9.1)～式 (9.3)，可得

$$\beta = \frac{\left(f'_{\text{obj}} - d \right)\left(l'_1 - d \right)}{f'_{\text{obj}} f'} + \frac{f'_{\text{obj}} - l'_1}{f'_{\text{obj}}} \tag{9.7}$$

比较式 (9.4) 和式 (9.7) 可以看出，当两光组的间距 $d = f'_{\text{obj}}$ 时，由式 (9.1)～式 (9.7) 可得

$$
\begin{cases}
\beta = \beta_1 \\[2mm]
f' = f'_{obj} \\[2mm]
H_1 H = \dfrac{f'^{2}_{obj}}{f'_i} \\[4mm]
H'_1 H' = 0 \\[2mm]
l = \dfrac{l'_1 f'_{obj}}{f'_{obj} - l'_1} + \dfrac{f'^{2}_{obj}}{f'_i}
\end{cases}
\tag{9.8}
$$

由式 (9.8) 可以看出，在焦距为 f'_{obj} 的物镜前组的像方焦面叠加焦距为 f'_i 的成像光组，不管焦距 f'_i 如何变化，放大倍率 β 保持不变，组合系统的像方主平面 H' 始终与物镜前组的像方主平面 H'_1 重合（$H'_1 H' = 0$）。意味着组合成像系统的像平面保持不变，而成像物平面随 f'_i 的变化而发生变化，且变化的距离等于组合系统物方主平面改变的距离：

$$
\Delta z = \frac{f'^{2}_{obj}}{f'_i} \tag{9.9}
$$

显然，对于一个无限筒长的显微成像系统，若在物镜前组的像方焦平面同时叠加多个不同焦距的理想成像光组，则聚焦平面能够同时扫描样品的不同轴向深度截面，而保持截面的放大倍率及像平面固定不变。

同时，成像系统的孔径光阑和视场光阑是确定的，并不随焦距 f'_i 的变化而变化，因此不同的轴向深度截面具有成像视场，在图 9.1 中可得 $u = u'$。根据数值孔径的计算公式 $NA = n\sin u$，可以看出不同轴向深度截面具有相同的成像数值孔径。

根据傅里叶光学理论，一个焦距为 f'_i 的理想成像透镜的相位调制量为

$$
\varphi(x, y) = -\frac{\pi}{\lambda f'_i}\left(x^2 + y^2\right) \tag{9.10}
$$

式中，λ 为入射波长；(x, y) 为以透镜中心为原点的坐标。与式 (9.10) 具有等效功能作用的是由一系列同心环带组成的相位菲涅耳透镜。设空间光调制器的像素分辨率为 $M \times N$，像素中心间距为 a，则焦距为 $f'_i (i = 1, 2, \cdots, n)$ 的相位菲涅耳透镜在空间光调制器中的相位模型为式 (9.10) 的离散型，可表示为

$$
\varphi_i(k, l) = \mathrm{mod}_{2\pi}\left(-\frac{\pi}{\lambda f'_i}\left[(ka)^2 + (la)^2\right]\right) \tag{9.11}
$$

式中，$-\dfrac{M}{2} \leqslant k \leqslant \dfrac{M}{2}$，$-\dfrac{N}{2} \leqslant l \leqslant \dfrac{N}{2}$。由式(9.11)可以看出，对于 n 个焦距中的任意焦距，空间光调制器中的每个像素都有其相应的相位调制量。对于 n 个不同的焦距，设计算法将空间光调制器中所有的像素随机分配给每个焦距的菲涅耳透镜，每个焦距取 $MN/2$ 个像素点，形成具有 n 个焦距的复用菲涅耳透镜。

为了实现不同的轴向截面成像在像平面的不同区域而互不重叠，不同焦距的菲涅耳透镜的出射光束应具有不同的偏转角，为此，利用空间光调制器模拟数字闪耀光栅来实现，针对焦距为 f_i' 的光束，其对应的相位分布可表示为

$$\varphi_i(k,l) = \mathrm{mod}_{2\pi}\left(\frac{2\pi}{T_{x\_i}}k + \frac{2\pi}{T_{y\_i}}l\right) \tag{9.12}$$

式中，$-\dfrac{M}{2} \leqslant k \leqslant \dfrac{M}{2}$，$-\dfrac{N}{2} \leqslant l \leqslant \dfrac{N}{2}$；$T_{x\_i}$ 和 T_{y_i} 分别为 x、y 方向以像素为单位的光栅周期。根据衍射理论，加载数字闪耀光栅后，其衍射角大小与闪耀光栅的周期有关，衍射角的方向与闪耀光栅的槽面法线有关，由光栅方程可得经过数字闪耀光栅后，光束在 x、y 方向的衍射角(或闪耀角)为

$$\begin{cases} \theta_{x\_i} = \arcsin\left(\dfrac{\lambda}{aT_{x\_i}}\right) \\[4mm] \theta_{y\_i} = \arcsin\left(\dfrac{\lambda}{aT_{y\_i}}\right) \end{cases} \tag{9.13}$$

衍射角的方向取决于 k、l 的符号。由式(9.11)和式(9.12)可得，欲实现焦距为 f_i' 和具有相应偏转角的功能的器件，其相位为

$$\varphi_i(k,l) = \mathrm{mod}_{2\pi}\left(-\frac{\pi}{\lambda f_i'}\big[(ka)^2 + (la)^2\big] + \frac{2\pi}{T_{x\_i}}k + \frac{2\pi}{T_{y\_i}}l\right) \tag{9.14}$$

因此，利用空间光调制器模拟同时具有光束聚焦和偏转功能的数字复用透镜，实现 n 个不同焦距，且每个焦点对应的出射光束具有不同的偏转角，其总的相位可表示为

$$\varphi_s(k,l) = \mathrm{mod}_{2\pi}\left(\sum_{i=1}^{n}\varphi_i(k,l)\right) \tag{9.15}$$

9.2 高时间分辨的多截面显微成像

根据多截面同时成像理论和空间光调制器能模拟多焦点和多偏转角数字复用透镜的特性，设计三维显微成像系统。根据样品是否透光分为两类成像系统：透射式、反射式。透射式显微成像系统主要用于观测能够透光的基于盖玻片的样品，反射式显微成像系统用于不透光的微小样品的三维观测。

图 9.2 为透射式三维显微成像系统的原理图。为保证轴向各截面成像的光通量，用功率可调的 Nd:YAG 输出的 532nm 倍频激光作为成像系统的照明光源。为抑制激光散斑噪声对成像质量的影响，采用多模光纤耦合方式输出照射样品。在无限筒长显微物镜后，加入傅里叶透镜组 L_1 和 L_2 构成 1:1 转像系统，将物镜前组的像方焦面从镜筒内部移出，以便与反射式空间光调制器重合。通过半波片调整激光器输出的偏正态与空间光调制器中液晶分子方向匹配。将具有光束聚焦和偏转功能的复用透镜的相位全息图加载到空间光调制器中。复用透镜与显微物镜前组构成新的成像系统，并使得满足物、像共轭关系的轴向不同成像截面光束经筒镜成像在 CCD 中。根据观测样品对时间分辨率的要求分为两种系统。

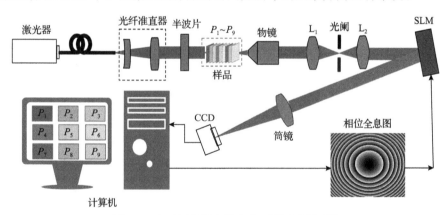

图 9.2 高时间分辨率的多截面同时成像系统

1. 高时间分辨率的多截面同时成像系统

针对实时性要求高的样品，采用多截面同时成像的方式，系统的成像面个数和轴向间隔可通过改变菲涅耳透镜的焦距调节，像面间的横向偏移距离可通过改变闪耀光栅的闪耀角调节，利用式(9.15)生成具有 n 个焦距和 n 个偏转角的相位全息图，将此全息图加载到空间光调制器中，就可以实现多截面同时成像在 CCD 不同区域上。由可调的矩形光阑置于光路中调节成像系统的圆形视场为矩形视场，以便与 CCD 视场匹配并保证每个截面图像互不交叠，如图 9.2 所示，样品的 n 个

不同截面 $P_1, P_2, \cdots, P_n$ 在 CCD 中不同区域显示。

2. 宽视场多截面逐层成像系统

多截面同时成像的不足是有效视场有限，当截面数太多(如 $n > 9$)时，每个截面在 CCD 中所占区域有限，将影响每个截面的视场。因此，对实时性要求不高(频率 $< 50\text{Hz}$)，而对视场要求较高的样品，采用单次单截面成像的方式。通过在空间光调制器中加载单截面对应的相位全息图，使得在 CCD 中每次只成一个截面的像。动态改变空间光调制器中不同截面的全息图，就可实现多截面的逐层成像，这些图像具有较高的横向空间分辨率，成像速度与空间光调制器中液晶刷新频率有关(约 50Hz)。如果需要观测样品，需要同时满足较大的视场和较高的时间分辨率，还可以将 n 个截面的像分成多次显示，每次选取 $2 \sim 4$ 幅在 CCD 中显示，保证一定的视场和时效性。

反射式多截面成像系统的原理与透射式一致，只是照明方式和样品不一样，而且不同截面的像不仅可以在 CCD 中不同区域显示，还可以利用信息融合技术将不同截面的像构建出样品的三维图。

由瑞利判据可知，成像系统的横向分辨率($0.61\lambda/\text{NA}$)主要由数值孔径 NA 决定，前面已分析，在轴向不同截面处，NA 值保持不变，因此系统不同截面的像的横向分辨率保持不变，接近衍射极限。

除横向分辨率，三维显微成像的性能参数主要有截面个数、截面间距和截面范围(景深)。这些参数受组合透镜的焦距、空间光调制器的像素分辨率、相位全息图灰度阶数(衍射效率)、筒镜的焦距和 CCD 物理尺寸等参数影响，其示意图如图 9.3

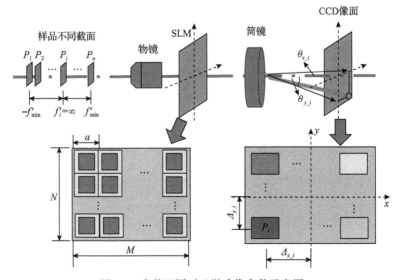

图 9.3　多截面同时显微成像参数示意图

所示。

由式(9.11)菲涅耳透镜的相位分布表达式可知，相位调制的最大空间频率随焦距 f_i' 的减小而增大，然而空间光调制器能够表示的空间频率大小受其离散特性限制。因此，用空间光调制器模拟菲涅耳透镜时，需要考虑采样对菲涅耳透镜最小焦距的限制。设定模拟的菲涅耳透镜的坐标原点在空间光调制器的中心，空间光调制器的像素分辨率为 $M \times N$，像素中心间距为 a，则在 x、y 方向的最大空间坐标为其通光孔径的一半，即 $M_a/2$、$N_a/2$，相位调制的最高空间频率可表示为

$$
\begin{cases}
F_{x\_\max} = \dfrac{M_a}{2\lambda f_i'} \\[2mm]
F_{y\_\max} = \dfrac{N_a}{2\lambda f_i'}
\end{cases}
\tag{9.16}
$$

因空间光调制器中采样间隔为像素间距 a，根据采样定理，应该满足：

$$
\begin{cases}
F_{x\_\max} = \dfrac{M_a}{2\lambda f_i'} \leqslant \dfrac{1}{2a} \\[2mm]
F_{y\_\max} = \dfrac{N_a}{2\lambda f_i'} \leqslant \dfrac{1}{2a}
\end{cases}
\tag{9.17}
$$

另外，由于相位菲涅耳透镜在一个环带周期内的相位变化范围为 $0 \sim 2\pi$，而空间光调制器是通过灰度阶数 m 控制相位在 $0 \sim 2\pi$ 内变化的。根据菲涅耳波带理论，相位阶数取得越多，主焦点的衍射效率就越高(如 $m=8$ 时，主焦点的衍射效率达 95%)。为了主焦点高衍射效率的需要，空间光调制器必须能够实现足够多的灰度阶数控制，此时

$$
\begin{cases}
F_{x\_\max} = \dfrac{M_a}{2\lambda f_i'} \leqslant \dfrac{1}{2am} \\[2mm]
F_{y\_\max} = \dfrac{N_a}{2\lambda f_i'} \leqslant \dfrac{1}{2am}
\end{cases}
\tag{9.18}
$$

由式(9.18)可得空间光调制器模拟的复用透镜的最小焦距为

$$
f_{\min}' \geqslant \max\left(\frac{Mma^2}{\lambda}, \frac{Nma^2}{\lambda} \right) = \frac{Mma^2}{\lambda}
\tag{9.19}
$$

由式(9.19)可知，最小焦距受空间光调制器自身参数 M、N 和 a，以及波长和灰度等级 m 的影响。

根据式(9.1)，当 f_i' 取最大值($f_i' = \infty$)时，成像系统的物平面为原显微系统的

固有成像物面。由式 (9.9) 可知，最大的轴向成像截面距离由空间光调制器调制的最小菲涅耳透镜焦距决定。因此，当复用透镜的焦距 f_i' 取 $\pm f_{\min}'$ 时，对应的截面位置为成像系统像平面的两端，即成像范围为

$$I_{\text{range}} = -\frac{f_{\text{obj}}'^2}{f_{\min}'} \sim \frac{f_{\text{obj}}'^2}{f_{\min}'} = -\frac{\lambda f_{\text{obj}}'^2}{Mma^2} \sim \frac{\lambda f_{\text{obj}}'^2}{Mma^2} \tag{9.20}$$

在成像范围内，截面的位置可以等间隔或非等间隔选取，间隔的大小将决定复用透镜的焦距大小，截面数将决定复用透镜需要产生的焦距数，在多截面同时成像的情况下，还将影响衍射角和在 CCD 中的成像区域位置。

不同轴向截面经物镜前组和空间光调制器形成复用透镜后，以不同的衍射角经筒镜聚焦成像在 CCD 平面的不同位置，每一成像截面在 CCD 平面中的位置偏移量为

$$\begin{cases} \Delta_{x\_i} \approx \theta_{x\_i} f_t' \\ \Delta_{y\_i} \approx \theta_{y\_i} f_t' \end{cases} \tag{9.21}$$

式中，θ_{x_i} 和 θ_{y_i} 为焦距 f_i' 对应的衍射角；f_t' 为筒镜的焦距。

9.3　高时间分辨多界面成像实验

9.3.1　多平面同时成像实验 1

将如图 9.4 所示的被测样品图案粘贴在厚度约为 1mm 的载玻片一侧，并将载玻片固定在二维微位移平台上，调节微位移平台的轴向和横向旋钮，使光源均匀照射样品字母部分，并保证样品与光路中其他光学元件的同轴度。在空间光调制器中分别加载焦距为 $f_1 = 400\text{mm}$ 和 $f_2 = 500\text{mm}$ 的单焦点相位灰图，如图 9.5 所示，

图 9.4　样品 1 图案

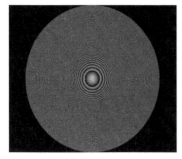 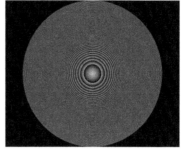

(a) f_1=400mm   (b) f_2=500mm

图 9.5 单焦点菲涅耳透镜相位灰度图

并在 CCD 中观测成像结果。

图 9.6 为多平面分时成像的成像结果。当在空间光调制器中加载焦距为 f_1 = 400mm 的单焦点菲涅耳透镜相位灰度图时，调节二维微位移平台的轴向旋钮，直到在 CCD 中能够观察到最清晰的像，此时该样品所处位置即加入新光组后能够满足系统物、像共轭关系的轴向物平面，测量可知该截面与物镜的距离为 z_1 = 23.00mm，如图 9.6(a) 所示。保持光路中其他光学元件位置不变，将空间光调制器更换为焦距为 f_2 =500mm 的单透镜，在 CCD 中观测到图像变模糊，如图 9.6(b) 所示。为了找到与加入焦距为 f_2 =500mm 的新光组后对应的成像物平面，继续调

(a) f_1=400mm, z_1=23.00mm   (b) f_2=500mm, z_1=23.00mm

(c) f_1=400mm, z_2=23.24mm   (d) f_2=500mm, z_2=23.24mm

图 9.6 单个平面成像结果

节微位移平台的轴向旋钮，直到能够在 CCD 中观察到最清晰的像，此时记录该截面的位置，为距离物镜 $z_2 = 23.24\text{mm}$，如图 9.6(d)所示。若此刻再将相位灰度图更改为焦距 $f_1 = 400\text{mm}$ 的单透镜，也无法在 CCD 中观察到清晰的像，如图 9.6(c)所示。

又由式(9.15)可知，当在无限筒长显微物镜前组的像方焦面叠加新光组时，组合成像系统的像平面保持不变，物平面会随着新光组焦距的变化而变化。当在空间光调制器中加载焦距为 $f_1 = 400\text{mm}$ 的单透镜相位全息图时，物平面变化的理论距离为 1mm；当加载焦距为 $f_2 = 500\text{mm}$ 的单透镜相位全息图时，物平面变化的理论距离为 0.8mm。因此，当分别在空间光调制器上加入焦距为 $f_1 = 400\text{mm}$ 和 $f_2 = 500\text{mm}$ 的新光组时，对应两个物平面的间距理论值为 0.2mm。由图 9.6 可知，实验中，两个截面的实际距离为 0.24mm，与理论值基本一致。

9.3.2　多平面同时成像实验 2

为了验证多平面同时成像方案的可行性，在厚度约为 $D = 5.8\text{mm}$ 玻璃的正、反两面分别上下错位粘贴了英文单词"com"和"black"作为样品 2，如图 9.7 所示。

图 9.7　样品 2 图案

首先在反射式空间光调制器中加载焦距为 $f = 400\text{mm}$ 的单透镜相位灰度图，如图 9.8(a)所示，调节二维微位移平台的轴向旋钮，使样品相对无限筒长显微物镜由近到远地移动，直到在 CCD 中能够观察到英文"black"最清晰的像，记录此时样品距离物镜的位置，为 $d_1 = 1.35\text{mm}$，此时英文"com"成像不清晰，如图 9.9(a)所示；继续朝该方向旋转微位移平台的轴向旋钮，直到能够在 CCD 中观察到英文"com"最清晰的像，如图 9.9(b)所示，此时英文"black"成像不清晰，同样读取此时样品与物镜之间的距离，为 $d_2 = 7.13\text{mm}$。计算这两个截面的距离为 5.78mm，与该样品的厚度基本相符。

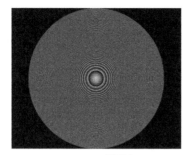 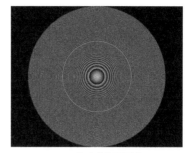

(a) f=400mm单透镜　　　　　　　　　(b) 双焦点菲涅耳透镜

图 9.8　单透镜和多焦点菲涅耳透镜相位灰度图

(a) d_1=1.35mm　　　　　　　　　(b) d_2=7.13mm

图 9.9　单透镜成像结果

接着在空间光调制器中加载双焦点菲涅耳透镜相位全息图, 如图 9.8(b) 所示, 其中焦距分别为 $f_1 = 400$mm 和 $f_2 = 600$mm。调节微位移平台的轴向旋钮, 直到能够在 CCD 中观察到样品两个截面同时清晰的像, 如图 9.10 所示, 此时样品与物镜的距离为 4.24mm。

图 9.10　双焦点菲涅耳透镜成像结果

由该实验可知, 在无限筒长显微物镜前组的像方焦面加入具有多个焦点的菲涅耳透镜, 能够拓展成像系统的景深, 并在一定程度上实现物体的多平面成像。

为了验证同时具有多焦点和多衍射角数字复用透镜的功能及其加入原系统后

的成像效果，在反射式空间光调制器中加载数字复用透镜相位灰度图，如图 9.11 所示，其中焦距为 $f_1 = 400\text{mm}$ 的菲涅耳透镜向下偏移，焦距为 $f_2 = 500\text{mm}$ 的菲涅耳透镜向上偏移。

选取图 9.4 中英文单词"GOLD"部分作为样品 3，如图 9.12 所示。将两个"GOLD"字样分别粘贴在两块载玻片的相同位置上，将第一块载玻片上贴有样品的平面固定在焦距为 $f_1 = 400\text{mm}$ 对应的成像物平面，将第二块载玻片放置在微位移平台上，并将其粘贴有样品的平面与第一块载玻片样品平面重合，记录此时微位移平台的轴向刻度为零，即初始值。在 CCD 相机中观察此时的成像结果，如图 9.13(a) 所示。由图 9.13(a) 可知，当两个样品平面重叠在一起时，只能使 $f_1 = 400\text{mm}$ 对应的物平面成像清晰，即下方的"GOLD"成像清晰；而该截面并非 $f_2 = 500\text{mm}$ 对应的成像物平面，因此上方的"GOLD"字样不清晰。

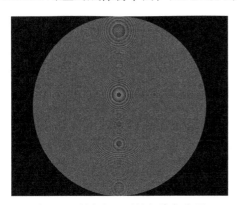

图 9.11　数字复用透镜相位灰度图

图 9.12　样品 3 图案

(a) 轴向间距为0mm

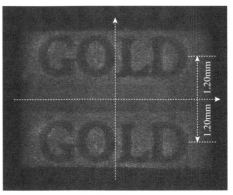

(b) 轴向间距为0.20mm

图 9.13　多平面成像结果

保持第一块载玻片位置不变，旋转微位移平台的轴向旋钮，使贴有"GOLD"字样的第二块载玻片以 0.01mm 等间隔地移动，直到能在 CCD 中同时观察到上下两个清晰的"GOLD"图像,记录此时微位移平台的轴向刻度为 0.20mm,如图 9.13(b)所示。该轴向两个不同物平面的像能够同时在同一像面成像清晰,且分别由中心点向上、下偏移 1.20mm。

由式(9.9)可知,当在原无限筒长显微系统中加入焦距为 $f_1 = 40cm$ 的光组后,组合系统像平面保持不变,物方主平面相较于原光学成像系统改变的距离为 1mm;当加入焦距为 $f_2 = 500mm$ 的光组时,其对应的物方主平面变化的距离为 0.8mm,则该相邻两个成像物平面的间距应为 0.2mm,与实验中测量得到的实际物平面间距一致。

上述实验表明,在空间光调制器中加载同时具有光束聚焦和偏转能力的数字复用透镜作为新的成像光组,与原有的无限筒长显微系统相结合,能够在一定程度上实现物体的轴向多平面同时成像,轴向间距可达 0.20mm。

9.4　多截面全息成像控制方法

9.4.1　全息图制作方法

生成全息图的方法有很多,这些方法大致可以分为非迭代方法和迭代方法。时分复用方法[16]和误差扩散方法[17]等非迭代方法在再现质量和可从单个全息图[18]重建的平面数方面受到限制。遗传算法和模拟退火算法等迭代方法能够生成高质量的全息图,但需要更长的执行时间[19]。对于另一种迭代方法,GS 算法[20]是生成全息图的常用算法,其操作简单,因此基于其原理产生了许多修改和改进的算法。

目前,高精度全息图的快速生成是全息三维显示的一项重要任务。此外,随着亚表面技术的迅速发展,亚波长像素尺寸下的高分辨率空间光调制器具有广阔的应用前景。用于生成三维场景的全息图的最成熟方法之一是基于查找表的方法[21,22]。在该方法中,三维场景被采样为随机相位发光点云。然而,在这种方法中计算全息图需要大量的时间,并且场景采样需要非常小心。另一种改进的生成方法使用二维平面来构建三维对象,而不是点云,通常基于快速傅里叶变换(FFT),称为基于层的方法[23,24]。在这种方法中,3D 物体根据其深度划分为多个平面,并使用角谱法[25]和菲涅耳衍射算法[26]计算相应的全息图。虽然这种方法大大提高了全息图的生成速度,但基于菲涅耳衍射法的傍轴近似会降低光学重建的质量。

9.4.2　基于层的全息图制作方法

基于层的全息图制作方法通常可分为相干叠加法[27]、全局优化法[28]和顺序优化法[29]。相干叠加法对全息图平面不同深度的物体层进行独立迭代优化,然后相干叠加，最后提取它们的相位分量。对象满足带宽约束，但强度约束将随叠加而改变。全局优化法是在相干叠加后取出不同深度衍射波前的相位分量，然后进行迭代优化操作，并对全息图平面施加严格的带宽约束和强度约束。顺序优化法依次完成不同深度物体层的衍射计算。从前一层到最后一层优化的相位和约束强度获得计算层的复振幅，最终获得整个三维物体的全息图。

计算全息图生成过程具体为：①对三维物体进行数学描述，如将三维物体看成点光源集合的点源法、视为不同深度的平面集合的层析法、视为多边形集合的面元法，以及在频域中计算的角谱法；②抽样，即根据香农采样定理或者稀疏采样定理对物体模型进行离散化抽样；③计算，即计算全息图平面上的光场分布，傅里叶变换谱或菲涅耳光场；④编码，即将全息图平面上光场的复振幅分布编码为全息图的透过率函数，或根据干涉原理将物光波与参考光波进行干涉得到全息图；⑤计算机进行数值再现，或空间光调制器进行实验再现。

9.5 基于加权优化的多截面成像方法

9.5.1 基于角谱法的多截面成像算法

角谱理论本质上是频域中的理论框架，使用傅里叶变换及其逆变换来计算在与入射平面的另一侧相距离为 z 的平行平面中出现的场的分布。与面向点的方法不同，面向角谱层的方法避免了大量计算。基于标量衍射理论，角谱法可以将平面内的复振幅分布分解为具有不同传播方向的多个平面波的线性叠加。如图 9.14 所示，不同的图像根据其深度信息分为 n 层。L_i 表示第 i 层，其中 $i=1,2,\cdots,n$ 为索引。采用球形相分布作为优化过程的初始猜测。衍射计算沿着不同图像的深度顺序完成，通过优化前一层的相位和约束强度获得计算层的复振幅。

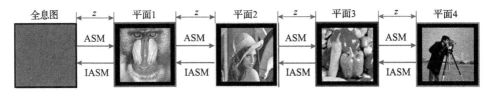

图 9.14 平行光束经全息图衍射成像示意图

ASM 表示角谱衍射，IASM 表示角谱逆衍射

当在 $z=0$ 平面中时，复振幅 $U(x,y,0)$ 可以表示为

$$U(x,y,0) = \int_{-\infty}^{\infty}\int_{-\infty}^{\infty} A\left(f_x,f_y,0\right)\exp\left(\mathrm{i}2\pi\left(f_x x + f_y y\right)\right)\mathrm{d}f_x\mathrm{d}f_y \tag{9.22}$$

式中，$A\left(f_x,f_y,0\right)$ 为复振幅 $U(x,y,0)$ 光波的空间谱，平面的空间谱可通过复振幅

U 的傅里叶逆变换得到：

$$A\left(f_x, f_y, 0\right) = \int_{-\infty}^{\infty} \int_{-\infty}^{\infty} U(x, y, 0) \exp\left(-\mathrm{i}2\pi\left(f_x x + f_y y\right)\right) \mathrm{d}x\mathrm{d}y \qquad (9.23)$$

因为光波在传播过程中不会改变波前的形状，而是会在空间光谱中产生与传播距离相关的相移，可以得到光波传播现象中的传递函数为

$$H\left(f_x, f_y\right) = \begin{cases} \exp\left(\mathrm{i}kz\sqrt{1 - \left(\lambda f_x\right)^2 - \left(\lambda f_y\right)^2}\right), & \sqrt{f_x^2 + f_y^2} < \dfrac{1}{\lambda} \\ 0, & \text{其他} \end{cases} \qquad (9.24)$$

式中，f_x 和 f_y 为空间频率；$k = 2\pi/\lambda$ 为波数；z 为传播距离。因此，当光波传播到距离为 z 的另一个平面时，平面上复振幅的空间谱与 $z = 0$ 的平面上复振幅的空间谱之间的关系为

$$A\left(f_x, f_y, z\right) = A\left(f_x, f_y, 0\right) \cdot H\left(f_x, f_y\right) \qquad (9.25)$$

采样数值为 $M \times N$，衍射场的宽度为 $L_u \times L_v$，故传递函数的离散形式可表示为

$$H\left(f_x, f_y\right) = \exp\left(\mathrm{i}kz\sqrt{1 - (\lambda mx)^2 - (\lambda ny)^2}\right) \qquad (9.26)$$

式中，$x = 1/L_u$；$y = 1/L_v$；$m = -M/2, -M/2+1, \cdots, M/2-1$；$n = -N/2, -N/2+1, \cdots, N/2-1$。

可以得到空间频率最大值为

$$f_{x_{\max}} = \frac{M}{2\lambda f}, \quad f_{y_{\max}} = \frac{N}{2\lambda f} \qquad (9.27)$$

最后，根据 z 平面的复振幅空间谱的傅里叶逆变换可以计算平行于 $z = 0$ 平面的平面上和距离 z 处的衍射光波场的振幅分布，与传统的傍轴近似方法相比，光学重建的质量可以大大提高。

9.5.2　基于加权优化的多截面成像算法

本节使用的方法类似于角谱层定向方法。在角谱法中，随着平面数的增加，离全息图较远的物体层受到靠近全息图物体层的重建误差的影响，重建图像的质

量下降。最接近全息图的物体层具有较高的重建精度。为了减少这种影响，本节方法使用与面向角谱层的方法相同的过程，但不同之处在于，每个平面的新复振幅在循环期间被目标振幅和相位的线性组合所取代，表示为

$$U_i(u,v) = \left[Ca_i(u,v) + (1-C)a_t(u,v) \right] \cdot \exp(i\varphi_i(u,v)) \tag{9.28}$$

该方法即振幅约束，使用约束因子 C，可以控制其他平面的振幅对整体强度分布的影响。当约束因子 C 为 0 时，这是一种最基本的角谱方法。通过选择不同的 C 值，可以有效地减少距离引起的远平面精度降低的影响，流程如图 9.15 所示。其中，a_0 为初始振幅，$\exp(i\varphi_0)$ 为带限二次相位因子，U_0 为初始复振幅。

9.5.3　成像质量评价

约束因子的选择最终影响了成像的质量，本节采用迭代寻优的方法令不同面选择相同的约束因子并对比不同约束因子下的成像质量，分析相同约束因子对成像质量的影响。随后令每个面选择不同的约束因子，利用智能算法进行迭代寻优，分析每个面选择不同约束因子时的成像质量，寻找成像质量最佳的约束因子，利用相关性系数 r 作为成像质量评判指标：

$$r = \frac{\sum\limits_{i=1}^{u}\sum\limits_{j=1}^{v}\left(a(i,j)-\overline{a}(i,j)\right)\left(a_t(i,j)-\overline{a}_t(i,j)\right)}{\sqrt{\left(\sum\limits_{i=1}^{u}\sum\limits_{j=1}^{v}\left(a(u,v)-\overline{a}(u,v)\right)^2\right)\left(\sum\limits_{i=1}^{u}\sum\limits_{j=1}^{v}\left(a_t(u,v)-\overline{a}_t(u,v)\right)^2\right)}} \tag{9.29}$$

式中，$a(u,v)$ 为给定平面中的重构振幅；$\overline{a}(u,v)$ 为 $a(u,v)$ 的平均像素值；$a_t(u,v)$ 为该平面的目标振幅；$\overline{a}_t(u,v)$ 为 $a_t(u,v)$ 的平均像素值；u 和 v 为像素数。

还可通过峰值信噪比(peak singal-to-noise raito, PSNR)评估相关光学重建的质量。PSNR 为原始图像的最大可能功率与重建图像的功率之比，方程为

$$PSNR = 10\lg\left(\frac{255^2}{\dfrac{1}{mn}\sum\limits_{m,n}\left(I_0(m,n)-I_r(m,n)\right)^2}\right) \tag{9.30}$$

式中，m 和 n 为水平像素数和垂直像素数；I_0 和 I_r 分别为原始图像和重建图像。较高的 PSNR 通常表明重建质量较高。与相位不同位深度相关的光学重建图像的重建流程如图 9.15 所示。当位深度大于 2 时，重建表现几乎相同。结果对于数据压缩至关重要，并且在动态三维显示中特别有用，因为当位深度较小时，设备的相位调制时间可能非常快。

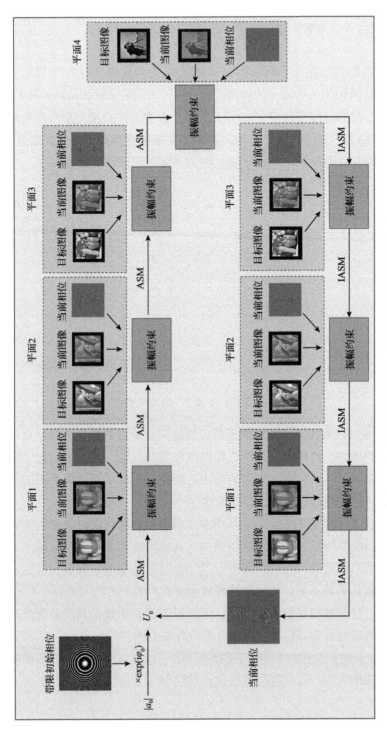

图 9.15　基于约束控制的角谱法多平面全息成像流程图

9.6 多截面全息成像实验研究

为了获得期望的结果，约束因子 C 的选择尤为重要。图 9.16 显示了不同约束因子下平面间距为 0.04m 的相关系数，为每个平面选择相同的约束因子。从图中可以看出，当约束因子从 0 增加到 0.3 时，重建图像的相关系数连续增加。当约束因子从 0.3 增加到 0.5 时，重建图像的相关系数连续减小。当其超过 0.5 时，迭代不能收敛并且不能执行图像重建，因为目标图像振幅的比例太小。

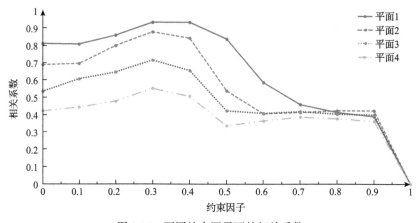

图 9.16　不同约束因子下的相关系数

由图 9.16 可以看出，该约束因子可以提高图像重建的精度。但这并不能解决随着平面层的增加，远距离平面的成像精度较低的问题。这是因为每个重建层选择相同的约束因子，平面之间的距离是固定的值，所以需要设置不同的约束因子和平面间距，以提高远层重建图像的精度。

图 9.17 是重建图像的仿真图。从图中可以看出，当约束因子 C 为 0 时，只有第一层具有高成像质量。随着距离的增加，其他层的成像质量越来越差，最后一层的图像轮廓不再可见。当约束因子 C 为 0.6 时，各层的成像质量得到提高。远层图像的轮廓几乎看不见，但远层成像质量差的问题仍然没有解决。经过遗传算法优化后，近层图像的质量略有下降，但远层图像的质量得到了显著提高。每一层图像都能清晰地看到其轮廓，但仍伴有一些斑点噪声。

在实验中，将全息图加载到空间光调制器上，CCD 相机捕获的图像如图 9.18 所示。实验结果表明，通过智能算法优化的约束因子可以很好地重建远层图像。

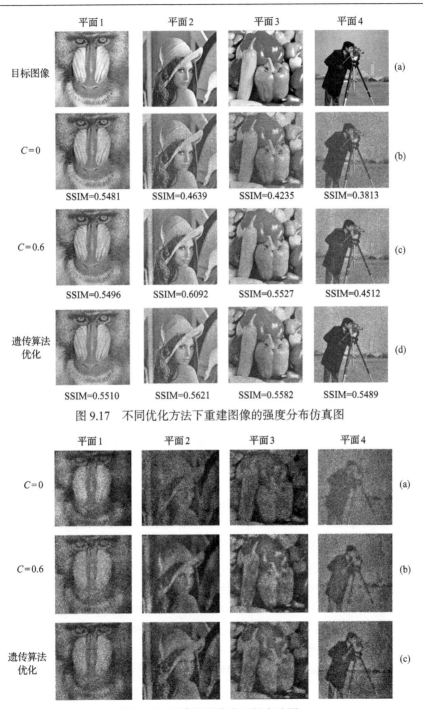

图 9.17　不同优化方法下重建图像的强度分布仿真图

图 9.18　约束因子优化下的实验图

参 考 文 献

[1] Pan Y J, Liu J, Li X, et al. A review of dynamic holographic three-dimensional display: Algorithms, devices, and systems. IEEE Transactions on Industrial Informatics, 2016, 12(4): 1599-1610.

[2] Li J, Lin Y C, Tu H Y, et al. Image formation of holographic three-dimensional display based on spatial light modulator in paraxial optical systems. Nanolithography, MEMS, and MOEMS, 2015, 14(4): 041303.

[3] Liu S J, Wang D, Li S J, et al. Speckle noise suppression method in holographic display using time multiplexing. Optical Engineering, 2017, 56(6): 063107.

[4] Yamaguchi M. Light-field and holographic three-dimensional displays. Journal of the Optical Society of America A: Optics, Image Science, and Vision, 2016, 33(12): 2348-2364.

[5] Yaras F, Kang H, Onural L. State of the art in holographic displays: A survey. Journal of Display Technology, 2010, 6(10): 443-454.

[6] Gabor D. Microscopy by reconstructed wave fronts: II. Proceedings of the Physical Society Section B, 1951, 64(6): 449-469.

[7] Lesem L B, Hirsch P M, Jordan J A. The kinoform: A new wavefront reconstruction device. IBM Journal of Research and Development, 1969, 13(2): 150-155.

[8] Wakunami K, Hsieh P Y, Oi R, et al. Projection-type see-through holographic three-dimensional display. Nature Communications, 2016, 7(1): 12954.

[9] Wang D, Liu C, Lin S F, et al. Holographic display technology based on liquid crystal device. Journal of the Society for Information Display, 2020, 28(2): 136-147.

[10] He M R, Liang Y S, Bianco P R, et al. Trapping performance of holographic optical tweezers generated with different hologram algorithms. AIP Advances, 2021, 11(3): 035130.

[11] Falkenau M, Volchkov V V, Rührig J, et al. Evaporation-limited loading of an atomic trap. Physical Review A, 2012, 85(2): 023412.

[12] Qu G Y, Yang W H, Song Q Q, et al. Reprogrammable meta-hologram for optical encryption. Nature Communications, 2020, 11(1): 5484.

[13] Kim K H, Jeong Y C. One-step fabrication of hierarchical multiscale surface relief gratings by holographic lithography of azobenzene polymer. Optics Express, 2018, 26(5): 5711-5723.

[14] Yepes I S V, Vieira T A, Suarez R A B, et al. Phase and intensity analysis of non-diffracting beams via digital holography. Optics Communications, 2019, 437: 121-127.

[15] Brooker G, Siegel N, Rosen J, et al. In-line FINCH super resolution digital holographic fluorescence microscopy using a high efficiency transmission liquid crystal GRIN lens. Optics Letters, 2013, 38(24): 5264-5267.

[16] Takaki Y, Yokouchi M. Speckle-free and grayscale hologram reconstruction using time-multiplexing technique. Optics Express, 2011, 19(8): 7567-7579.

[17] Tsang P W M, Jiao A S M, Poon T C. Fast conversion of digital Fresnel hologram to phase-only hologram based on localized error diffusion and redistribution. Optics Express, 2014, 22(5): 5060-5066.

[18] Velez-Zea A, Torroba R. Noniterative multiplane holographic projection. Applied Optics, 2020, 59(14): 4377-4384.

[19] Christopher P J, Mouthaan R, El Guendy M, et al. Linear-time algorithm for phase-sensitive holography. Optical Engineering, 2020, 59(8): 085104.

[20] Gerchberg R. A practical algorithm for the determination of phase from image and diffraction plane pictures. Optik, 1972, 35(2): 237-246.

[21] Lucente M E. Interactive computation of holograms using a look-up table. Journal of Electronic Imaging, 1993, 2(1): 28.

[22] Kim S C, Kim E S. Effective generation of digital holograms of three-dimensional objects using a novel look-up table method. Applied Optics, 2008, 47(19): D55-D62.

[23] Kim H G, Ro Y M. Ultrafast layer based computer-generated hologram calculation with sparse template holographic fringe pattern for 3-D object. Optics Express, 2017, 25(24): 30418-30427.

[24] Zhang H, Cao L C, Jin G F. Scaling of three-dimensional computer-generated holograms with layer-based shifted Fresnel diffraction. Applied Sciences, 2019, 9(10): 2118.

[25] Matsushima K, Shimobaba T. Band-limited angular spectrum method for numerical simulation of free-space propagation in far and near fields. Optics Express, 2009, 17(22): 19662-19673.

[26] Mielenz K D. Algorithms for Fresnel diffraction at rectangular and circular apertures. Journal of Research of the National Institute of Standards and Technology, 1998, 103(5): 497-509.

[27] Chang C L, Zhu D C, Li J M, et al. Fast calculation of computer generated hologram based on single Fourier transform for holographic three-dimensional display. Displays, 2021, 69: 102064.

[28] Piestun R, Spektor B, Shamir J. Wave fields in three dimensions: Analysis and synthesis. Journal of the Optical Society of America A, 1996, 13(9): 1837-1848.

[29] Velez-Zea A. Iterative multiplane hologram generation with mixed constraint. Applied Optics, 2021, 60(2): 224-231.

第10章 二维码并行加工

直接标识技术[1,2]和条码技术的结合发展，以其准确率高、可靠性强、耐久性好、防伪等特点，已成为产品信息提取和信息跟踪的重要途径，手机扫码以其方便快捷的特点在人们日常生活中越来越普遍。20世纪末，美国国家航空航天局、美国国防部与工业领域公司的波音、空客等共同研制直接标识技术，经过多年的努力，最终确定以撞击、电化学腐蚀标识[3]、激光标刻[4]、喷墨标识等作为零部件的主要标识方式。在这几种标识方法中，激光标刻在标刻速度与标刻质量上具有很大优势，能较大程度上保证标刻图像的质量[5,6]。因为激光标刻的优势，国内外许多科研人员参与到激光标刻二维码的研究当中。

Costa等[7]通过激光标刻技术在不锈钢、铝合金表面得到了耐腐蚀、耐磨损的二维码标记；Dumont等[8]研究了在玻璃上激光标刻DM(data matrix)码，通过确定激光参数证明了该技术在工业环境的可行性，为玻璃标签在制药行业的应用奠定了基础；Nasution等[9]利用二氧化碳激光器成功在香蕉表面激光标刻出了DM码，得出了适用于商业用途的最佳激光参数。在国内，李春玲[10]利用Nd:YAG激光器在钛合金表面激光标刻出了DM码,得到了激光参数对DM码对比度的影响，同时还在钛合金表面刻出了彩色的二维码；王苏安等[11]采用激光标刻技术和二维条码技术相结合的方式，在刀具表面激光标刻出了DM码，为刀具标识以及信息跟踪提供了新的方法和技术；董楠[12]设计了针对铸锻物料激光标刻的移动式激光打标机，提出了铸锻物料表面激光标刻QR码的加工参数选取方法以及最优参数组合。

超快激光加工虽然能够在极短的时间尺度内与材料作用而不产生烧蚀，但是加工时激光器输出单脉冲能量远远高于所需的能量，若是用单光束加工方式，激光器输出能量大部分被浪费，能量利用率低。并行加工技术[13-16]可以将单光束分为多光束，工作原理如图10.1所示，能够提高加工效率和激光能量利用率，可以

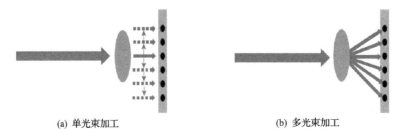

(a) 单光束加工　　　　　　　　　　　　(b) 多光束加工

图10.1　单光束与多光束加工原理

有效解决问题。

　　本书产生多光束的原理是空间光调制器模拟衍射光栅，通过不同的光栅叠加，可以产生任意二维图形的多光束。模拟具有不同光栅周期的光栅来改变衍射角，即可在单一方向调制产生多光束的位置。同时，通过旋转模拟的光栅角度，就可实现在单个平面任意位置产生多光束。本章用来计算 DM 码多光束全息图的算法为 GS 反馈算法，GS 反馈算法弥补了传统 GS 算法进行开环迭代计算的缺点，加入了 CCD 相机采集每一次迭代计算后的多光束能量分布信息，重新计算用于迭代计算的光场振幅。GS 反馈算法流程图如图 5.7 所示。

10.1　二维码的特征分析

10.1.1　DM 二维码

　　DM 二维码(简称 DM 码)原名 data code，由美国国际资料公司(International Data Matrix, ID Matrix)于 1989 年发明[17]。DM 码是一种矩阵式二维条码，其设计初衷是在更小的条码标签上存储更多的数据信息。DM 码有 ECC000-140 与 ECC200 两种类型，其中 ECC200 由于算法比较容易且尺寸大小弹性可调，应用较为普遍[18]。

　　DM 码的形状为正方形或长方形，由众多黑色和白色小方格以二位元码(binary-code)的编码方式组成，黑色和白色小方格为数据单位。DM 码的符号结构分为 L 型寻边区(L pattern)、数据区(data region)、静区(quiet zone)。L 型寻边区是 DM 码图形与数据区域的边界，包括实心边界和虚线边界，宽度为一个数据单位，起到定位和定义二维码大小的作用。静区包围着 L 型寻边区，一般为一个数据单位宽度，主要作用是将二维条码与其他背景信息隔离。数据区包含了二维条码的编码信息，由规则排列的多个数据单元组成。图 10.2 是 DM 码的结构示意图。

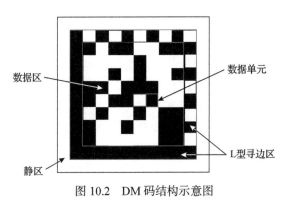

图 10.2　DM 码结构示意图

10.1.2　QR 二维码

　　QR 二维码(简称 QR 码)是二维条码的一种，QR 来自英文"quick response"的缩写，是由日本丰田子公司 Denso Wave 于 1994 年发明并开始使用的一种矩阵二维码符号。QR 码具有存储容量大、纠错能力强、占用空间小的特点，在防伪溯源、手机支付、信息传递等方面已经广泛应用[19]。QR 码呈正方形矩阵，只存在黑色和白色两种模块。在正方形的 4 个角存在 3 个印有较小的类似"回"字的图案，分别位于左上、右上和左下。这 3 个图像的主要功能是帮助解码软件快速定位 QR 码的图像区域，使得图像采集器不需要精确地对准 QR 码，无论以任何角度扫描，QR 码仍可正确地被读取识别。

　　根据 ISO(国际标准化组织)的标准，QR 码可分为功能图形区和数据编码区[20]。功能图形区包含位置探测图形、定位图形、校正图形及分隔符，数据编码区包含格式信息、版本信息、数据和纠错码字。其中位置探测图形、分隔符、定位图形用于二维码的定位。QR 码的周边由空白区域组成。图 10.3 为一幅标准的 QR 码。

图 10.3　QR 码结构示意图

10.2　二维码激光加工评价与分区方式

10.2.1　二维码激光加工评价

　　激光标刻的二维码的识读质量是评判激光标刻技术在此领域应用好坏的重要标识，根据 ISO/IEC 15415 制定的技术标准，评价二维码识读质量最重要的标准是对比度——最低("黑色")和最高("白色")的直方图值之间的跨度。同样激光标刻的圆形区域大小对二维码的识读产生影响。不同于每个数据单元区域被标记充满的情况，对于以打点的方法来标刻每一个数据单元区域的激光标刻二维码的方式，标刻区域为圆形区域，不能充满每一个数据单元区域，如图 10.4 所示。美国国家航空航天局给出了相关技术标准，圆形区域点间距应等于二维码数据单元格大小，圆形区域容许±10%的尺寸偏差。如图10.5所示，相邻圆形区域的间隙应小于圆形区域直径的1/2，不允许圆形区域相互重叠。

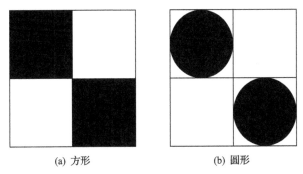

(a) 方形　　　　　　　　(b) 圆形

图 10.4　二维码数据单元格标记方法

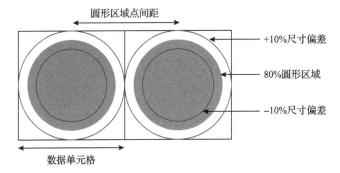

图 10.5　圆点直径尺寸偏差

据 ISO/IEC 15415 技术标准，定义对比度 C 为

$$C = G_{\max} - G_{\min} \tag{10.1}$$

式中，$G_{\max}$ 为最高灰度等级；$G_{\min}$ 为最低灰度等级。

手机像素和二维码的清晰度不同，扫描时间也不同，但一般不会超过 5s。由于没有统一标准，本节以网络统计数据扫描时间 5s 为标准，扫描总次数为 10 次，超出规定时间或未识别出表示失败。本章以对二维码识读的成功率表示识别率，识别率 R 定义为

$$R = \frac{r_{\text{suc}}}{r_{\text{total}}} \times 100\% \tag{10.2}$$

式中，r_{suc} 为扫描成功的次数；r_{total} 为扫描的总次数。通过此公式可以求出对比度来评判二维码的识读质量。

二维码由一个个黑白小方格按照特殊的排列方式组成，利用激光加工的二维

码由圆形区域组成, 如图 10.6 所示。小方格为理想加工区域, 圆形区为实际加工区域, 因为实际与理想存在偏差, 故以加工填充率 P 来表示实际加工中不同大小的圆形区域, 定义为

$$P = \frac{m_{\text{real}}}{m_{\text{theory}}} \times 100\% \tag{10.3}$$

式中, m_{real} 为实际加工区域; m_{theory} 为理想加工区域。

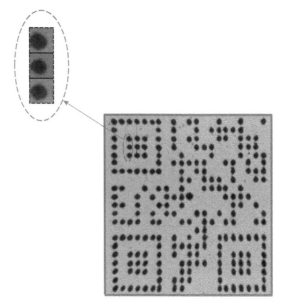

图 10.6　理想加工区域与实际加工区域的关系

　　以美国国家航空航天局给出的相关技术标准,根据本节二维码计算得到加工填充率在 30.6%～80.2%时, 圆形区域的间隙小于其直径的 1/2, 是符合识别要求的。

10.2.2　二维码激光加工分区

　　现有的利用扫描振镜进行的单光束激光标刻方法, 虽图案清晰精度高, 可在任意位置进行加工, 但加工效率低, 标记制作时间长, 不利于产业化发展。利用并行加工二维码能有效提高效率, 但当组成二维码的点数过多时, 一次性并行加工过多光束容易产生圆点重叠、相交等质量问题, 因此需要对二维码分区分块加工。

　　由于二维码图形为正方形,可按其几何对称中心线进行分区。以 QR 码为例, 分区数量可从 2 个到 4 个、8 个、16 个乃至更多, 保证每块区域的光束数量尽可能相同。空间光调制器是衍射光学元器件, 在对激光进行调制的过程中会有零级

光的产生，这对光束均匀性的计算也有一定影响。因此，在计算全息图时需要将零级光排除在外成为独立部分，并将其置于中心位置处成为多光束中的一束光。又因为二维码数据区的数据单元并不是严格按照图形几何对称中心线进行排布的，所以在分区时不必严格按照几何对称中心线分区，分区示意图如图 10.7 所示。

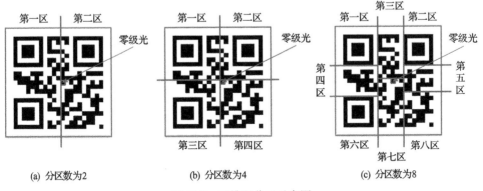

(a) 分区数为2　　　　　　(b) 分区数为4　　　　　　(c) 分区数为8

图 10.7　二维码分区示意图

针对不同矩阵大小的二维码，总的分区原则是每一个区域内的光束数量保持在 60 束左右，且分区数量最小，在保证全息图计算速度的同时又避免因分区数量过多切换全息图而影响加工效率。对于矩阵式二维条码，此分区策略同样适用。

将 QR 码多光束的位置坐标信息导入 GS 反馈算法中，即可进行全息图的计算。但由于同时进行 235 束多光束全息图的反馈运算需耗费较长时间，将多光束全息图分为四块分别进行计算，其中零级光不包含在内，而是处于中心位置，并得到了光束均匀性在 85% 以上的多光束全息图，如图 10.8 所示。以如图 10.3 所示二维码为例，共有 235 个黑色数据小方格。但由于同时进行 235 束多光束反馈运

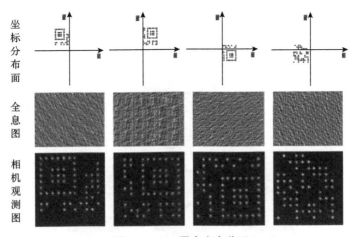

图 10.8　QR 码多光束分区

算比较困难，将其分为四个区域分别进行计算加工，这四个区域的光束数量依次分别为 59 束、61 束、58 束及 56 束，其中零级光不包含在其中，处于中心位置，计算得到的光束均匀度分别为 81.8%、86.7%、83.3%、82.7%，如图 10.9 所示。

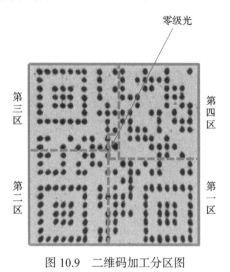

图 10.9　二维码加工分区图

10.3　DM 码激光并行加工

实验模拟了不同圆点直径以及不同灰度等级的 DM 码图像，并记录了相应的识读时间，再以实验加工辅以验证。

10.3.1　圆点直径对识读时间的影响

单元格内圆点相切时，放大 10 倍后的像素图形如图 10.10 所示，其中圆点直径 d=15 像素，灰度等级为零。

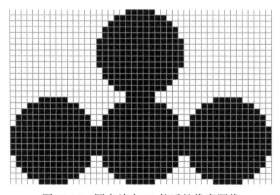

图 10.10　圆点放大 10 倍后的像素图像

实验模拟了圆点直径 d 为不同像素情况下的 DM 码图像，如图 10.11 所示，利用手机扫码工具，记录对应的识读时间如表 10.1 所示。

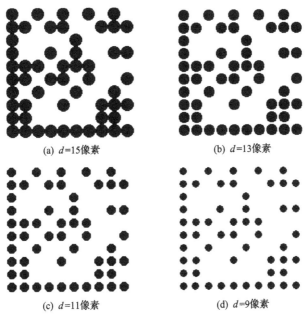

(a) d=15像素　　　　　　　　　　(b) d=13像素

(c) d=11像素　　　　　　　　　　(d) d=9像素

图 10.11　圆点直径 d 为不同像素情况下的 DM 码图像（灰度等级均为零）

表 10.1　不同直径 d 所对应的识读时间 T_1　　　　　　　　（单位：s）

项目	圆点直径			
	15 像素	13 像素	11 像素	9 像素
第一次扫描	19	70	238	∞
第二次扫描	15	93	234	∞
第三次扫描	17	72	246	∞
第四次扫描	10	87	261	∞
第五次扫描	22	76	237	∞
平均值 T_{s1}	17	80	243	∞

对圆点不同直径 d 的 DM 码图像分别进行多次扫描，记录识读时间 T_1，并计算平均值 T_{s1}，如表 10.1 所示。

由以上数据可知，随着圆点直径 d 的减小，圆点间隙增大，因此识读时间增加，即平均识读时间 T_{s1} 随圆点直径 d 的减小而增加。当圆点直径 d=11 像素时，识读时间急剧上升。当 d=9 像素时，DM 码识读时间为无穷大，即读取信息失败，这表明 d=11 像素为该 DM 码能否读取成功的临界圆点直径值。

10.3.2　灰度等级对识读时间的影响

实验模拟了圆点直径 d=13 像素时，不同灰度等级下的 DM 图像，如图 10.12 所示。

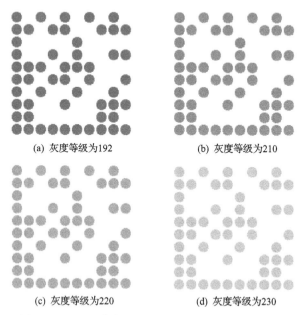

(a) 灰度等级为192　　　　　　　　(b) 灰度等级为210

(c) 灰度等级为220　　　　　　　　(d) 灰度等级为230

图 10.12　d=13 像素时，不同灰度等级下的 DM 图像

对不同灰度等级下的 DM 图像分布进行多次扫描，记录扫描时间 T_2，并计算平均值 T_{s2}，如表 10.2 所示。

表 10.2　不同灰度等级所对应的识读时间 T_2　　　　　　（单位：s）

项目	灰度等级			
	192	210	220	230
第一次扫描	95	119	188	∞
第二次扫描	121	131	200	∞
第三次扫描	82	140	207	∞
第四次扫描	130	135	175	∞
第五次扫描	126	142	192	∞
平均值 T_{s2}	111	133	192	∞

由以上数据可知，灰度等级越大，圆点灰度与背景灰度越接近，图像识别度越低，识读时间越长，即平均识读时间 T_{s2} 随灰度等级的增大而增加。当灰度等级为 220 时，识读时间急剧增加。当灰度等级为 230 时，DM 码读取时间为无穷大，

即读取信息失败,这表明灰度等级 220 为该 DM 码能否读取成功的临界灰度等级。但识读时间与扫描设备、光照影响、扫描角度及扫描距离有关。以上扫描结果是在用普通安卓手机在白天无强光照射的较明亮的室内,手机正对 DM 码且两者之间距离为 20cm(允许±2cm 的误差)情况下扫描得到的。

10.3.3　DM 码加工实验

激光并行加工实验光路图如图 10.13 所示。$\lambda/2$ 波片可以对线偏振光的偏振角进行调节,为了使激光偏振方向与空间光调制器的液晶分子方向相同的激光入射到空间光调制器,需经过偏振分光棱镜,偏振分光棱镜将激光一分为二,分别是水平偏振的光和垂直偏振的光,只允许水平偏振的光入射到空间光调制器。用定时器快门控制加工时间,空间光调制器对入射光与反射光之间的夹角要求小于 10°。图中翻转镜进行光路切换,一路光进入 CCD 相机中,便于监测光束质量以保证实验正常进行。另一路则在光束质量正常的情况下经 $4f$ 成像系统($f_1 = 1000mm$,$f_2 = 400mm$)在高精度工作平台上进行激光标刻实验。

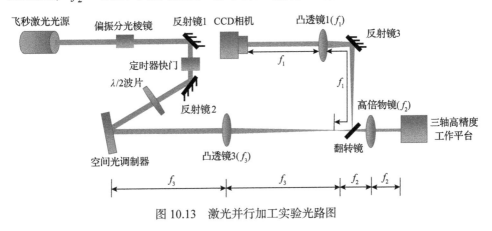

图 10.13　激光并行加工实验光路图

在石英玻璃内部进行激光并行加工 DM 码实验,激光功率分别设置为 1.6W、2.4W、2.8W、3.2W、3.6W、4.0W。用定时器快门控制加工时间为 0.1s。在显微镜下用 10 倍物镜观察到的并行加工实验结果如图 10.14 所示。

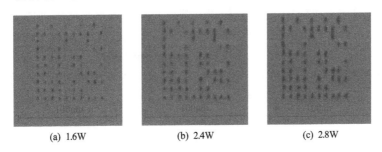

(a) 1.6W　　　　　　(b) 2.4W　　　　　　(c) 2.8W

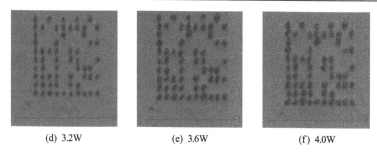

(d) 3.2W　　　　　　(e) 3.6W　　　　　　(f) 4.0W

图 10.14　不同激光功率下石英玻璃内部 DM 码

由于石英玻璃内部加工所得的 DM 码的形状、大小均匀性与理想状态有一定差距，所以使用普通扫码功能无法识别，需要利用 Scandit Barcode Scanner 软件中的 2D CODES 部分进行扫描识别。在白天无强光照射的较明亮的室内，用 Scandit Barcode Scanner 软件的 2D CODES 部分正对 DM 码且两者之间距离为 20cm（允许±2cm 的误差）的情况下对以上不同功率下并行加工的石英玻璃内部的 DM 码进行扫描。经扫描发现，当激光功率在 2.4W 以下（不包括 2.4W）时，DM 码无法被识别。

本实验所使用的 DM 码光束数量为 62 束，总的加工时间 0.1s，若采用单光束激光进行加工，总时间 6.2s。并行加工技术的加工效率是单光束激光加工效率的 62 倍。通过以上加工效率对比，可以明显地看到并行加工技术相比于单光束激光加工效率的显著提升。

10.4　QR 码参数对识别率的影响分析

本节验证加工填充率和对比度对二维码识读质量和识读率的影响以及并行加工和单束激光加工效率的对比。

10.4.1　加工填充率对识别率的影响

为了研究激光标刻的加工填充率对二维码识读产生的影响，设置了不同加工填充率的仿真实验。仿真的图片是根据像素大小来绘制的，仿真的方法是在固定的圆心上逐渐增大半径直至相切，圆点直径的大小每次增加两个像素，根据式（10.3）可计算出对应二维码的加工填充率。模拟图如图 10.15 所示，利用手机进行扫描验证，填充率（P）与识别率的关系如表 10.3 所示。

由扫描结果可知，当加工填充率为 10.7%时，QR 码无法被识别，符合二维码的识读评价标准；当加工填充率为 30.6%时，虽然 QR 码能够被识别，但其识别时间较长，加工的圆形区域的间隙约等于其半径；当加工填充率在 50.4%及以上时，能够以较短的时间准确识别。综上可知，在技术标准范围内二维码是能够被

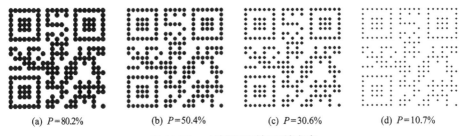

(a) P=80.2%　　　　(b) P=50.4%　　　　(c) P=30.6%　　　　(d) P=10.7%

图 10.15　二维码不同加工填充率

表 10.3　不同加工填充率下的识别率　　　　　　　　　　（单位：%）

加工填充率	识别率
80.2	100
50.4	100
30.6	60
10.7	0

识别的，但是随着填充率的降低，识别时间会加长，识别率也会下降。

10.4.2　对比度对识别率的影响

实验模拟了二维码灰度对识别率的影响，选取了没有偏差的加工填充率为
50.4%的二维码为标准，灰度等级设置为 128、220、230、235，二维码对比度没
有相关标准，这些数值为多次尝试后选取，经过式(10.1)计算可以得到对比度。
仿真图像如图 10.16 所示，利用手机扫描 QR 码图的对比度(C)与识别率的关系如
表 10.4 所示。

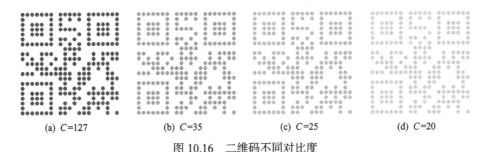

(a) C=127　　　　(b) C=35　　　　(c) C=25　　　　(d) C=20

图 10.16　二维码不同对比度

表 10.4　不同对比度下的识别率

对比度	识别率/%
127	100
35	80
25	20
20	0

分析以上实验结果可以得到，随着对比度的减小，QR码的识别率逐渐降低，扫描时间也会因此变长，对比度越小识别时间越长。当QR码对比度在25以下时，QR码无法被识别；当对比度为25时，虽然QR码能够被识别，但此灰度下的识别时间很长；当对比度在25以上时，其对比度越大，扫描识别的时间也会越来越短，识别率也越来越高。

识读时间与扫描设备、光照情况、扫描距离及角度都有关，本书的扫描结果是在白天无强光照射的较明亮的室内，用iPhone手机微信软件的扫码功能正对QR码且两者之间距离为23cm（允许±2cm的误差）的情况下对QR码扫描得到的。

10.4.3　实验结果与分析

采用如图10.13所示的实验系统，选取浅色基底的不锈钢作为材料，可与深色二维码标记产生较大对比度，保证二维码的可识读性，所以实验材料选取经过抛光处理的316不锈钢板。激光加工完成后再用超声波清洗机清洗5min，干燥后用光学显微镜观察材料表面微孔入口及出口形貌。

为了体现并行加工的优势，进行了单束激光加工和并行加工的对比实验，通过功率来控制它们的加工填充率。在并行加工中，选用高倍聚焦物镜加工，聚焦光斑直径为3.68μm，每个分区选用的功率分别为50mW、100mW、150mW，加工时间为0.1s。加工完四个分区共需要0.4s。在单束激光加工中，因为单个点移动加工效率太低，所以利用振镜进行加工，振镜的聚焦光斑大小为高倍物镜聚焦光斑的4倍，为了保证加工填充率与并行加工的相同，考虑到能量密度、单脉冲能量、衍射效率及激光传播过程中能量的损失，换算得到单光束加工与之对应的功率分别为0.9mW、1.9mW、2.8mW，加工所需的时间为4.1s，实验结果如表10.5所示。

表10.5　单束激光加工和并行加工对比实验

加工方式	加工填充率 P			加工时间/s
	25.6%	32.5%	48.5%	
并行加工	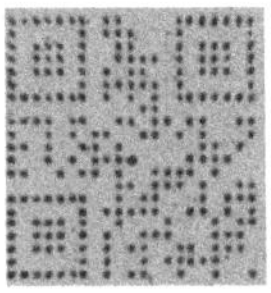	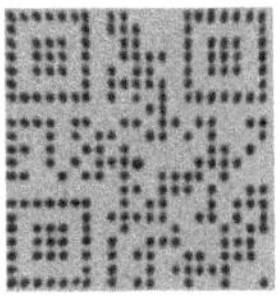		0.4
单光束加工				4.1

　　并行加工能够将能量均匀地分给每一束光，所以加工的热影响区很小，单光束加工则是用高斯能量分布的光束进行加工，随着功率的增加，热影响区变得明显。从加工结果来看，随着功率的增加，加工填充率不断增大，二维码识读率提高，识读时间变短。二维码识别率是符合美国国家航空航天局给出的技术标准的，当加工填充率为 25.6%时，二维码不能够识别，加工圆形区域大于其半径，但单光束加工因为热影响区的存在对二维码的识别率存在一定的影响，使得能够被识别；当加工填充率为 32.5%时，虽然能够识别，但需要较长的扫描时间，加工圆形区域约等于其半径；当加工填充率为 48.5%时，能够快速识别。从加工时间来看，单光束加工时间约为并行加工的 10 倍，因此多光束并行加工效率能提高 10 倍左右。

　　二维码的对比度也是影响识别率的因素之一，所以通过控制激光加工时间来观察二维码的对比度。为此设置了不同激光加工时间的单因素实验，每个区域激光功率设置为 100mW，实验结果如图 10.17 所示。利用扫码工具扫描发现，不同加工时间下的二维码都能识别。从以上实验结果来看，加工时间的增加并没有导致二维码使比度产生太大变化，将图片转变成数字矩阵可得到各处灰度等级大小，经计算得知对比度分别为 142、145、150，对比度都在仿真结果允许的范围，所以都能识别。

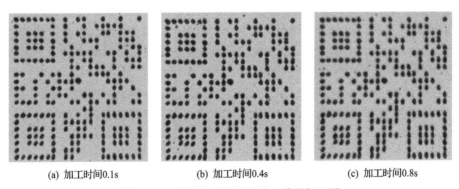

(a) 加工时间0.1s　　　　　　(b) 加工时间0.4s　　　　　　(c) 加工时间0.8s

图 10.17　不同加工时间下的二维码加工图

　　在 DM 码并行加工中，以圆点填充数据单元的方式，绘制了不同圆点直径d以及不同灰度等级的 DM 码图像，通过观察不同圆点直径d与平均识读时间T_{s1}以及不同灰度等级与平均识读时间T_{s2}之间的关系，可以看出平均识读时间T_{s1}与圆点直径d成反比，其中最大圆点直径为 15 像素，临界圆点直径值为 11 像素；平均识读时间T_{s2}与灰度等级成正比，其中最小灰度等级为零，临界灰度等级为 220。在此基础上，通过在石英玻璃内部进行飞秒激光并行加工 DM 码实验，验证了并行加工方法的可行性。

　　在 QR 码并行加工中，结合二维码的识读评价标准，绘制研究了 QR 码的不同加工填充率和对比度对识别率和识别时间的影响，得到了一个二维码可被扫描识别的范围条件。然后基于飞秒激光器开展了不同加工填充率及对比度的标刻实验，在二维码的识读评价标准范围内，加工填充率越大，加工的圆形区域之间间隙越小，越容易被识别。对比度是通过观察不同加工时间来验证的，所得到的结果对比度变化不大，因为其对比度都满足仿真要求，所以能得到扫描结果。

参 考 文 献

[1] Vedel-Smith N K, Lenau T A. Casting traceability with direct part marking using reconfigurable pin-type tooling based on paraffin-graphite actuators. Journal of Manufacturing Systems, 2012, 31(2): 113-120.

[2] Moss C, Chakrabarti S, Scott D W. Parts quality management: Direct part marking of data matrix symbol for mission assurance. IEEE Aerospace Conference, 2013: 1-12.

[3] 姜国强. 零部件直接标记二维条码技术初探. 条码与信息系统, 2016, (1): 41-43.

[4] Li X S, Yang L J, Chang B, et al. Simulation and process optimization for laser marking of submillimetre rasterizing 2D code on stainless steel. International Journal of Modern Physics B, 2020, 34(28): 2050266.

[5] NASA. Applying data matrix identification symbols on aerospace parts. NASA-ST D-6002. Atlanta: NASA Technical Standard Program Office, 2001.

[6] Keegan W B. Application of data matrix identification symbols to aerospace parts using direct part marking methods/techniques. Atlanta: Materials, Processes and Manufacturing Department of NASA, 2001.

[7] Costa L, Lansford K, Rajput D, et al. Unique corrosion and wear resistant identification tags via LISI™ laser marking. Surface and Coatings Technology, 2009, 203(14): 1984-1990.

[8] Dumont T, Lippert T, Wokaun A, et al. Laser writing of 2D data matrices in glass. Thin Solid Films, 2004, 453-454: 42-45.

[9] Nasution I S, Rath T. Optimal laser marking of 2D data matrix codes on Cavendish bananas. Research in Agricultural Engineering, 2017, 63(4): 172-179.

[10] 李春玲. 钛合金表面二维条码激光直接标刻工艺研究. 济南: 山东大学, 2018.

[11] 王苏安, 何卫平, 张维, 等. 直接激光标刻和二维条码技术在刀具标识中的应用研究. 中国机械工程, 2007, (6): 676-680.

[12] 董楠. 铸锻物料激光标刻系统设计及关键技术研究. 兰州: 兰州理工大学, 2019.

[13] 汪金礼. 飞秒激光全息并行加工中若干关键问题研究. 合肥: 安徽大学, 2013.

[14] 余本海. 飞秒激光对透明电介质材料的烧蚀与微加工研究. 武汉: 华中科技大学, 2008.

[15] Li Y, Hong M H. Parallel laser micro/nano-processing for functional device fabrication. Laser & Photonics Reviews, 2020, 14(3): 1900062.

[16] Kuang Z, Perrie W, Liu D, et al. Ultrafast laser parallel microprocessing using high uniformity binary Dammann grating generated beam array. Applied Surface Science, 2013, 273: 101-106.

[17] 王虎, 朴红吉, 吴振宇, 等. DataMatrix 二维条码在票务系统中的应用与研究. 计算机与数字工程, 2008, 36(3): 154-156.

[18] 康三顺. 应用于方阵式 DM 码定位的图像分割技术研究. 现代信息科技, 2020, 4(22): 91-94.

[19] 杨秋英. 二维条码-QR Code 研究及应用. 太原: 华北工学院, 2003.

[20] 孔猛. QR 二维码设计的基本原则及要点分析. 今日印刷, 2017, (1): 69-71.